国家森林公园旅游效率：测度、演化及机理

朱　磊　著

合肥工業大學出版社

图书在版编目(CIP)数据

国家森林公园旅游效率:测度、演化及机理/朱磊著.—合肥:合肥工业大学出版社,2023.12

ISBN 978-7-5650-6424-1

Ⅰ.①国… Ⅱ.①朱… Ⅲ.①国家公园—森林公园—旅游业发展—研究—中国 Ⅳ.①S759.992②F592

中国国家版本馆CIP数据核字(2023)第225829号

国家森林公园旅游效率:测度、演化及机理

朱 磊 著　　责任编辑 王 丹

出 版	合肥工业大学出版社	版 次	2023年12月第1版
地 址	合肥市屯溪路193号	印 次	2023年12月第1次印刷
邮 编	230009	开 本	710毫米×1010毫米 1/16
电 话	基础与职业教育出版中心:0551-62903120	印 张	12.25
	营销与储运管理中心:0551-62903198	字 数	233千字
网 址	press.hfut.edu.cn	印 刷	安徽昶颉包装印务有限责任公司
E-mail	hfutpress@163.com	发 行	全国新华书店

ISBN 978-7-5650-6424-1　　定价:48.00元

如果有影响阅读的印装质量问题,请联系出版社营销与储运管理中心调换。

序

欣闻朱磊博士即将出版他的第一本旅游研究专著，他热情邀我为他的新书作序，作为他的导师，我很是高兴，写下这段文字，以为序。

人与自然和谐共生的现代化故事，正在中华大地生动演绎。森林公园作为我国生态旅游的重要载体，对巩固和发展新时代生态文明建设成果意义重大。朱磊博士撰写的《国家森林公园旅游效率：测度、演化及机理》一书对加大生态价值转化力度，着力推进绿色发展极具理论和实践价值。

这本专著是朱磊博士毕业后的第一本专著，是以他博士论文为基础完成的。本书以我国31个省域单元（不包括港澳台）国家森林公园为研究对象，在构建科学、合理指标的基础上，对我国省域单元国家森林公园旅游效率的时空演化格局、收敛性及影响机理进行系统研究，并有针对性地提出旅游效率的提升对策。纵观全书，研究思路清晰，逻辑严密，有些观点和论述十分独到，不仅拓展了森林公园旅游的研究视角、延伸了旅游效率的研究主题，还丰富了人文地理学的研究内容。

在我一贯的认知中，“把文章写在大地上”应当是当代学者的责任。在朱磊博士跟随我读博的四年间，我经常鼓励他走出校门，参加社会实践，从实践中寻找旅游行业中亟待破解的科学问题，令我非常欣慰的是他在博士四年中所做的研究是接地气的，也是行业所需的。读书期间大量的文献阅读和多次实地调研，使他对一些问题有了独立且深入的思考，他在研究中不仅体现出严谨的科学精神和踏实肯干的工作作风，还表现出强烈的社会责任感和创新思维能力。四年间，他的科研能力迅速提升，眼界也不断开阔，这为他以后走上工作岗位奠定了扎实的基础。

国家森林公园作为我国国家公园的重要组成部分，保护和发展好国家森林公园旅游资源，创新开发出人民群众满意的文旅产品和业态，将绿水青山转换为金山银山，值得更多相关领域的学者关注。专著的出版是朱磊博士学术研究的重要里程碑，相信他一定会初心如磐，笃行致远，用热爱和坚持“浇筑”未来的科研之路。

胡静

2023年秋于武昌桂子山

前　言

党的二十大报告提出，高质量发展是全面建设社会主义现代化国家的首要任务。效率变革是经济高质量发展的核心目标，提升旅游产业效率有助于实现旅游产业的高质量发展，从而实现旅游业发展的转型升级。国家森林公园是我国重要的旅游目的地，是森林旅游发展的主阵地，在实现经济、社会和生态效益方面日益发挥重要作用。但近年来，国家森林公园旅游发展中资源有效利用程度不高、经营模式较为粗放等问题日益突出，国家森林公园旅游发展亟待转型升级，国家森林公园旅游效率的提升是国家森林公园旅游实现可持续发展和转型升级的关键，然而目前学界尚未对国家森林公园旅游效率的研究引起足够重视，有关省域单元国家森林公园旅游效率的系统研究更是鲜有涉及。

本书遵循“指标构建—效率测度—时空对比—收敛分析—机理分析—提升策略”的研究主线，以我国31个省域单元（不包括港澳台，全书同）国家森林公园为研究对象，在构建科学、合理指标的基础上，利用2008—2017年10年间的面板数据，并综合采用DEA模型、核密度函数估计法、空间探索性分析、标准差椭圆分析、重心分析、空间自相关、收敛性分析法、马尔可夫链矩阵、Tobit模型、空间加权回归（GWR）等方法，对我国31个省域单元国家森林公园旅游效率的时空演化格局、收敛性及影响机理进行系统研究，最后提出旅游效率的提升对策。本书在一定程度上拓展了森林公园旅游的研究视角，延伸了旅游效率的研究主题，丰富了人文地理学的研究内容，并为森林公园旅游效率提升和可持续发展提供了一定的理论借鉴，因此具有重要的理论和现实意义。

本书在研究和出版过程中获得安徽省哲学社会科学研究项目“基于非期望产出的国家森林公园旅游生态效率空间动态演化及影响机理研究”（AHSKQ2021D24）、安徽高校人文社科重大项目（2023AH040067）、安徽省高校优秀青年人才支持计划重点项目（gxyqZD2022060）、安庆师范大学学术著作出版基金的资助和支持，在此表示感谢！

本书出版的目的更多在于抛砖引玉，森林公园是我国森林旅游、生态旅游的重要载体，也是国家公园的重要遴选对象，随着我国国家公园体制的建立健全，必然会涌现出更多值得探究的问题，期待更多不同领域的学者和业界同人能够加强对国家森林公园旅游的关注和研究。由于作者学科背景和学术能力的局限，本书难免存在不妥和疏漏之处，敬请各位读者不吝指正。

朱　磊

2023 年 10 月

目　录

第 1 章　绪　论

1.1　研究背景与研究意义

1.1.1　研究背景

1.1.1.1　旅游产业发展面临转型升级

党的十九大报告提出，我国经济已由高速增长阶段转向高质量发展阶段，正处在转变发展方式、优化经济结构、转换增长动力的攻关期。改革开放 40 多年来，中国经济高速发展，中国旅游与其同频共振，时至今日，旅游业已成为国民经济的战略性支柱产业和与人民群众息息相关的幸福产业，在经济社会发展中起到了不可替代的作用。显然，作为我国经济发展的重要组成部分，旅游产业也面临着转型升级。早在 2014 年国家发布的《国务院关于促进旅游业改革发展的若干意见》（国发〔2014〕31 号）就明确对旅游业转型升级提出了要求，文件指出要以转型升级、提质增效为主线，加快转变发展方式。近年来我国旅游业高质量有效供给产品不足，低质量和无效供给过剩的现象日益明显，为了进一步促进旅游业更好、更快发展，实现旅游业转型升级，国家旅游主管部门围绕这一关键问题进行研究，并指明了我国未来旅游业的转型方向。在 2018 年全国旅游工作会议上，国家旅游局局长李金早明确指出，我国旅游业将从高速增长阶段转向优质发展阶段。同年 3 月，国家发布了《国务院办公厅关于促进全域旅游发展的指导意见》，意见明确指出旅游业应“从粗放低效方式向精细高效方式转变”等。森林公园旅游业作为我国旅游产业的中坚力量，也存在资源投入浪费、经营粗放、效率低下等问题，必将面临转型升级的挑战。促进森林公园旅游产业效率的提升，有助于实现森林公园各种资源要素的优化配置，使森林旅游从粗放式发展向集约化发展转型。因此，在当下产业转型的大背景下研究旅游产业、森林公园旅游效率问题，提升其资源的利用效率，透视其产业转型发展的内在机制和动因，已成为当前旅游发展和森林公园旅游发展亟待解决的现实问题。

1.1.1.2 森林公园旅游发展地位凸显

习近平总书记强调：“林业建设是事关经济社会可持续发展的根本性问题。”“既要绿水青山，也要金山银山。宁要绿水青山，不要金山银山，而且绿水青山就是金山银山。”加快森林公园旅游业的发展对实现社会经济绿色、协调和共享发展起着重要作用，对于贯彻落实“五大发展新理念”，促进生态文明建设意义重大。经过近 40 年的发展，我国森林公园旅游业发展突飞猛进，森林公园旅游已经成为中国自然资源旅游的主体，旅游收入和人次呈几何式增长，2001—2017 年森林公园旅游发展情况如图 1－1 所示，其中森林公园旅游年游客量接近国内旅游人数的 20%，旅游收入也即将迈入千亿大关。随着森林公园旅游业的不断壮大，森林公园旅游在满足公众户外游憩需求、提高森林多功能利用水平、促进区域经济发展中的作用越来越突出，已成为推动林业转型发展及促进生态文明建设、生态扶贫和乡村振兴的一支重要力量。据统计，截至 2017 年 3 月，通过森林公园旅游实现脱贫的建档立卡贫困人口达到 35 万户、110 万人，森林公园旅游发展在脱贫攻坚中的作用较为明显。可见在这样的历史发展机遇和背景下，森林公园旅游地位逐渐凸显，未来发展任重道远。发展好森林公园旅游业是对习总书记关于林业发展最高指示的具体践行，未来应加大森林公园旅游的技术创新、旅游产品的投入力度，合理配置资源投入要素，全面提高森林公园旅游产业综合利用效益和效率，并最大限度地发挥其带动和辐射效应，使其在促进我国旅游产业发展，有效实施国家战略等方面做出应有的贡献。

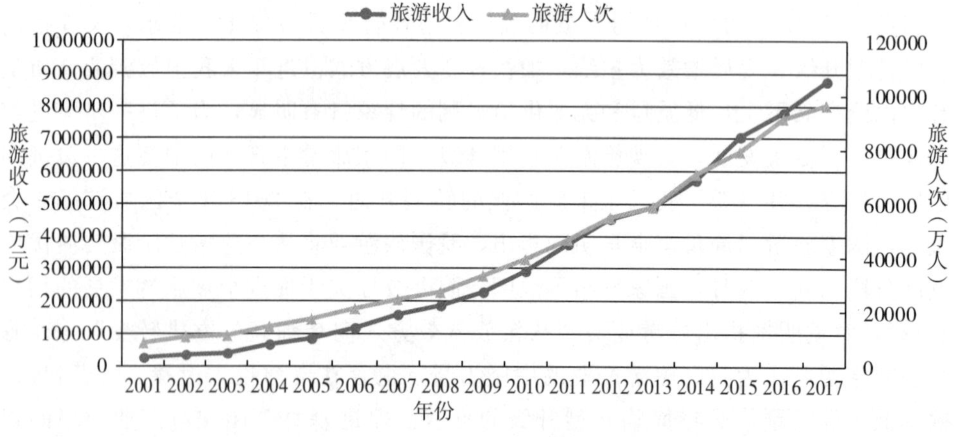

图 1－1 2001—2017 年森林公园旅游发展情况

1.1.1.3 森林公园旅游效率问题突出

近年来，各省域森林公园的数量和面积进一步增长，各地都在如火如荼地对森林公园进行旅游开发，我国森林公园旅游业呈现出一片快速发展的繁荣景象，但是繁荣的背后是大量森林公园资源的闲置和浪费。截至 2017 年底，有 286 处森林公园没有旅游者前往，接待旅游人次为 0，占到所有公园总数的 12%，而旅游年收入为 0 的森林公园达到 563 处，占到所有公园总数的 23.74%。虽然其中有些是免费对外开放的森林公园，但是在一定程度上反映了我国森林公园资源利用的质量和效率都相对较差。森林公园作为我国旅游产业中的重要组成部分，也是社会经济发展中的重要经济实体单元，在带来经济效益的同时，也能带来重要的社会效益和环境效益，但是由于森林公园具有国有资源的属性，其旅游的开发和发展往往依托政府进行资源的投入和配置，这种情况容易造成盲目投入，只注重投入而不考虑成本和收益会造成生产资源要素的严重浪费。这种现象已经成为制约森林公园旅游发展的突出问题和重要瓶颈。为了更加有效、合理地利用森林公园旅游资源，最大限度地实现森林公园的三大效益，促进其健康可持续发展，构建科学、合理的指标对其进行效率测度，定量把脉森林公园旅游效率在不同区域的差异及时空演化规律，并找出其效率的影响机理，可以实现对森林公园生产要素投入合理性的整体与科学把握，并识别森林公园旅游的发展模式是否符合集约化的发展模式，对提升资源的利用质量大有裨益。另外，目前旅游效率的研究主要集中在旅游产业的传统部门，对森林公园专项旅游效率探讨的较少且深度不够，以全国尺度来探究国家森林公园旅游效率的研究更是鲜有。国家森林公园是整个森林旅游地的核心，对其要素资源进行优化配置和高效率利用，关乎整个森林旅游地的健康可持续发展，因此亟待对国家森林公园旅游效率进行系统研究，从学理上揭示国家森林公园旅游生产要素资源的合理化使用情况，并在理论上对旅游效率的研究进行有益补充。

1.1.2　研究意义

1.1.2.1　理论意义

首先，拓展了森林公园旅游的研究视角。目前森林公园旅游研究主要从森林公园旅游的主体和客体两个方面开展，缺少从效率的视角探究森林公园旅游的相关研究。森林公园旅游效率的研究有助于对森林公园旅游的经营发展状态、发展模式进行一定的表征，同时森林公园旅游效率也是森林公园旅游竞争力的一个重要体现，因此，从效率视角对森林公园旅游发展进行定量研究，拓展了森林公园旅游的研究视角。

其次，延伸了旅游效率的研究主题。在以往旅游效率的研究主题中，一般以酒店、旅行社、旅游交通、省域或城市旅游目的地为主，缺少专项旅游目的地效率研究，尤其缺少国家森林公园旅游效率研究。本研究以全国 31 个省域单元（不包括港澳台，下同）国家森林公园作为研究对象，对其旅游效率的时空演化格局、空间差异收敛性、影响机理进行系统研究，是对旅游效率研究内容和主题的进一步延伸。

再次，丰富了人文地理学的研究内容。效率本质上反映的是人对资源利用的合理化程度，因此，旅游效率是反映对旅游业发展的相关资源利用是否合理的一个定量测度指标，本质上反映的也是人地关系。本研究基于人文地理学和旅游地理学相关研究范式，从时空二维角度探究效率的区域差异和时空演化，而有关旅游效率在人文地理学领域的研究实践，一定程度上也丰富了人文地理学的学科内涵。

1.1.2.2 现实意义

首先，国家森林公园旅游效率提升有助于森林公园旅游业的可持续发展。目前我国森林公园资源的有效利用程度不够，旅游粗放式发展现象较为明显，旅游发展方式亟待转型升级，因此对国家森林公园旅游效率进行系统研究，揭示不同省域单元国家森林公园旅游效率的时空差异，识别旅游效率的影响因素，可以使各地区抓住提升国家森林公园旅游效率的主要方向，有助于各地区制定行之有效的国家森林公园旅游发展策略，从而更好地实现国家森林公园旅游资源的优化配置及旅游可持续发展。

其次，为制定国家森林公园旅游产业发展相关政策提供理论依据。目前我国旅游业正处在转型发展的关键时期，森林公园旅游作为旅游产业的重要组成部分，其发展也面临着转型升级，森林公园旅游的高质量、集约化发展是其未来转型发展的方向，这无疑都为森林公园旅游发展提出了新的要求与标准。建立国家森林公园旅游效率评价体系，对国家森林公园旅游效率进行系统研究，将为区域国家森林公园旅游产业发展提供更合理的计量和考核标准，有助于准确判断区域国家森林公园旅游效率的发展水平和发展阶段，并对国家森林公园在全国科学布点、重点打造何种国家森林公园旅游产品类型等方面进行指导，从而为制定区域国家森林公园旅游发展相关政策提供理论依据。

1.2 研究目标与研究内容

1.2.1 研究目标

本研究的总体目标是剖析国家森林公园旅游效率的空间格局及演化过程，揭示其旅游效率的影响机理，从而拓展旅游效率的研究主题，丰富国家森林公园旅游的研究内容，并为提高国家森林公园旅游效率，以及促进国家森林公园旅游发展转型升级和可持续发展提供一定的理论指导和借鉴。

本研究的具体目标包括以下几个方面：

（1）测度国家森林公园旅游效率。在对国家森林旅游效率内涵进行准确界定的基础上，科学建立投入产出指标体系，并采用 DEA 模型对 2008—2017 年 31 个省域单元国家森林公园旅游效率进行测度。

（2）探究国家森林公园旅游效率的时空演化特征。在对省域单元国家森林公园旅游效率测度的基础上，对旅游各项效率的时空演化格局进行分析，总结演化规律。

（3）研判国家森林公园旅游效率的空间差异变化。根据古典经济学收敛性模型对不同区域的国家森林公园旅游效率进行收敛性分析，研判不同区域国家森林公园旅游效率的差异变化，为不同省域和区域国家森林公园旅游均衡、协调发展提供理论指导。

（4）揭示国家森林公园旅游效率的影响因素和机理。在系统梳理相关文献及向专家和主管部门咨询的基础上，遴选出对国家森林公园旅游效率最具影响力的关键因子，采用经典 DEA - Tobit 模型和空间加权回归模型分别对旅游各项效率进行计量分析，从不同空间尺度和时间维度探究各因子对效率影响的时空差异效应，并最终提炼出效率的影响机理。

1.2.2　研究内容

本研究以科学问题为导向，以文献梳理和相关理论为基础，以全面探析国家森林公园旅游效率时空演化的格局、过程及机理为目的，对 31 个省域单元的国家森林公园旅游效率进行系统研究，深入揭示其旅游效率的时空演化规律、收敛性特征及驱动因素，在此研究基础上提出提高国家森林公园旅游效率的相应对策和建议。基于以上考量，本研究的内容主要包括以下几个方面：

（1）国家森林公园旅游效率内涵界定及系统测度

本研究在系统梳理国内外相关文献的基础上，对国家森林公园旅游效率的内涵和外延进行了科学界定，并构建了国家森林公园旅游效率的评价指标体系，采用数据包络分析法（DEA）对 31 个省域单元的国家森林公园旅游综合效率、纯技术效率、规模效率 3 个方面进行系统测度。

（2）国家森林公园旅游效率的时空演化特征

在测度国家森林公园旅游效率的基础上，采用核密度分析法及经典的空间分析法，从效率的均值变化、效率值的分布变化、分解效率对综合效率的贡献度变化等方面探究省域单元国家森林公园旅游效率的时序变化特征；从各项效率的空间分异特征、空间集聚特征、方向分布特征和重心迁移特征等方面揭示旅游效率的空间演化规律；最后基于各省域旅游效率的变化情况和旅游效率均值将各省域旅游效率划分成不同的类型。

（3）国家森林公园旅游效率的空间差异趋势分析

国家森林公园旅游效率空间差异明显，但这种空间差异的变化趋势有待进一步研究。分析不同区域国家森林公园旅游效率的发展差异及收敛特征，掌握国家森林公园旅游效率空间差异的变化趋势规律，对实现不同省域及区域国家森林公园旅游的均衡、协调发展有着重要的理论参考价值。本研究基于经济学收敛性相关理论及模型，运用 δ 收敛判断 2008—2017 年 10 年间全国及四大区域之间的国家森林公园旅游效率的差异是否在缩小，运用绝对 β 收敛判断 10 年间全国及四大区域中旅游效率较低的省域是否在追赶效率较高的省域，运用条件 β 收敛判断 10 年间全国及四大区域旅游效率发展是否形成了向各自稳态均衡水平的收敛。同时，采用马尔可夫链矩阵判断国家森林公园旅游效率是否存在俱乐部收敛，以及彼此间空间类型转移的概率情况。

（4）国家森林公园旅游效率的影响因素及机理分析

省域单元国家森林公园旅游效率受到诸多因素的共同影响，在查阅大量旅游效率影响因素的相关文献，以及访谈国家森林公园主管部门工作人员和专家咨询的基础上，结合国家森林公园旅游发展实际，选取经济发展水平、市场化程度、交通可达性、森林资源禀赋、旅游设施水平、人力资源支持 6 个关键影响因子，综合采用 Tobit 和 GWR 模型从全域和省域两个方面全面识别 6 个因子对旅游各项效率的影响情况。最后根据上述的影响因素分析，深入分析国家森林公园旅游效率的影响机理。

（5）国家森林公园旅游效率的提升对策

在对国家森林公园旅游效率系统研究的基础上，立足国家森林公园旅游效率的区域差异特征、空间集聚特征、纯技术效率的重要驱动特征、旅游效率的影响因素及各省域旅游效率类型划分等研究结果，并始终结合国家森林公园旅游发展的实际，从政府政策支持、人才队伍建设、创新能力提高、旅游设施提升、注重环境保护、因地制宜发展等 6 个方面提出国家森林公园旅游效率的提升对策。

1.3 研究方法与技术路线

1.3.1 研究方法

（1）文献分析法

本研究在阅读大量关于森林公园旅游及旅游效率研究文献的基础上，对文献进行了梳理、归纳和总结，系统把握了国内外关于这一科学问题的研究现状及发展趋势，这对本研究的方向、脉络框架起到了较好的指导作用，是整个研究的起点。另外，本研究查阅了大量的统计数据，如各年份、各省域的国民经济发展报告，以及各种规划文本、政策文件等，为本研究奠定了扎实的数据和文献基础。

（2）比较分析法

比较分析法是我们认识事物最基本的手段之一。本研究在对国家森林公园旅游效率测度的基础上，从不同视角对国家森林公园旅游效率进行对比研究。如从不同省域和区域对比分析国家森林公园旅游效率的差异；再如根据各省域的旅游效率值和效率变化情况，将省域单元旅游效率划分成不同类型进行对比研究；又如对比分析了不同因子对旅游各项效率影响的时空差异特征。

（3）GIS 空间分析法

GIS 空间分析法为国家森林公园旅游效率的时空格局演变及影响因素的分析提供了技术支持。一是通过 GIS 软件实现各省域单元国家森林公园旅游效率的空间演化的可视化表达，并通过 GIS 软件的空间分析模块和 Geoda 软件对国家森林公园旅游效率的方向分布、重心迁移和空间集聚等演化特征进行分析。二是在效率的影响因素分析中，采用地理加权回归分析法探究各影响因子对国家森林公园旅游各项效率的驱动的时空效应。

（4）计量模型分析法

综合运用 δ 收敛分析、绝对 β 收敛、条件 β 收敛及俱乐部收敛等计量经济学相关理论模型，并在 SPSS16.0、Eviews6.0 中对其结果实现计算，从而对各省域单元国家森林公园旅游效率空间差异进行趋势分析；另外，选择 Tobit 模型定量计算出各影响因子对全域整体国家森林公园旅游效率影响强度的差异。

1.3.2 技术路线

本研究围绕“指标构建—效率测度—时空对比—收敛分析—机理分析—提升策略”的研究主线，具体的研究思路如图 1 - 2 所示，构建国家森林公园旅游效率评价指标体系，采用 DEA 模型对 31 个省域单元国家森林公园旅游效率进行系统测度，并综合运用空间分析法和计量分析法对省域单元国家森林公园旅游效率的时空格局演化特征、差异的变化趋势进行系统分析，从而遴选出影响国家森林公园旅游效率的关键因子，揭示不同影响因子对国家森林公园旅游效率影响的时空差异及影响机理，最后根据前面的研究结果，并结合国家森林公园旅游发展的自身特点，提出国家森林公园旅游效率提升的对策和建议。本研究丰富和完善了森林公园、旅游效率、人文地理学的相关理论研究，为提升国家森林公园旅游效率、制定国家森林公园旅游业转型升级及可持续发展的相关政策提供了理论依据。

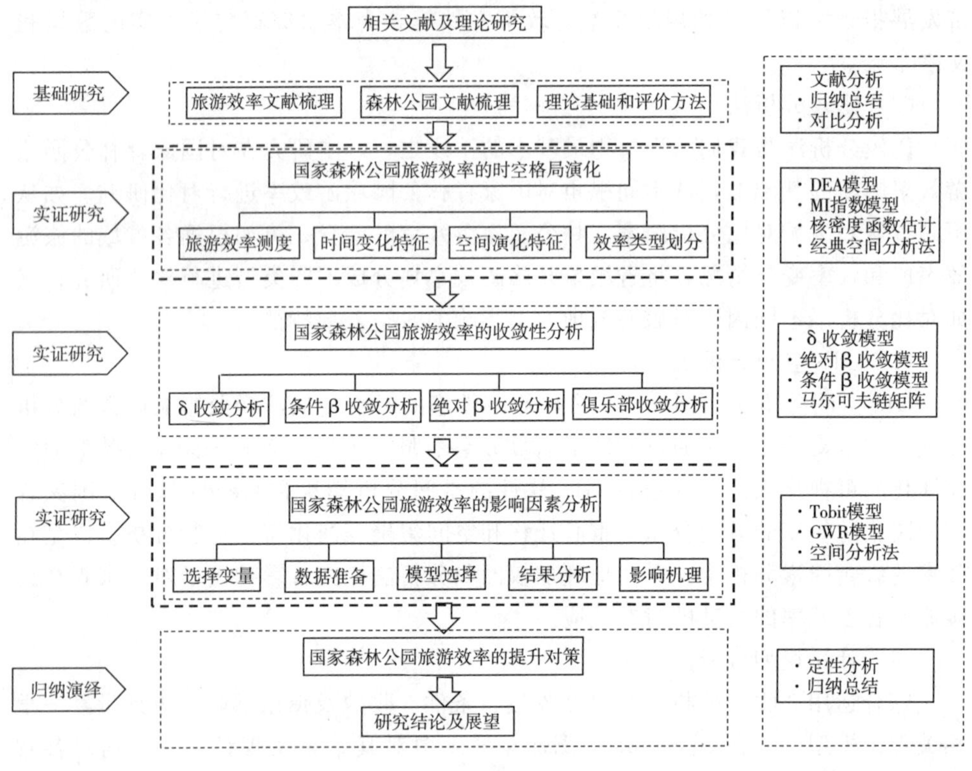

图 1-2 研究思路

1.4 研究区域概况与对象选择

1.4.1 研究区域概况

改革开放 40 多年来，我国旅游业发展取得了举世瞩目的成就，从发展趋势来看，旅游业一直保持强劲的增长势头，其中，国内旅游收入和旅游人次均保持较快增长，如图 1-3 所示。2001—2017 年，国内旅游人数持续攀升，由 7.8 亿人次增加到了 50 亿人次，增长了 6 倍多；国内旅游收入除 2003 年略有降低外，均持续增长，由 3522.4 亿元增长到 45661 亿元，增加了 12 倍多。可见，国内旅游人次和收入都以两位数的增长速度持续增长，且旅游收入的增速更快。从在国民经济生活中的地位和影响来看，旅游业也呈逐渐上升态势，据统计2017年国内旅游业对GDP的直接贡献为4023亿美元，同比增长48.75%；创造直接就业岗位2825万个，同比增加19.30%；中国的旅游投资额为10454亿元（1547亿美元），同比增加14.39%。其中森林公园旅游作为我国旅游业的重要组成部分，对我国旅游业的快速发展起到了重要的推动作用，据统计2017年森林公园旅游人次占到全国旅游人次的20%，而且这一数据每年都呈现上升态势。近年来，随着国家“515战略、全域旅游、优质旅游”等重大旅游战略意见的出台和实施，中国旅游业的发展进入了转型升级、提质增效的关键阶段。作为中国旅游业发展的重要组成部分，森林公园旅游发展尤其是国家森林公园旅游发展同样也面临着转型升级，实现我国国家森林公园旅游业从粗放型向集约型发展，从只片面追求经济效益向追求经济、社会、生态效益并重等转型对国家森林公园旅游的可持续发展意义重大。

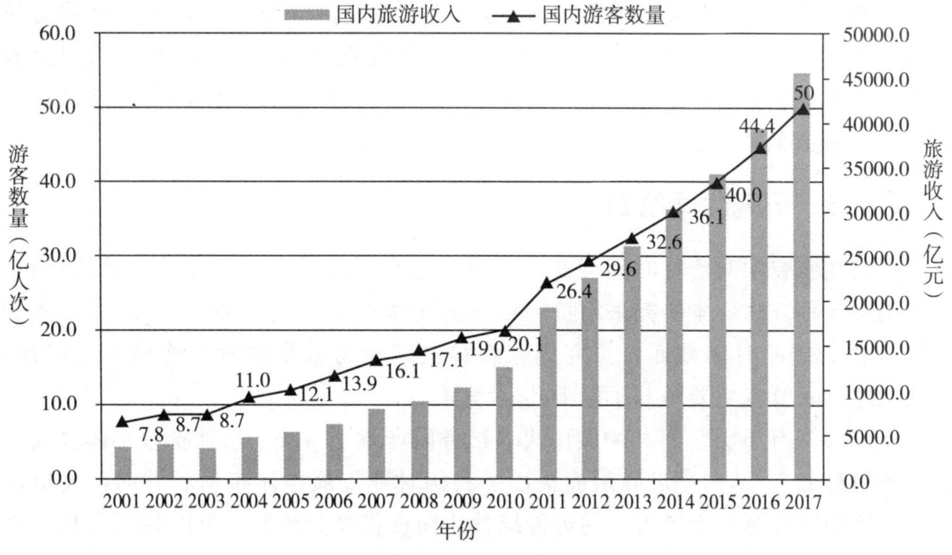

图1-3　2001—2017年中国旅游业发展情况

1.4.2　研究对象选择

森林旅游作为一种回归自然，走进森林，领略大自然的秀丽风光，利用森林的特殊功能来调节身心健康等的独具特色的旅游方式和新的旅游业态，已经成为大众喜爱和世界各国重视的旅游形式之一，因此对森林公园的研究一直是学界关注的热点问题。自1982年我国建立第一个国家森林公园——湖南张家界国家森林公园以来，我国森林旅游发展势头十分迅猛，森林公园已成为我国森林旅游发展的主阵地。从全国范围看，森林公园旅游取得了旅游收入和人次的双丰收，截至2017年底，全国森林公园总数达3505处，规划总面积2028.19万公顷，投入建设资金573.89亿元，游步道总长度达8.77万公里、旅游车船3.5万台（艘），接待床位105.68万张、餐位205.31万个，森林公园共接待游客9.62亿人次，实现旅游收入878.5亿元，创造的社会综合产值近8800亿元。作为我国森林公园最高等级的国家森林公园在森林公园旅游发展中起到了积极的示范和引领作用，近年来其数量不断增加，旅游发展势头也较为强劲。具体从国家森林公园的分布数量来看，2017年国家森林公园数量达到881处，各省域均有国家森林公园分布，但主要分布在我国胡焕庸线以东的区域，和区域经济社会发展水平、森林资源的分布具有一定的耦合性。从旅游收入和人次总体来看，国家森林公园旅游都占据了森林公园旅游产业的一半以上，尤其是旅游收入表现更为抢眼。2017年全国881处国家森林公园接待游客人数为5.47亿人次，旅游收入达到657.15亿元，分别占森林公园旅游接待总人次和总收入的56.86%、74.8%。本研究选择31个省域单元的国家森林公园作为旅游效率的研究对象，具有一定的代表性和典型性，研究结论将为森林公园旅游效率的提升和可持续发展提供一定的参考和借鉴。

1.4.3 研究时间截面

一般在研究中对研究时间截面的选取，通常可以采用距离年份、极值年份、特定年份3种方法，本研究采用特定年份法选择了2008年、2011年、2014年和2017年作为研究时间截面，探究国家森林公园旅游效率的时空格局演化特征，选取上述时间节点主要是基于以下几点考虑：

（1）2008年6月8日，中共中央、国务院印发了《关于全面推进集体林权制度改革的意见》，从国家最高层面提出了我国林业发展整体布局和方向，提出进一步解放和发展林业生产力，促进传统林业向现代林业转变，可以利用森林景观发展森林旅游业等，标志着森林旅游已经成为森林产业发展的重要路径之一，受到了政府的高度重视。

（2）2011年4月12日，国家林业局出台了《国家级森林公园管理办法》，从国家政策层面对国家森林公园设立的标准、旅游发展方向及旅游规划编制等做了细致说明和要求。2011年5月11日，国家林业局与国家旅游局签署了《关于推进森林旅游发展的合作框架协议》，并联合印发了《关于加快发展森林旅游的意见》，这标志着两大部门为推进森林旅游又好又快发展共同发力，意义重大。

（3）2014 年 3 月 7 日，国家林业局印发《全国森林等自然资源旅游发展规划纲要（2013—2020）》。文件对我国森林旅游资源本底情况和产业发展现状进行了梳理，并指出未来应从森林旅游资源发展潜力挖掘、森林旅游精品开发、森林旅游资源保护和合理利用等方面，全面提升森林旅游的发展效益和水平。

（4）选择 2017 年作为研究节点是因为该年份的相关数据较为准确地反映了国家森林公园旅游发展的现状，对其旅游效率的研究意义较大。另外，2017 年是国家机关机构改革元年，原国家林业局在 2018 年经职责整合后组建国家林业和草原局，那么探究机构改革前的国家森林公园旅游效率会更具有科学性，保证了本研究受国家政策及机构变化的影响相对较小。

第2章　国内外研究进展及述评

2.1　国内外研究进展

2.1.1　旅游效率研究进展

2.1.1.1　国外旅游效率研究进展

国外学者对旅游效率的研究开始于20世纪90年代，以“tourism efficiency”为关键词在Scopus数据库对相关研究进行检索整理和分析，发现国外旅游效率研究自21世纪以来呈现快速增长态势，如图2-1所示。对相关文献进行分类可知，旅游效率研究的主题主要涉及酒店效率、旅行社效率、旅游目的地效率、旅游交通效率和旅游企业效率研究5个方面。

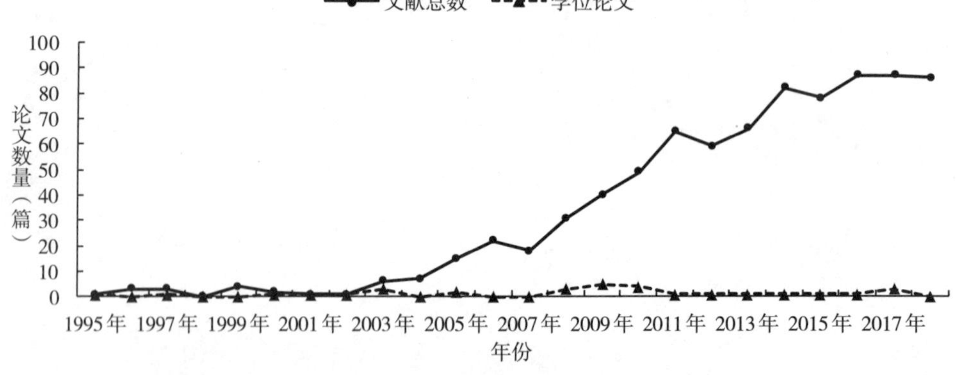

图2-1　国外旅游效率研究历程

（1）酒店效率研究

欧美学者对酒店效率的研究开始于20世纪90年代中期，可以说酒店效率研究是整个旅游效率研究的起点，且主要偏向于微观视角的研究。自此以后，酒店效率研究成为学者们关注的热点问题，其中Michael等（1994）最早对酒店效率问题进行了研究，认为高效率来自管理者对市场需求变化的准确预测。Morey 和 Dittman（2003）采用数据包络分析法（DEA）对美国 54 家酒店的经营效率进行了测度，计算得出其效率均值为 0.89，最小值达到 0.64，表明美国这些酒店的经营效率相对较高。此外，Anderson 等（1999，2000）分别采用随机前沿（SFA）和 DEA 分析方法对美国 48 家酒店的经营效率进行了两次测度，结果表明虽然两次研究方法不同，但其研究结论基本一致，即美国酒店业的经营效率总体较高。这些研究很好地说明了美国酒店业发展的质量较高。Michael（2003）采用 SFA 法对酒店从业人员的服务水平效率进行了研究，结果表明从业人员服务效率与顾客满意度呈正相关，其中前台、客房等从业人员效率对顾客满意度的影响最大，并在此基础上对内在的原因进行了细致分析。除了运用 DEA 和 SFA 方法研究酒店效率外，White（2005）则选取特定时刻酒店用餐翻台率进行了效率水平测度，研究发现用餐人数、随机干扰因素对酒店运营效率影响较大，对酒店用餐人数、突发事件的科学控制，以及注重科学技术在酒店运营管理的使用可以有效提升酒店运营效率。

此后，欧洲学者对酒店效率展开了进一步研究，产生了大量研究成果。其中，学者 Barros 发表了系列文章，他先是采用 DEA 方法探究了 1999—2001 年葡萄牙 42 家国有酒店的全要素生产率（TFP）指数及其影响因素，结果表明这个时期仅少数酒店的 TFP 有所提高，效率变化实现增长的酒店比重较高，而技术变化实现增长的酒店较少。随后他又采用 SFA 法将葡萄牙 15 家酒店的经营效率进一步分解为纯技术进步、非中立技术进步和规模争议技术进步 3 个指标并进行测度，研究发现其整体效率较低，多数酒店呈现非有效状态，投入资源要素浪费严重，认为可以通过提高生产力、吸引外来投资等方法提升效率。在此基础上他还对特定属性的宾馆效率进行了专门研究，研究发现国有宾馆大部分经营有效，小部分无效经营主要是因为其区位和经营规模影响。此外，除了关注酒店运营效率，部分学者还开始关注旅游酒店网站应用效率，Sigala（2003）研究发现旅游酒店网站应用效率的提高主要是因为科技进步带来的网络和信息能力的开发和应用，与投资强度和投资规模关系不大。

（2）旅行社效率研究

旅行社效率是旅游产业效率研究的另外一个重要领域，其效率研究已成为旅游效率研究中重要的内容之一，受到学者们的广泛关注。Wöber（2007）认为可以采用 DEA 计算出的旅行社效率值作为衡量旅行社发展成功与否的重要指标。Sharma - Wagner 等（2000）研究了英国 20 家连锁旅行社的企业文化对其发展效率的影响，结果表明企业文化和员工满意度对旅行社的发展效率影响较大，提出从提升员工满意度着手提高发展效率。Fuentes（2009）以西班牙 22 家旅行社为例，在计算其效率的基础上，挖掘出了其影响因素包括服务体验、区位条件和所有权。Barros（2006）选取经营成本、劳动力价格等变量对葡萄牙的25家旅行社经营效率进行研究，结果表明效率与其运营时间成正比，同时发现收入、劳动力、资本对旅行社效率的影响也较为明显。在此基础上，Barros等（2007）采取两阶段分析法对葡萄牙旅行社效率较低的单元进行了重点研究，认为环境因素是造成低效的重要原因；Koksal（2007）将土耳其的24家旅行社分成独立经营与连锁经营两种类型，分别探究其经营效率情况，研究发现近80%的旅行社效率低下，两种不同类型的旅行社虽然管理模式差异较大，但其经营效率差异不大。

（3）旅游目的地效率研究

旅游目的地按照空间尺度范围通常分为小尺度的景区型旅游目的地、中尺度的城市型旅游目的地和大尺度的省域或者国家性旅游目的地，国外学者对旅游目的地效率的研究相对较为微观，主要对国家公园或者旅游景区型旅游目的地研究较多。Ki等（2002）采用二分法（Dichotomous Choice，DC）和附随价值法（Contingent Valuation Method，CVM）对韩国国家公园使用效率进行了探究，研究发现资源禀赋和交通区域对公园的使用效率影响较大，进一步增强公园的交通可达性和公园品牌建设是提升其使用效率的关键。Kytzia等（2011）对著名旅游目的地阿尔卑斯山Davos的土地利用效率及影响因素进行了研究，结果表明土地利用效率主要与居民和酒店建筑面积、土地利用强度及旅游经济效益有较大关系，研究还发现该区域的旅游开发缺少以市场和游客为导向，大多以追求更高的旅游经济效益为目标，这有待进一步改进。Ted（2003）对特殊类型的旅游目的地——节事举办地的经营效率进行专项研究，研究发现需求、供给及其他自然方面的因素是导致体育赛事经营效率低下的主要原因。Bosetti等（2006）用DEA方法测算比较了意大利17个国家公园旅游资源的利用效率。Emanuela等（2010）选取区域可进入性、人力资本、社会资本、技术资本4个投入变量，以所接待的游客数为产出变量，基于DEA方法测算比较了欧洲不同森林旅游区的旅游效率。Blake（2008）通过可计算的一般均衡（Computable General Equilibriun，CGE）模型对整个英国旅游产业效率进行测度，发现英国整个旅游产业的全要素生产率保持在一个较高的水平，其中旅游景区和交通运输业的全要素生产率水平最高，而进一步研究发现投资规模、人力资源、新产品设计开发及行业环境对旅游业全要素生产率的影响较大，一般情况下规模较小的旅游企业效率通常较低。

（4）旅游交通效率研究

交通是旅游业发展的三大支柱之一，旅游交通越发达，旅游的可达性越强，游客的旅游满意度就越高。相对于旅游交通可达性的研究，旅游交通效率的研究成果相对较少，主要集中在对机场和航空公司的旅游交通效率的评价研究上。Husain 等（2001）采用 DEA 分析方法对马来西亚交通部的 46 个服务单元的服务效率进行了测度，对造成不同单元的服务效率差异的可能原因进行了进一步探讨。Charles 等（2001）基于劳动力成本不断上升的背景对欧美航空公司的运营效率进行研究，发现劳动力成本是导致航空公司的经营成本上升的重要因素，但根本性因素不在于此，而在于社会的自由度和私有化水平等社会因素的共同作用。Fernandes 等（2002）基于 DEA 模型对巴西 35 个机场的使用效率进行了定量研究，结果表明大多数机场处于资源利用的无效状态，他同时以游客需求为基础变量科学预测了机场未来的乘客数量及发展规模趋势。Zhu 等（2004）选取投入资本、劳动力和跑道面积为投入变量，选择经营收入、客流量、飞机起降次数及货物运输量为产出变量，采用 DEA 分析方法对美国 44 家机场进行连续 5 年的使用效率评价，结果表明没有一家机场持续 5 年有效，基本都出现了无效状态，最后提出了提升机场使用效率的相关对策和建议。综上可知，旅游交通效率研究相对较少，大多围绕航空公司进行，但随着社会经济发展和人民生活水平的进一步提高，时效性和可达性成为游客选择旅游目的地的重要考量标准，而且旅游交通的发展也逐渐呈现海陆空的立体发展格局，相信未来将会有更多的学者对大旅游交通（航空、铁路、公路和水路）效率进行深入研究。

（5）旅游企业效率研究

旅游企业所包含的范围较为广泛，目前学界对旅游行业中的酒店、旅行社、景区等传统单一属性的旅游企业的效率研究较多，而对系统、整体的旅游企业研究较少，尤其是对旅游上市公司的研究更少，但近年来呈现逐渐增多态势。Assaf（2011）以美国 25 家旅游上市公司为研究对象，采用 DEA 模型测算其经营效率和全要素生产率，其经营效率的测度结果为 0.825，表明其经营效率整体较高，且其全要素生产率也呈现一定的增长态势，而进一步研究发现旅游上市公司的上市时间、投资规模、员工整体素质及公司发展环境等因素对经营效率的影响较大，并指出提升旅游上市公司的经营效率可以从加大资本投资力度、加强员工培训服务、建立良好的企业文化 3 个方面着手。Seweryn 等（2014）以英国 53 家旅游上市公司为研究对象，采用 SFA 分析方法对其经营效率进行综合测度，结果表明仅一小半的上市公司处于规模有效状态，虽然纯技术效率整体较低，但呈现出一定的增长态势，而进一步研究其经营效率的影响因素发现，资本投资力度、新技术投入利用、新产品开发、环境因素对旅游上市公司的经营效率影响较大，并指出未来可以从扩大资本投入、引进先进技术、提高劳动生产率等方面提升旅游上市公司的经营效率。

2.1.1.2 国内旅游效率研究

我国学者对旅游效率的研究相对于国外学者较晚，但发展较为迅速，取得了丰硕的成果，主要表现在以旅游效率为研究主题的论文数量和国家基金课题的资助上。以“旅游效率”为关键词在中国知网中进行检索，在此基础上对相关文献进行识别和整理，总共获得 444 篇研究论文，其中期刊论文 350 篇、硕博论文 94 篇，如图 2-2 所示，检索时间为 2018 年 12 月 31 日。另外，根据国家基金委公布的历年课题名单可知，和效率研究相关的课题共有 12 项，其中涉及旅游效率的课题有 4 项，包括方叶林 2016 年获批的“区域旅游产业结构演化对旅游效率的时空影响及动力机制研究：以长三角地区为例”、曹芳东 2014 年获批的“城市旅游流与旅游效率的时空关系及其作用机制研究——以长江三角洲地区为例”、王松茂 2016 年获批的“南疆四地州旅游扶贫效率时空分异及驱动机制研究”及彭红松 2018 年获批的“基于碳排放的中国省域旅游生态效率的波动性、收敛性及影响机制”。从研究的主题上看和国外学者的研究基本类似，也主要是从酒店效率、旅行社效率、旅游目的地效率、旅游交通效率和旅游企业效率研究 5 个方面展开。

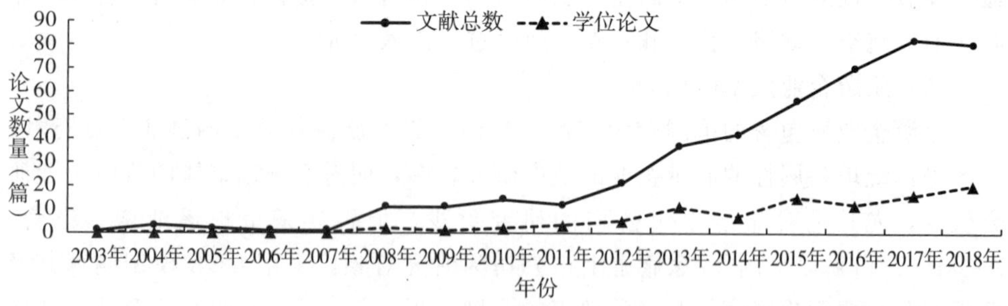

图 2-2 国内旅游效率研究历程

(1) 酒店效率研究

国内对酒店效率这一问题的研究开始于我国台湾学者。Tsaur（2001）采用 DEA 方法对台湾酒店的经营效率进行了定量研究，结果表明台湾酒店效率较高。为了进一步探究酒店效率的影响因素，Huang 等（2005）研究发现提高营销水平和员工满意度是提升酒店效率的关键。而 Chiang（2004，2006）研究发现技术效率、交通区位条件、服务质量、满意度及酒店品牌对酒店效率影响较大，而规模效率和酒店类型对其影响不大。近年来，随着我国大陆酒店业的迅猛发展，大陆学者也相继对酒店效率开展了大量研究，取得了较为丰硕的研究成果。学者们按研究对象的不同将酒店效率分为省域、城市、单个酒店 3 种类型，分别对其进行了研究。

在省域空间单元的酒店研究方面，彭建军等（2004）运用DEA分析法对北上广星级酒店效率进行测度和研究，结果显示上海的高星级酒店效率最高，经营管理最为有效。刘家宏（2010）对我国25个省域三星级酒店效率进行了研究，证明我国大部分地区的三星级酒店无效率主要是纯技术无效率导致的。方叶林等（2013）、谢春山等（2012）分别运用超效率DEA和修正的DEA模型对省际星级酒店的相对效率进行测度和分析，研究发现星级酒店效率相对较低，而且综合效率主要受规模效率驱动。张琰飞（2017）采用DEA－Malmquist方法对我国2004—2014年31个省域星级饭店效率进行测度，结果表明其效率和全要素生产率均有提高，空间上呈现东部地区高于中西部地区的分异规律，经济水平、旅游人次、产业结构和区域开放度与其效率呈正相关。

在城市单元酒店效率研究方面，韩国圣等（2015）以六安市星级饭店为案例，运用DEA－Tobit模型探究成长型旅游地星级饭店经营效率的空间分布特征，并从宏微观视角探究酒店效率的影响因素。朱述美等（2018）对皖南国际文化旅游示范区各城市星级饭店业效率与其所在城市的效率间的关系进行了探究。孙景荣等（2012）对我国23个城市酒店业效率进行研究，发现其总体处于一般水平，空间上呈现出东部、东北、西部、中部递减的态势，其中技术效率是综合效率的主要驱动因子，指出可从技术引进、人员素质提升和投入结构等方面提升中国城市酒店业的效率。简玉峰等（2009）采用随机前沿函数法测算出张家界市旅游酒店管理效率的均值为76.32％，研究还发现影响其管理效率的主要因素包括旅游酒店的产权结构、星级级别、地理位置、人力资源等。

在单个酒店效率研究方面，何玉荣等（2013）分别运用DEA－CCR、BCC模型对2011年黄山市不同区域的54家星级酒店效率进行测度，发现黄山市星级酒店整体效率不高，存在明显的区域差异，纯技术效率低下是其主要动因，提出可从技术创新、管理水平提升等方面提高酒店效率。张一博（2016）运用DEA－CCR、BCC模型对13家中国上市酒店效率进行对比研究，结果表明中外上市酒店总体效率表现一般，但中国上市酒店各项效率均低于国外上市酒店，中国上市酒店、国外上市酒店分别处于弱集约型阶段和中间过渡型阶段。此外，程占红等（2018）采用数据包络分析方法计算五台山景区28家酒店的碳排放效率，并对酒店碳排放效率的影响因素进行识别，指出了效率提升路径。

（2）旅行社效率研究

相对于国外学者对旅行社效率研究主要侧重微观个体旅行社，国内学者对旅行社效率的研究较为宏观，一般以省域单元旅行社为主。姚延波（2000）从制度经济学视角探究了旅行社分类制度与其发展效率的关系。田喜洲等（2003）运用博弈论及均衡分析方法对我国旅行社产品的市场效率进行研究，指出政府加强市场监督管理是提高旅游市场效率的最佳策略选择。此外，国内学者对我国 31 个省域单元旅行社效率研究也较多。卢明强等（2010）对我国 31 个省域旅行社效率进行了定量分析，结果表明省域间旅行社的经营效率差异明显，规模效率和纯技术效率在省域单元中表现出不同的分异特征。武瑞杰（2013）对 2001—2010 年的全国省域单元旅行社相对效率进行了研究，结果表明纯技术效率是导致省域旅行社效率偏低的主要原因，且效率呈现出明显的“东西高、中部低”的空间分异规律，提出可从管理创新和增加投入要素入手提高我国旅行社相对效率。孙景荣等（2014）采用 DEA - Malmquist 模型测度了 2003—2009 年我国省域单元旅行社业效率，在此基础上对旅行社各项效率的分布格局及变化趋势进行深入剖析。胡志毅（2015）运用 DEA - Malmquist 模型对 2000—2009 年我国旅行社业效率进行了综合研究，结果表明规模效率是技术效率提高的主要驱动因素，而技术进步是其全要素生产率上升的主要驱动力。胡宇娜等（2017，2018）对我国 31 个省域旅行社行业效率的时空格局演化及主要驱动因素进行了系统实证研究，结果表明旅行社业效率空间格局逐渐从“川”字型向“山”字型转变，且不同区域受交通、资本、人才、信息化和经济动力等因素的影响差异明显。

（3）旅游目的地效率研究

在旅游效率相关问题的研究中，旅游目的地效率研究最受国内学者青睐，近年来已成为国内学者关注的焦点和热点问题。国内学者主要从区域旅游目的地和专项旅游目的地两个方面展开研究，其中在区域旅游目的地研究中，以全国、省域、城市（城市群、都市圈）等旅游目的地研究最为集中，成果最为丰硕。

在省域旅游目的地效率研究方面，最早由朱顺林（2005）从旅游综合效率、纯技术效率和规模效率 3 个方面对 2003 年我国 31 个省市自治区旅游行业效率进行了系统测度和研究，研究发现纯技术效率是综合效率的主要驱动力。左冰等（2008）采用生产函数法对 1992—2005 年我国旅游全要素生产率进行了测度，并探究了其与旅游增长之间的关系。朱承亮等（2009）运用随机前沿生产函数对 2000—2006 年我国 31 个省域单元旅游产业效率进行测度，结果表明我国区域旅游产业效率总体偏低（均值为 0.632），但呈上升趋势，空间上表现出东、中、西递减的分异规律，最后提出提高我国区域旅游产业效率的相关建议。陶卓民等（2010）对 1999—2006 年我国 31 个省域单元旅游效率进行综合测度，发现我国省域旅游效率总体偏低，处于规模不经济状态，技术进步空间较大，各省域的 TFP 呈东、中、西递减的空间分异格局，最后提出相应的对策和建议。刘佳等（2015）运用 DEA - Malmquist 模型对 1999—2012 年我国沿海 11 省域单元旅游产业效率进行测度，结果表明沿海地区旅游产业综合效率整体上呈螺旋状上升态势，长三角地区领跑在前，环渤海地区和泛珠三角地区大体相当，技术进步、产业结构及城市化水平对旅游产业效率起到正向的促进作用。方叶林等（2015，2018）运用修正的 DEA 模型对我国 31 个省域旅游业发展效率进行测度，并分析了旅游效率的空间演化趋势，结果表明旅游各项效率在波动中逐步提升，省际旅游效率地带间差异明显，东部地区旅游集约化发展特征明显，西部地区粗放式发展特征明显，旅游各项效率存在俱乐部趋同。此外，赵磊（2013）、张广海等（2013）、魏丽等（2018）、姜晓东（2018）对我国省域单元的旅游效率及其影响因素进行了综合探究。

在城市旅游目的地效率研究方面，学者们主要是将省域、城市群、都市圈中的城市作为研究对象。马晓龙等（2010）对我国 58 个主要城市旅游效率进行了研究，并从不同地理空间角度提出提升城市旅游效率的建议。王恩旭等（2010）对我国 15 个副省级城市的旅游经营效率进行了评价，并提出了未来发展的相应策略。梁明珠等（2012，2013）对广东省 21 个城市的旅游效率进行了系列研究，结果表明各城市总体旅游效率较高，彼此间差异呈现缩小态势，并将城市划分为草根型、新秀型、明星型和贵族型 4 类。魏俊等（2018）采用超效率模型对鄂皖两省的 29 个城市旅游效率进行了对比分析研究。近年来，国内学者开始对城市群、都市圈中的城市旅游效率研究加以关注，曹芳东等（2012）对泛长三角城市旅游发展效率进行了测度，并借助空间分析方法探究了其空间演化规律，并对旅游效率的演化机制做了系统研究，如图 2 - 3 所示。王坤等（2013）对长三角 25 座旅游联盟城市旅游业效率进行了研究，结果表明长三角城市旅游效率呈现不断提升的态势，规模效率是其主要驱动因素，城市旅游各项效率在空间上存在集聚

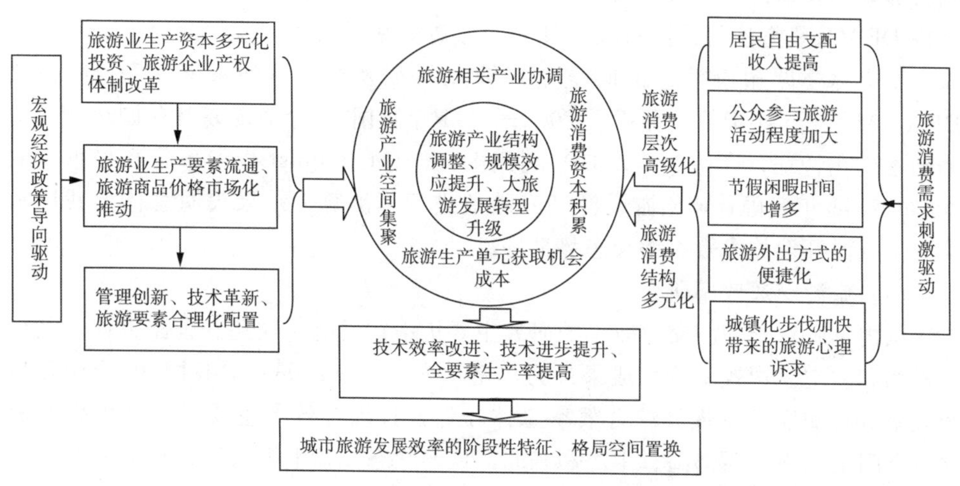

图 2 - 3　城市旅游发展效率时空格局演化的驱动机制

效应、空间溢出效应和空间依赖性。邓洪波等（2018）对长江三角洲、珠江三角洲都市圈25个城市的旅游效率进行了研究。李瑞等（2014）对环渤海地区的京津冀、山东半岛和辽东半岛三大城市群中地级以上城市旅游发展效率进行了测度，并综合分析了其时空特征、分解效率差异及其影响因素的演化阶段。

相比而言，学者们对专项旅游目的地效率的研究相对较少，主要涉及风景名胜区、旅游景区、森林公园等专项旅游目的地旅游效率研究。马晓龙等（2009）、曹芳东等（2012，2014，2015）对我国风景名胜区旅游效率进行了综合研究。虞虎等（2015）对我国国家级湖泊风景名胜区的旅游效率的总体特征、空间格局进行了综合分析，并将其划分成几种类型，提出相应对策和建议。徐波等（2012）对我国29个省域的景区效率进行了测度，结果表明景区总体上规模效率较高，大多数省域处于规模效益递减的状态，且不同省域间的差异较为明显。查建平等（2015）综合分析研究了四川省成都市26家景区在环境约束条件下的旅游效率。此外，李鑫等（2013）、王淑新等（2016）、方世敏等（2017）选择特定景区并构建特定指标体系对景区生态旅游效率进行了案例研究。

在森林公园旅游效率研究方面，森林公园作为我国重要的旅游目的地之一，已经成为旅游业发展的重要组成部分，近年来其发展的效率和效益问题逐渐受到学者们的关注，但研究成果相对较少，大多数学者主要从经济学、旅游学和管理学视角探究森林公园旅游效率。黄秀娟等（2011）测算比较了我国31个省域森林公园的旅游效率的差异情况。丁振民等（2016）对我国森林公园旅游效率进行了测度并对其收敛性进行了研究。刘振滨等（2017）运用DEA－BCC模型对我国省域森林公园的经营效率及其资源投入冗余进行了综合研究。朱磊等（2017）采用DEA分析方法对我国省域森林公园旅游效率进行了测度，从时空二维角度探究了森林公园旅游效率的时空格局演化特征及机理。刘东霞（2014）借助DEA－Malmquist指数法分析了2003—2011年我国31个省域森林公园运营效率的动态变化特征。李平等（2012）利用DEA－Malmquist生产率指数模型，对2003—2011年我国林业旅游资源开发绩效进行了测算，结果表明总体上我国林业旅游资源开发技术效率增长态势良好。

（4）旅游交通效率研究

国内学者对于旅游交通效率的研究主要集中在民航、铁路和公路方面，其中以机场和航空公司效率研究成果最为丰富。李兰冰（2008）对我国30个国际机场效率进行测度后发现其综合效率总体较低，且综合效率主要受纯技术效率驱动，空间上呈现东西部高、中部和东北部低的状态。韩平等（2010）采用DEA－Tobit模型对我国1995—2006年机场生产率影响因素进行研究，发现机场生产率受机场规模和区位影响较大，而客运量和航空量对其影响不大。张蕾等（2012）

采用参数法测度了我国上市机场运营效率，结果表明机场规模与效率呈现负相关，规模越小其规模效率越高，而规模越大其规模效率越低；认为优质管理是提高效率的关键，建议在增加投入的同时提升机场的管理水平，通过内涵式发展促进机场运营效率提升。马骏伟（2017）采用 DEA - CCR 和 BCC 模型对我国 11 家旅客吞吐量达到 2000 万以上的机场的运营效率进行分析，提出从提升管理水平、合理规划运营规模两方面改善其运营效率。吴威等（2018）采用 DEA 方法对 2000—2014 年长江三角洲地区机场基础设施效率进行实证研究，结果表明其效率总体较低，其中区域发展水平、机场竞争态势及机场交通区位对效率水平的影响较大。

在铁路运输效率研究方面，李兰冰（2010）利用 DEA - Malmquist 模型系统测算了铁路运营的效率水平，结果表明我国铁路效率较高，且客运效率明显高于货运效率，但仍有提升空间。刘斌全等（2018）用超效率研究方法对 2005—2013 年我国铁路运输效率进行了系统研究，结果表明我国铁路运输效率总体水平不高，且铁路运输效率受区位条件、资源禀赋、地形条件，以及城镇格局与城镇化水平等外部因素影响较大。在公路运输效率研究方面，段新等（2011）采用 DEA 模型对我国公路运输效率进行了研究，结果表明公路运输效率地域差异明显，多数省份处于有效状态，其中 2/3 的省份达到规模效益递减或不变，且要素投入的增加并不能提高效率。顾瑾等（2008）对江苏省道路交通效率进行研究，发现其效率区域差异明显，在空间上呈现出苏南＞苏中＞苏北的分异规律。

（5）旅游企业效率研究

国内学者对旅游企业效率的研究主要分为旅游上市公司和一般旅游企业效率研究两类，其中以旅游上市公司效率研究最为集中。许陈生（2007）采用 DEA 分析法研究我国旅游上市公司技术效率，发现酒店及综合类旅游上市公司效率较高，而景区类公司效率偏低，其中董事会、总经理持股比例和股权制衡度对企业效率有正向影响作用，而股权集中度对效率影响呈“倒 U 型”。郭岚等（2008）基于因子分析（DRF）和 DEA 模型对沪深两市的 20 家旅游上市公司效率进行测度，结果表明我国旅游上市公司由于投入过多处于规模收益递减状态，他们认为对资源的有效整合、调整合适经营规模是效率提升关键。周文娟等（2013）采用 DEA - CCR 模型对我国 18 家旅游上市公司投资效率进行研究，发现我国旅游上市公司非效率投资行为普遍存在，其中景区类公司投资效率高于酒店和综合类公司。任毅等（2017）利用 DEA - BCC 模型和 Malmquist 指数法对 2011—2015 年我国 26 家旅游上市公司经营效率进行系统研究，发现技术效率提升是全要素生产率提升的主要动因，不同类型公司（景区类、酒店和综合类）效率差异明显，其中国有制公司经营性效率提升潜力较大。此外，魏伟等（2013）、徐曼等

（2017）采用 Richardson 投资期望模型对我国不同时段旅游上市公司投资效率进行了研究。在旅游企业效率研究方面，何勋等（2012）采用超效率模型对我国 1999—2010 年旅游企业效率进行分析研究，结果表明其总体效率偏低，空间上呈现东部、中部、西部、东北依次递减态势，进一步研究其收敛性发现存在绝对β收敛。李如友等（2014）综合运用超效率和泰尔指数法对 2000—2011 年我国旅游企业效率进行研究，结果发现地带内差异是导致旅游企业效率差异的主要原因，且检验发现其效率区域差异的变动随着经济和旅游业发展水平的提高基本上服从“倒 U 型”曲线规律。

2.1.2 森林公园研究进展

2.1.2.1 国外森林公园研究

对森林公园的研究一直是学界关注的热点，我国的森林公园研究和国外的国家公园研究概念类似，只是称谓有所不同，但研究的对象和性质是一致的。关于国家公园的研究，国外学者起步较早，自 1872 年美国第一个国家公园——黄石国家公园建立以来，国外学者对国家公园进行了大量研究，取得了丰硕成果。1986—2016 年国外国家公园领域研究文献数量年度分布如图 2－4 所示，主要涉及游客及社区管理研究和管理体制及模式研究两大方面。

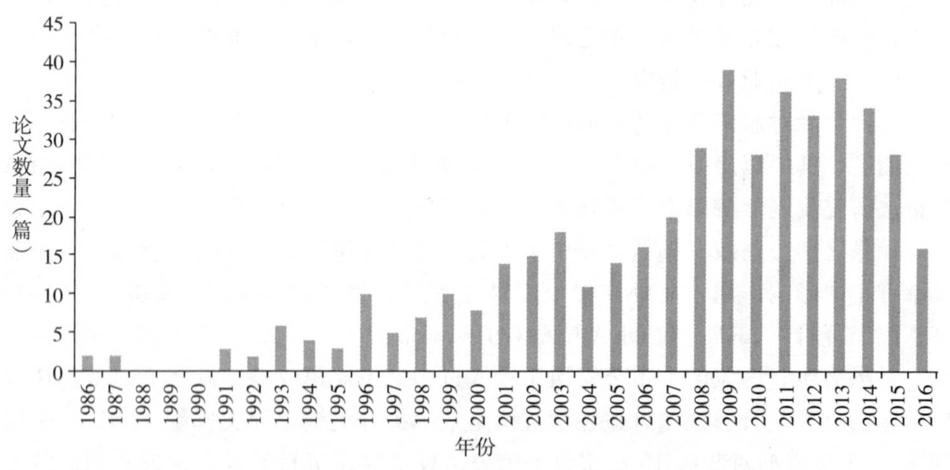

图 2－4　1986—2016 年国外国家公园领域研究文献数量年度分布

（1）游客及社区管理研究

游客和社区是国家公园发展的两个重要利益相关者，对其进行管理研究一直以来都是学者们关注的热点问题。在游客管理研究方面，Graham 等（2003）认为游客行为模式研究是游客管理的基础，White 等（1999）研究发现游客的行为偏好会对环境保护产生较大的影响。Cochrane（2006）指出国家公园的游客偏好与其性别、年龄、职业等人口统计指标和游客的文化背景有较强的关联性。此外，Pergams 等（2006）、Slocum 等（2016）研究发现游客行为还会受国家公园的可进入性、信息化水平和基础设施的影响。Xu 等（2014）将游客环境伦理价值观分为“人类中心主义”和“生态中心主义”两种，指出两种价值观下的游客行为差异较大。Zvi 等（2005）、Suckall 等（2008）对国家公园游憩和环保的平衡进行系统研究，认为可以通过环境教育、场地管理、门票价格调节等手段调节游客的不文明旅游行为，实现公园的可持续发展。随着各国政府对国家公园游客的管理意识逐渐增强，它们都制定出了各具特色的游客管理工具，如美国的游憩机会谱（ROS）、澳大利亚的旅游管理优化模型（TOMN）、加拿大的游客行为管理过程（VAMP）等。

在社区管理研究方面，研究成果主要涉及社区对国家公园的感知和彼此相互影响研究。Austin 等（2016）认为社区居民对国家公园发展的支持和积极态度将会对国家公园的可持续发展起到促进作用。Swain（2001）指出建立社区与国家公园完善的互信合作制度及提升居民的土地所有权意识对社区的发展管理尤为重要。Walpole 等（2000）、Hjerpe 等（2006）研究了国家公园开发对社区居民经济收益的影响。Conforti 等（2003）、Faasen 等（2007）进行了社区居民对国家公园感知的定量研究。此外，Bachert（1991）、Sanders（1996）对社区居民参与国家公园管理的利弊做了深入剖析，指出社区居民参与国家公园管理是其可持续发展的重要路径。

（2）管理体制及模式研究

自国家公园诞生以来，各国都在探索适合自身发展的管理体制、模式和方法，学者们对此也较为关注，产生了大量的研究成果。Barker 等（2008）对不同国家的公园管理体制做了对比研究，发现各国管理体制没有优劣之分，指出选择适合本国国情的管理体制才是正确的。Douglas 等（2004）认为美国国家公园管理局与美国林务局的多头管理、条块分割是造成美国国家公园体制不顺、管理水平下降的重要原因。Papageorgiou 等（2005）指出希腊国家公园管理体制不顺是组织和制度安排不力、政策协调性较差所致。Buultjens（2004）等的研究指出国家公园的管理体制不仅对公园组织管理意义重大，对公园的环境保护也起到至关重要的作用。

在公园管理模式、经验和方法研究方面，Boyd（1995）对加拿大国家公园进行系统研究后，指出国家公园规划的编制、管理方法的选择和政策的制定要以可持续发展理念为指导，这对国家公园的发展意义重大。Lawson 等（2003）认为美国国家公园应加强基础生态研究，探究游客最佳体验与资源环境保护的平衡点。Stamieszkin 等（2009）指出墨西哥国家公园应加强对生态系统的监测和环境保护的宣传，并优化组织机构，扩大公园建设资金来源渠道。Lupp（2013）提出德国国家公园应加强对景观规划和风景质量的监管。Kim 等（2002）认为韩国国家公园管理的关键在于游客行为管理。Lisa（2005）认为日本国家公园应该建立与政府和当地社区紧密联系的管理体系。Wilson 等（2009）认为南威尔士国家公园采取公私合营（PPP）发展模式较为合适。Zhou 等（2011）对南非国家公园管理问题开展研究发现，土地政策、水供应政策、大象管理制度及旅游发展政策制定是国家公园发展的关键。由此可知，欧美学者在对国家公园管理进行研究时更加关注的是可持续发展和生态环境保护研究，而发展中国家学者更加关注国家公园发展与周边社区居民的利益共享研究。

除了上述研究内容外，国外学者对国家公园的研究还包括游览服务支持系统、资源环境承载力、旅游发展经济效应和旅游可持续性发展评价等方面，不难发现国外学者对国家公园的研究逐渐形成系统化、多维度、网络化、立体化的研究格局。

2.1.2.2 国内森林公园研究

国内学者对森林公园的研究相对于国外较晚，但研究成果丰硕，1987—2017年，国内学者发表相关文章达到一千多篇，尤其是 1993 年后研究进展较快，如图 2-5 所示，发文量处于波动上升态势。对国内相关研究成果进行系统梳理后发现，国内学者在森林公园概念、分类的基础上，从旅游主体、旅游客体两个方面对森林公园展开了较为系统的研究。

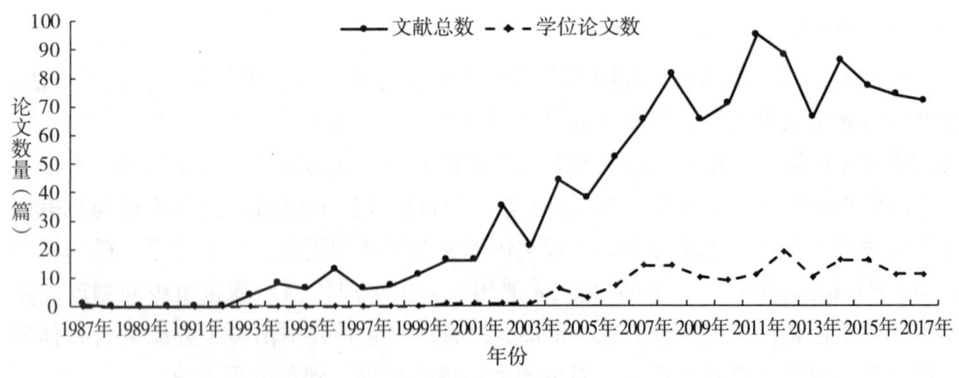

图 2-5 国内森林公园旅游研究历程

（1）森林公园旅游主体的研究

森林公园旅游主体的研究主要针对旅游者（游客）展开，主要涉及旅游者行为、旅游者满意度、客流量预测研究等。

1）旅游者行为研究。国内学者对森林公园旅游者行为的研究起步较早，主要选取典型的森林公园为研究对象。陆林（1996）以安徽黄山、九华山和齐云山为例，对我国山岳型景区旅游者空间行为特征进行了系统研究，并采用对比分析法比较了中国黄山和美国黄石公园旅游者空间行为的差异。聂献忠等（1998）系统分析了九寨沟国内旅游者行为特征，并提出增加游客量的相关建议。这些前期研究为后期的森林公园旅游者行为研究奠定了理论基础。周旗等（2003）对太白山森林公园客源市场结构及游客行为进行抽样调查研究，重点分析了游客对旅游环境的偏好和游客行为模式。唐承财等（2018）以张家界国家森林公园为对象，从不同地域、年龄、职业、收入的旅游者中选择测试样本，采用情景模拟实验法对游客的低碳行为特点进行研究。周璐等（2013）从休闲效益视角对南京市居民城市森林游憩行为进行了调查和分析，提出从资源保护、宣传推广、科普教育、设施服务等方面入手，打造生态型、创意型游憩产品，满足居民游憩需求。近年来，学者们开始对游客环境行为展开研究，如石莎（2015）、张茜等（2018）分别对张家界的环境责任行为和亲环境行为进行探究，黎宏君等（2018）从游憩者游憩体验角度出发，构建“体验-行为”的结构方程模型来探索游憩体验与游憩者环境责任行为的相关关系。

2）旅游者满意度研究。游客满意度是森林公园旅游发展质量的重要表征，它对森林公园旅游发展方向起到一定的指引作用，是森林公园旅游竞争力的核心要素。张春晖等（2018）采用 Tetra－class 模型对陕西太白山国家森林公园的游客满意度进行了研究，得出观光旅游资源价值、工作人员服务质量和影响游览的各类设施水平是森林公园旅游者满意度的主要影响因素。杨围围等（2015）以北京奥林匹克森林公园为例，通过构建结构方程模型探究了亲子家庭城市公园游憩机会满意度的影响因素，发现旅游动机对城市公园物质环境和社会环境的满意度影响较大，可达性对城市公园管理环境满意度影响较大。薛岩等（2017）对张家界国家森林公园导识系统的使用特征和游客满意度进行定量分析及定性评价，提出从系统设计的安全性、信息存量、维护与管理和文化性等方面对导识系统加以优化。

3）客流量预测研究。目前国内学者多采用定量研究方法对森林公园客流量进行预测。陆林（1994）对安徽黄山风景区的客流规律、时空分布进行探究，并预测了未来的游客规模。张洪明等（1997）对森林公园客流量预测方法进行专门探讨，认为指数平滑预测法最适宜张家界国家森林公园未来时期的客流量预测。刘柱胜等（2012）建立了游客到达的日预测回归模型和 BP 修正模型，以其对九寨沟景区客流量进行预测并取得了较好的效果。廖治学等（2013）采用非线性叠加的集成方法构建了适用于线性与非线性交错复杂特点数据的 AB@G 集成预测模型，并以其对九寨沟景区游客量进行了有效预测。罗明春等（2004）采用现场观测法对张家界国家森林公园每天游客的分布规律进行了系统研究。刘慧悦（2017）通过建立多元回归模型探讨旅游信息需求的具体内容及信息需求的期限效应，发现信息流与旅游流之间存在长期协整关系，以及旅游者在旅游活动中重视核心旅游信息的获取。李姮莹（2018）通过对瑶湖郊野森林公园旅游客流量数据资料的收集，对其客流量的时空变化特征进行研究，并提出相关管理对策。

（2）森林公园旅游客体的研究

森林公园旅游客体的研究主要是针对森林公园自身发展方面，主要涉及森林公园旅游资源评价与开发、森林公园旅游规划、森林公园管理体制和经营模式、森林公园旅游竞争力、森林公园旅游解说系统 5 个方面。

1）森林公园旅游资源评价与开发研究。森林公园旅游资源评价是森林公园旅游规划和开发的基础，因此关于其的研究对森林公园开发建设具有较强的指导意义。王娜等（2015）用 AHP 层次分析法从资源禀赋、开发条件和旅游消费价值 3 个方面构建了森林公园科普旅游资源评价体系，并对良凤江国家森林公园展开了实证研究。董天等（2017）通过问卷调查获得旅行费用相关数据，并采用旅行费用模型和旅行费用区间模型对北京奥林匹克森林公园资源使用价值进行评估。吴臻霓等（2012）运用层次分析法从旅游景观质量和开发条件两方面对福建永定王寿山国家森林公园森林旅游资源的景观质量进行评价。谢继全等（2004）综合采用模糊决策方法对甘肃省所有森林公园的资源价值进行系统评价，根据评价结果将所有森林公园划分为 4 种不同等级。严贤春等（2011）采取灰色统计法对瓦屋山国家森林公园生态旅游资源进行评价，发现其旅游开发价值较高。

2）森林公园旅游规划研究。旅游规划是森林公园旅游开发的关键，也是其可持续发展的必要条件。王然等（2013）运用生态旅游规划的相关理论方法，对木兰围场国家森林公园生态旅游进行了总体规划。唐建兵（2014）将“反规划”理论引入森林公园的旅游规划中，认为提高森林公园的生态空间规划和土地利用规划的合理性，更有利于旅游业的可持续发展。杨财根等（2013）从旅游市场发展入手，提出城郊森林公园休闲旅游规划的构建要素应主要包含规划理念、规划目标、休闲旅游产品与服务、旅游支持配套 4 个方面。

3）森林公园管理体制和经营模式研究。杨敏等（2006）从我国森林公园组织构建及管理模式的发展现状入手，深入剖析了森林公园旅游管理体制和模式的相关问题，并指出森林公园组织机构的构建要符合森林公园旅游的特点，走现代化的企业发展之路较为可行。盛海等（2002）以太岳山国家森林公园石膏山景区为研究对象，对省直林区类型的森林公园旅游开发经营模式进行了研究，指出通过招商引资进行合作经营来开发森林公园的发展模式较为有效。张志等（2006）以大别山国家森林公园为例，对我国森林旅游业管理体制现状及存在的问题进行分析，提出我国旅游管理体制的改革与创新的总体思路，建议实行所有权、管理权、经营权与监督保护权“四权分离”的管理模式和“社区网络式”的管理模式，如图 2-6 所示。黄秀娟（2002）深入分析了目前我国森林公园的经验化管理模式，认为其已经严重制约了我国森林公园旅游的可持续发展，并指出对我国森林公园实施市场化改革将有助于森林公园的健康发展。胡晓晶等（2005）对我国国家森林公园管理体制进行了系统研究，从国家森林公园管理体制的建立背景、管理体制的优缺点及未来的改革方向进行了系统阐述，最后提出了国家森林公园管理体制应该适应国家森林公园的发展需要，并从权力分离和规范经营两个方面进行改革和创新。

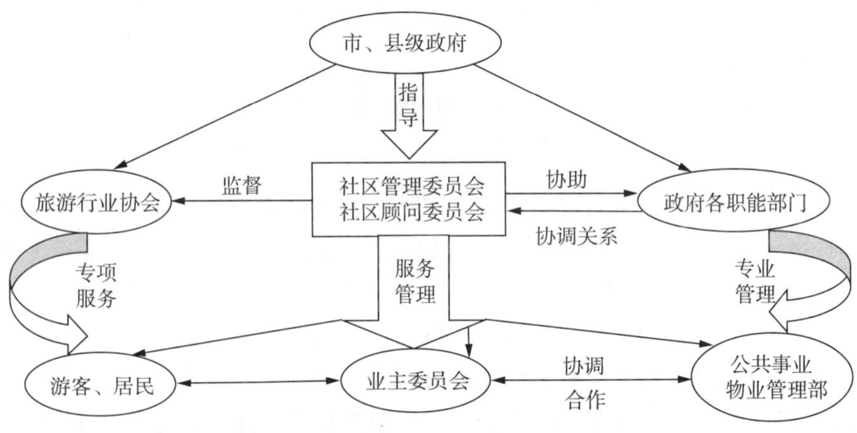

图 2-6　“社区网络式”的管理模式

4）森林公园旅游竞争力研究。国内学者主要从不同空间尺度对森林公园旅游竞争力进行研究。在全国层面，修新田等（2008）在分析我国森林公园旅游竞争力现状的基础上，提出从森林公园旅游产品开发、政府、森林公园运营企业 3 个方面提升森林公园旅游竞争力。在省域层面，黄杰龙等（2018）对我国 31 个省域单元森林公园的旅游产业竞争力进行了定量测度，并分析了其时空演变特征和竞争力空间差异的主要因素。邹惠冰等（2019）从旅游现实竞争力和旅游竞争潜力两方面构建评价模型对我国 31 个省域的森林公园的旅游竞争力进行测度，发现我国森林公园旅游竞争力整体较弱，发展不均衡，其中旅游业绩、旅游资源和基础设施是目前影响森林公园旅游竞争力的主要因素。此外，国内学者对单个森林公园的旅游竞争力研究也有所涉及。童玲等（2014）采用 ISM 模型对福州国家森林公园旅游竞争力影响要素进行研究，并基于这些要素针对性地提出提升旅游竞争力的对策和建议。

5）森林公园旅游解说系统研究。国内学者对森林公园旅游解说系统的研究相对薄弱，多采用问卷调查等方法对单个森林公园进行案例研究。于曦颖（2005）通过问卷调查对云蒙山国家森林公园旅游解说系统进行研究，提出应对解说人员、解说内容、解说主题、解说系统、解说材料等方面加以建设和规范。赵建昌（2011）以宝鸡金台森林公园为研究案例地，对其旅游解说系统进行了系统研究，认为应该从解说的内容、传播媒介的选择和解说过程的管理等方面对旅游解说系统进行系统把握。王屏等（2016）对加拿大班夫国家公园和中国张家界国家森林公园的旅游解说系统进行了对比研究，发现中西方森林游憩者在生态观景思维、解说句式、解说风格偏好方面均存在显著差异，建议根据中西方森林游憩者生态观景思维和文化定势对森林公园旅游解说文本进行针对性设计。

2.2 研究述评

（1）森林公园旅游研究成果丰硕，但缺少旅游效率视域下的森林公园研究。

国内外学者对森林公园旅游进行了较为系统的研究，取得了大量研究成果。国外学者主要从游客及社区管理、管理体制及模式两大方面进行探究，而国内学者的研究内容主要集中在森林公园的主体及客体研究两个方面。这些研究成果与我国森林公园旅游发展过程中出现的问题有着较为吻合的对应关系，表明学者们对森林公园旅游发展中存在的问题进行了不断的思考，这些结论也为森林公园旅游的发展提供了有益的理论借鉴和参考。但这些研究成果也存在一些不足，如在总体上缺少实证研究，尤其缺少从旅游效率视角对森林公园旅游进行系统的实证分析研究。

（2）旅游效率研究的主题不断丰富，但缺少国家森林公园旅游效率研究。

国内外学者对旅游效率研究的主题主要集中在酒店、旅行社、旅游目的地、旅游交通、旅游企业效率等方面，基本上涉及了旅游产业的各个方面，但在旅游目的地研究方面，专项旅游目的地效率研究较少，而森林公园旅游效率研究尤为鲜见。在为数不多的森林公园旅游效率研究的文献中，缺少从全国及省域尺度对国家森林公园旅游效率进行时间跨度较长的历时性研究。国家森林公园作为我国森林旅游地发展的龙头和标杆，对其旅游效率进行系统研究，有助于更加科学地判断我国森林旅游地的发展水平，为实现我国森林公园旅游从规模化经营到优质化发展提供一定的理论借鉴。

（3）旅游效率研究内容不断深化，但缺少效率的收敛性和影响机理分析。

目前，在旅游效率研究内容方面，学者们的关注点主要集中在对旅游效率的测度、评价和提升对策研究等方面，而对效率的影响机理研究还不够深入，对效率的收敛性研究鲜有。虽然旅游效率的测度和评价是旅游效率研究的起点，但其是对现状的总体把握，很难在此基础上提出有针对性的效率提升对策，因此，只有对效率影响因素进行科学识别和分析，才能对效率的驱动力做出全面的把握，并为效率提升提供理论指导。现有的相关研究也涉及区域效率差异的比较，但都未能表征不同地区间是否存在低效率区域向高效率区域的追赶效应，以及未来的差异变化情况，通过收敛性分析可以更加科学地判断空间差异的变化趋势，从而为实施区域均衡、协调发展提供理论依据，意义重大。目前学界对森林公园旅游效率的空间差异收敛性及影响因素研究较少且不够深入，对这两个方面进行实证研究和分析是对森林公园旅游效率问题研究深入化和系统化的体现。

（4）旅游效率研究方法和视角不断多元，但缺少地理学时空思维融入。

近年来，旅游效率逐渐成为学界关注的热点问题，吸引了越来越多的学者对其进行研究，虽然在效率的测度方法上仍然以 DEA 为主，但是由于学者们的学科背景不同，其研究视角和分析方法有较大差异。总体来看，学者们多采用经济学、管理学、旅游学、地理学、社会学和环境学等单一学科视角和分析方法对旅游效率展开分析，缺少多学科的研究视角和方法，尤其缺少将地理学的时空思维和研究方法融入其中。因此，本研究对国家森林公园旅游效率的研究力图将经济学、管理学、旅游学、林学、地理学等视角和方法进行深度融合，并将地理学时空思维贯穿全程，从时空二维角度全面洞察国家森林公园旅游效率的演化特征、演化趋势和影响机理。

鉴于此，本研究以全国 31 个省域单元国家森林公园为研究对象，在科学构建国家森林公园旅游投入产出指标体系的基础上，采用 DEA 模型对 2008—2017 年各省域国家森林公园旅游效率（综合效率、纯技术效率和规模效率）进行测度，综合运用核密度函数估计法、探索性空间分析法、标准差椭圆分析法、重心分析法、空间自相关分析法对省域单元国家森林公园旅游各项效率的时空演化格局及演化过程进行审视；运用新古典经济学相关理论的收敛性分析法及马尔可夫链矩阵法对全国及四大区域内旅游各项效率的空间差异变化趋势进行分析；利用 Tobit 模型、空间加权回归等方法对国家森林公园旅游效率的影响因素进行时空效应分析，并揭示旅游效率的影响机理；最后基于相关研究结论，提出旅游效率的提升对策。本研究旨在拓展森林公园旅游的研究视角、延伸旅游效率的研究主题、丰富人文地理的研究内容，并为森林公园旅游效率提升和可持续发展提供一定的理论借鉴。

第3章　相关概念界定和理论基础

3.1　相关概念界定

3.1.1　森林公园

森林公园作为森林游憩的重要载体，已成为我国森林旅游发展的窗口和旅游的主要目的地之一，自1982年我国建立第一个国家森林公园——张家界国家森林公园以来，森林公园旅游业一路高歌猛进，为我国旅游产业的快速发展做出了重要贡献。自森林公园诞生以来，国内机构和学者从不同角度对其概念进行了界定，如表3-1所示，通过文献梳理不难发现，目前学术界较为认可的权威概念有两个：一是林业部于1994年颁布的《森林公园管理办法》中给出的定义，即森林公园是指森林景观优美，自然景观和人文景物集中，具有一定规模，可供人们游览、休息或进行科学、文化、教育活动的场所；另一个权威定义是1999年国家质量技术监督局发布的《中国森林公园风景资源质量等级评定》（GB/T 18005—1999）国家标准中对森林公园的概念做出的详细说明，即森林公园指具有一定规模和质量的森林风景资源与环境条件，可以开展森林旅游，并按法定程序申报批准的森林地域。随后学者们在此基础上对森林公园的概念也做了比较研究，基本认可上述两个定义，从而由这两个权威概念共同组成了我国森林公园的定义，因此本研究中森林公园的概念依然延续上述两个权威概念。

表3-1　不同机构和学者对森林公园概念界定

来源	年份	森林公园定义
但新球	1994	经过精心规划设计而建设的以森林景观资源为主体，用来进行森林旅游的区域。
林业部	1994	森林景观优美，自然景观和人文景物集中，具有一定规模，可供人们游览、休息或进行科学、文化、教育活动的场所。

（续表）

来源	年份	森林公园定义
许大为	1996	以森林为主体，具有地形、地貌特征和良好生态环境，融自然景观与人文景观于一体，经科学保护和适度开发，为人们提供原野娱乐、科学考察及普及、度假、休息疗养服务，位于城市郊区的区域。
高翅	1997	在城市边缘或郊区的森林环境中能为城市居民提供较长时间游览休息，可开展多种森林游憩活动的绿地。
国家林业局	1999	具有一定规模和质量的森林风景资源与环境条件，可以开展森林旅游，并按法定程序申报批准的森林地域。
陈戈	2001	以森林景观为背景，融合了自然与人文景观的旅游及教科文活动区域。
兰思仁	2009	受特殊保护的、以森林景观为主体的生态型多功能旅游场所。

本研究中的森林公园特指国家森林公园。一般情况下可以将森林公园按照不同标准分成3个等级，即国家级、省级和市县级森林公园，其中国家森林公园作为我国森林公园的最高等级，其森林景观较为优美，且集中了一定的人文景物，具有较高的观赏、科学、文化价值，区内旅游服务设施完备，知名度较高，地理位置特殊，有一定的区域代表性。它承载着我国森林游憩和生态保护的多项功能，是我国森林旅游发展的标杆，可对其他森林旅游地起到重要的带动和示范作用。

3.1.2 效率

"效率"一词最早来源于物理学，用来衡量机械作用中能量的耗损程度，随后被运用到工程学、经济学和管理学等领域，通俗地说效率其实就是资源配置的合理程度，其具体表现形式有成本与收益的对比和投入与产出的对比两种形式。如果生产数量相同的产品，投入资源越少，则效率越高；反之，则效率越低。现代社会效率类型多样，按照组织职能的不同可划分为管理效率和市场效率；按照提高效率途径的不同可划分为技术效率和管理效率。不论划分成何种类型，效率在本质上都源于经济学中资源稀缺性的基本假设。经济学中对效率的研究最多，经济学家对效率的理论做了深入研究，对效率的内涵进行了多种界定和解读。不同时期的经济增长理论对效率都有所界定，虽然表述有所不同，但是意义和实质都是一样的。其中，Debreu（1951）和 Farrel（1957）最早给出了效率的测算方法，并对效率的定义进行了阐述，指出基于投入视角可以将效率看作最优投入与实际投入的比值，若基于产出视角，效率则可以看作是实际产出与最优产出的比值。尽管后来学者们给予了效率的内涵不同的定义，但基本上都认为效率是资源利用和结果的关系变量，这为效率的研究和推广奠定了基础。随着效率研究的不断发展，人们开始更多地关注经济增长并不一定与投入规模相关，而是和其生产单元的生产效率关联性较大，尤其当生产规模达到一定的水平和比例时，继续增加生产规模并不一定呈现经济的递增，这种经济现象引发了学者们对经济效率研究的思考。经济学家 Thomas G. Rawski 指出，配置效率、技术效率和动态效率在微观经济学理论研究中被视为经济效率的 3 个方面。为了更加清晰地表征效率的本质和内涵，笔者画出了效率的分解示意图，如图 3－1 所示，若图中的 F 移到 E 时表明技术效率得到提高，J 移到 E 时表明配置效率有所提升，若生产边界曲线 KEL 向外迁移而投入要素未发生改变，表明动态效率增加。

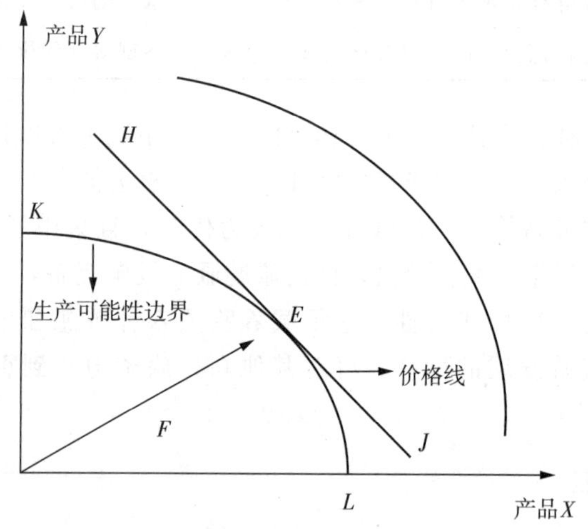

图 3－1　效率分解示意图

Farrell（1957）最早提出通过生产前沿法来测度不同样本的效率，该方法的核心思想是通过不同的投入产出样本构造出最佳生产前沿面，在最佳生产前沿面外部的是投入样本值，在其内部的是产出样本值，而每个生产点的效率值就等于该点与最佳前沿面之间的距离。同样为了更加清楚理解 Farrell 关于效率的核心思想，笔者画出了技术效率和配置效率的示意图，如图 3－2 所示。在规模报酬不变的前提下，假设生产单元 Q 投入 X_1、X_2 两种生产要素，产出产品为 y_0，图中直线 pp 为成本预算线，y_0y_0 为等产量线，则曲线 y_0y_0 所代表的方程即为前沿生产函数，因此，曲线左侧的投入产出点在当前技术条件下是难以实现的，而在曲线右侧的投入产出点是无效率的。在图 3－2 中，成本预算线 pp 与 y_0y_0 相切，切点为 a，不难得出 a 点为最有效生产点，即以最小的投入生产出 y_0，而 c 点需要更多的投入生产 y_0，属于非有效的生产点，其实际生产成本为 oc，则生

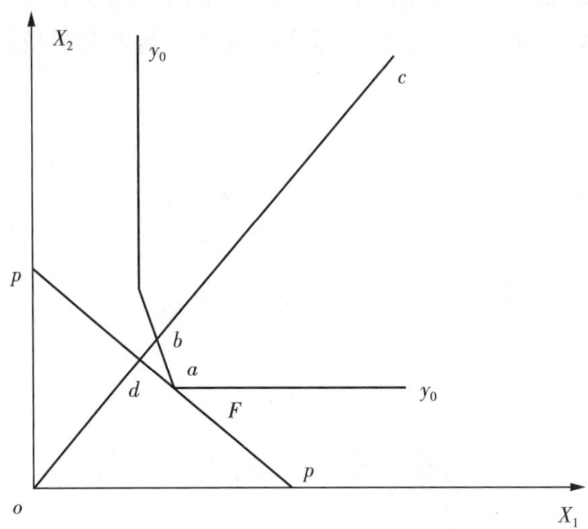

图 3-2　技术效率和配置效率示意图

产单元 Q 的经济效率（OE）定义为：

$$OE = od/oc$$

当生产单元 Q 在 a 点生产时，经济效率达到最优 1。由此可知经济效率指的是生产现有产出水平的目标最小投入与实际投入的比率。

经济效率可以进一步分解为技术效率（TE）和配置效率（AE）的乘积，即 $OE=TE\times AE$，其中技术效率是指在给定的投入集合下所能获得的最大产出能力。从图 3-2 中可以得到技术效率的数学表达式为 $TE=ob/oc$。配置效率是指在给定资源和技术的条件下，以投入要素的最佳组合来生产出最优的产品数量组合。它考察的是基于现有各种投入的价格，评价对象能否选择最佳的投入数量来进行合理配置，其数学表达式为 $AE=od/ob$。综上可知经济效率与其分解效率之间的关系可以表示为：

$$OE = TE \times AE = od/oc = (ob/oc) \times (od/ob)$$

上述分析的前提假设是规模报酬不变，但是这是一种理想状态，实际生产中大多数生产单元是规模报酬可变的，而此时如果要实现规模报酬不变情况下的单元生产，就需要以更低的投入量来生产出当前的产出水平。此时可将技术效率分解为规模效率（SE）和纯技术效率（PTE）的乘积，用来反映生产单元利用技术的综合能力。当规模收益可变时，被考察单元与生产前沿面之间的距离为纯技术效率，与生产前沿面距离越近，纯技术效率越大；规模效率是指规模收益不变时生产前沿与可变规模收益的生产前沿之间的距离，越靠近可变收益的生产前沿面，规模效率越大。为了更清晰地解释这一概念，笔者继续用图加以说明，详情如图 3-3 所示。

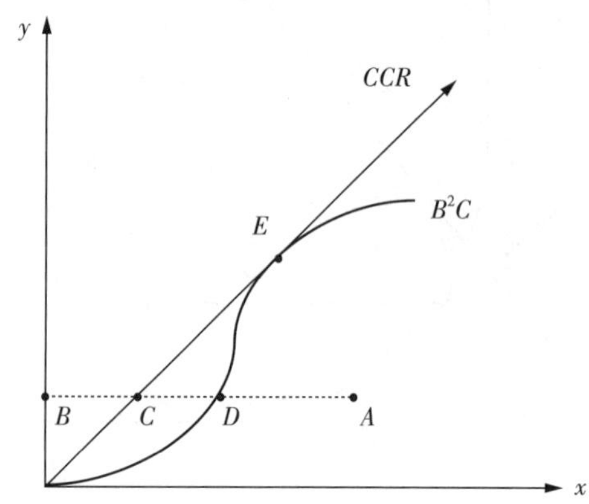

图 3-3　技术效率、纯技术效率和规模效率示意图

如图 3-3 所示，假设 x、y 分别为投入和产出要素，直线 CCR 为规模报酬不变时的生产前沿面，曲线 B^2C 为规模报酬可变时的生产前沿面，则直线 CCR 上的点技术效率有效，技术效率为 1，分布在其下方的点为技术效率无效或低效率，分布在曲线 B^2C 上的点纯技术效率有效，分布在其下方的点为纯技术效率无效或者低效率。对于生产单元 A，其技术效率为 BC/BA，纯技术效率为 BD/BA，规模效率为 BC/BD，从而易知，技术效率等于纯技术效率与规模效率的乘积，各项效率值均处在 0—1。

3.1.3　森林公园旅游效率

结合上文中对效率的定义，并根据旅游生产本身的复杂性、综合性和旅游业发展变化的实际过程，本研究中的森林公园旅游效率指的是在一定的时间和空间范围及一定的技术条件下，森林公园旅游活动中投入与产出之间的比例关系，其是森林公园单位要素投入实现最大化产出能力的体现。从本质上讲，森林公园旅游效率是森林公园旅游资源的有效配置、投入与产出能力、森林旅游竞争力和森林旅游可持续发展能力的总称。

本研究中的森林公园特指国家森林公园，国家森林公园旅游效率主要包括旅游综合效率、旅游纯技术效率、旅游规模效率 3 个方面。其中，旅游综合效率反映的是国家森林公园要素资源的配置、利用水平和规模集聚水平等，旅游纯技术效率表示的是国家森林公园要素资源的配置、利用水平，旅游规模效率则表示的是国家森林公园资源投入规模集聚水平。

需要特别指出的是国家森林公园旅游效率一般具有相对性、波动性和指向性 3 大基本特征。相对性是指采用当前较为认可的数据包络分析法测算出的国家森林公园旅游效率是一个相对值，不同决策单元和最佳前沿面之间的距离代表着这个决策单元的效率水平，是一种相对比例关系，它是对国家森林公园旅游发展状况的大致表征，不是国家森林公园旅游发展的实际效率。波动性是指由于国家森林公园旅游本身是旅游产业的一部分，其继承了旅游产业关联性、敏感性、复杂性较强的特点，容易受到各种因素的干扰，其旅游效率也会表现出一定变化和波动趋势。指向性是指国家森林公园的各项效率对国家森林公园的旅游发展状态有一定的指向作用，其中综合效率是对国家森林公园旅游发展水平、总体状况的表征，纯技术效率在一定程度上反映了国家森林公园旅游发展的集约化程度，规模效率在一定程度上反映了国家森林公园旅游发展的粗放程度。

3.2 理论基础

3.2.1 经济增长理论

3.2.1.1 古典经济增长理论

古典经济增长理论最早由 Adam Smith 提出，他在著作《国富论》中基于“经济人”的假设，对经济增长做了一系列的研究和论述，他指出个人在追求个人利益最大化的同时，也创造和积累了社会物质财富，且对社会财富增长较为关键的因素是劳动数量和劳动效率的提高，这一论断奠定了古典经济增长理论的基础。古典经济增长理论中提到了规模报酬递减规律的概念，这一概念的产生几乎带动整个经济学进入一个新的研究领域。哈罗德-多马模型主要探讨了发展中国家的经济增长问题，指出了资本增长与经济发展之间的关系，但其也有自身的局限性。尽管如此，哈罗德-多马模型依然较好地推动了古典经济增长理论的发展，其始终认为经济主体是自由的，这一假设与其他学者基本保持一致。虽然不同学者对古典经济增长理论提出的假设有所不同，但其本质上对经济增长的理解是一致的，都肯定了劳动者和劳动生产率的重要作用，这为后期的经济增长理论发展奠定了理论基础。

3.2.1.2 新古典经济增长理论

新古典经济增长理论是在古典经济增长理论的基础上形成和发展起来的。该理论的创立者是美国的经济学家 Robert M. Solow，其核心观点是把技术进步看作外生变量，认为资本和劳动是经济增长的源泉，并提出相比经济发达地区，经济落后地区会有更快的经济增长速度的趋同概念。按照新古典经济增长理论，随着社会经济的发展，不同的经济体将在技术水平上达到相同的状态，而在市场上所有资本及生产要素是自由流通的，使得生产要素将会流向获得更高利润的经济体，最终实现经济发展较慢的经济体的经济增长速度要快于经济发达的经济体，这种现象将会导致所有经济体的增长率和人均收入水平趋同，这是新古典经济增长理论的重要内容之一。另外，该理论认为经济主体是自由的，具有自我完善功能，在市场竞争中，可以实现经济的自由发展。在此基础上对原有的固定技术系数生产函数模型进行了调整，并假设规模报酬递减，从而进一步提升了该模型的经济学意义。随着资本、劳动资源禀赋的不断变化，所形成的一系列生产关系如资本产出比和资本劳动比就变得不再固定，而是相对变化的，这就形成了资本劳动所代表的投入要素的不断变化，最终导致了总产出的变化。综上所述可知，新古典经济增长理论是对古典经济增长理论的一种修正和拓展，它对不同的变量进行了相关条件的假设，但其局限性主要来源于对不同变量的条件假设。新古典经济增长理论引入了可变量的生产函数模型，对经济增长给予了较为合理的经济学阐释。

3.2.1.3 内生经济增长理论

内生经济增长理论是基于新古典经济增长模型发展起来的，该理论的主要代表人物有 Panlm. Romer、Robert E. Lucas 等经济学家。从某种意义上说，内生经济增长理论的突破在于放松了新古典经济增长理论的假设并把相关的变量内生化。内生经济增长理论的最大贡献在于揭示了产生经济增长率差异的原因和解释了持续经济增长的可能。内生经济增长理论的核心思想就是经济增长可以不依靠外在的推动力量，而是直接依靠自身内部的技术进步等因素去实现。它突破了古典和新古典经济增长理论对于经济增长的机制研究，这也是内生经济增长理论所做出的巨大贡献，它认为经济增长的长期实现必须克服收益递减现象，以有效的收益完成递增，确保经济增长长期实现。内生经济增长的前提假设也是在市场完全竞争条件下进行的，认为知识内生是对价值和利润最大化的投资动力。该理论对推动经济增长和实现生产效率提升起到了重要作用，当然，该理论也存在一定的局限性，就是过度强调市场的完全竞争，在实际情况下很难实现这种理想状态，因而限制了该理论中诸多模型的进一步发展及修正，但是可以看到该理论是对古典经济增长理论和新古典经济增长理论的进一步丰富和完善，为解释经济增长现象提供了较好的理论支撑。

古典经济增长理论对本研究的贡献在于国家森林公园效率测度指标的选取过程，将劳动力和资本作为效率投入指标对国家森林公园效率测度具有关键的理论指导作用。新古典经济增长理论对本研究中效率的空间差异趋势的收敛性分析起到理论支撑作用，通过不同收敛性模型检验低效率生产单元的效率增长速度是否比高效率生产单元更快，未来能否达到一种趋同状态；同时，该理论也对产生效率空间差异原因的解释起到一定的理论支撑作用。内生经济增长理论对分析国家森林公园旅游效率的原因及机理有一定的指导意义，该理论主要强调技术进步在国家森林公园旅游发展中的作用，从国家森林公园旅游效率的测算结果和其效率的变化情况，我们不难发现它们与技术进步关系密切，这在一定程度上为效率提升的主要动因来源于科技进步找到了理论依据；同时，内生经济增长理论对规模收益的递增和递减问题也有所涉及，通过调节和改变原有的要素和环境使整个生产单元长期处于规模报酬递增的状态，从而实现生产单元经济的快速增长；此外，该理论中也强调了除技术进步以外其他要素的作用，人力资本和知识积累是国家森林公园生产单元所必需的，国家森林公园的经营管理者只有具备了良好的专业素养和完备的知识体系，才可以充分发挥智力优势，在面对竞争激烈的整个旅游市场时，捕捉、加工、提取最有利于生产单元自身发展的相关信息，做出及时、准确的判断，为国家森林公园的发展做出最可靠的决策，发挥整个国家森林公园生产活动的最大效率，进而实现旅游发展及其效率的提升。

3.2.2　竞争力理论

20世纪80年代初，美国著名学者 Michael E. Porter 在其著作《国家竞争优势》中提出了著名的“钻石模型”，如图3-4所示。该模型主要由生产要素的状况、需求状况、相关产业及支持产业的状况、公司的战略结构及竞争对手、机遇和政府6个因素构成。它们决定了一个国家的特定产业是否具有国际竞争力。Porter 的分析模型在产业竞争力分析中具有很高的应用价值，当然在旅游产业竞争力分析中也具有重要作用。20世纪90年代，Crouch 和 Ritchie（1999）在著名的 Porter 国家竞争力钻石模型基础上提出了应用于旅游目的地竞争力评价的综合模型，指出旅游目的地竞争力主要包括核心资源和吸引物、支持性因素和资源、目的地管理及其他决定性因素的影响。此后，国内外学者将其应用在旅游产业研究上，对分析与研究旅游产业的竞争力问题起到了一定的理论指导和支撑作用。国外学者对旅游竞争力的研究主要集中在国家旅游竞争力、区域旅游竞争力、旅游企业竞争力的评价、影响因素分析及提升策略等方面。Gooroochurn 等（2005）在构建价格、开放性、技术、基础设施、人文旅游、社会发展、环境和人力资源等评价指标体系的基础上，综合采用因子分析、聚类分析法对世界各国的旅游竞争力进行了研究。Wilde 等（2008）指出旅游目的地吸引力、旅游基础设施水平和地方旅游业发展政策支持是影响澳大利亚东海岸旅游目的地竞争力最主要的3个因素。Valentinas等（2009）认为旅游部门竞争力的影响因素是多方面的，其中气候条件、地理位置等自然环境和旅游基础设施、旅游服务设施等人为环境，以及整个市场大环境对其影响较大，通过现代化的旅游市场分析方法对旅游竞争力进行动态监测，准确评估旅游竞争力对指导旅游发展意义重大。

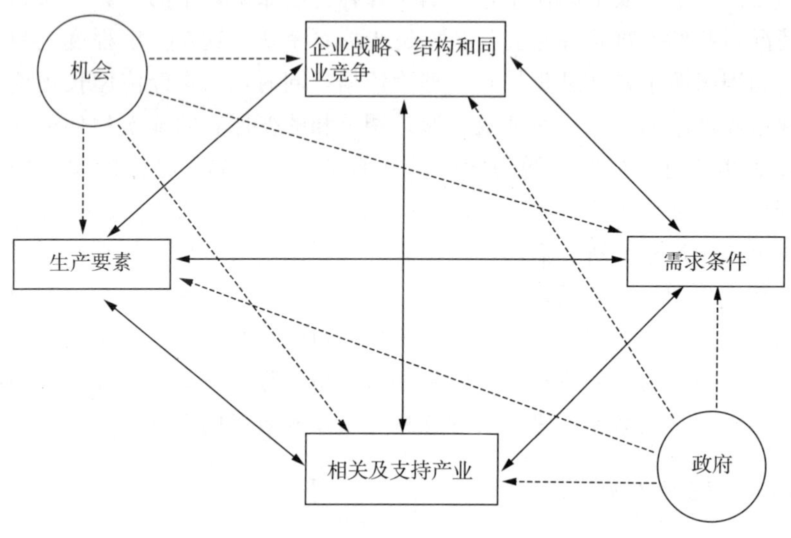

图3-4　波特的钻石模型

国内学者对旅游竞争力研究稍晚于国外，但是研究的成果较为丰富，主要为定量的实证研究。国内旅游竞争力研究内容主要涉及国际旅游竞争力、区域旅游竞争力、城市旅游竞争力、企业角度旅游竞争力，旅游竞争力的评价指标体系是学者们较为关注的方面，其中胡静（2012）从综合竞争力、现实竞争力、潜在竞争力和发展环境竞争力4个维度构建旅游竞争力评价指标体系，对中国省域和副省级城市的旅游竞争力进行综合评价，为我国旅游业的发展提供了有益的理论借鉴和参考。傅云新等（2012）从旅游竞争现实力和旅游竞争潜力两个方面构建了21个指标定量评价了中国31个省域的旅游竞争力，并从空间演化视角探求了其相关特征。王丽（2014）采用AHP法科学构建城市旅游竞争力评价系统，并根据评价系统对比分析了洛阳市旅游竞争力不同的时序差异。黄松等（2017）以北京、南京、武汉、成都、大连、厦门等12个首批国家智慧旅游试点城市为研究对象，构建了智慧旅游城市旅游竞争力评价指标体系，并运用BP神经网络模型对智慧旅游城市旅游竞争力进行综合测度和评价，研究发现影响智慧旅游城市旅游竞争力最为关键的因素是旅游科技创新竞争力。

旅游效率是旅游竞争力的另一种表现形式，旅游效率的提升对旅游竞争力的提升大有裨益。国家森林公园旅游业综合效率一定程度上反映了该区域国家森林公园旅游业竞争力的状况，国家森林公园的纯技术效率越高表明其旅游发展的集约化内涵式发展特征越明显，也反映出其旅游竞争力越强。另外，国家森林公园是我国重要的旅游目的地，是旅游市场经济活动的主体之一，必将参与残酷的旅游市场竞争，在优胜劣汰的生存法则下，为了在激烈的市场竞争中脱颖而出，必须提升其旅游竞争力，而提升旅游竞争力的一个重要手段是提升其旅游发展效率，走高质量旅游发展路径，因此提升国家森林公园旅游竞争力需要多措并举地提升国家森林公园旅游效率，其中旅游竞争力的相关理论则为国家森林公园旅游效率的研究提供了一定的理论指导。

3.2.3　旅游空间结构理论

3.2.3.1　增长极理论

增长极理论最早是由法国经济学家 Francois Perroux 在 20 世纪 50 年代初提出。他认为经济发展中存在非均衡的状态，古典经济学界的均衡发展很难实现。他通过对经济增长和经济活动的观察与研究，得出经济增长并不是同质化的，也不会出现在所有区域，它将会在不同的时间节点出现在某些增长点上，逐渐形成增长极，随后将通过不同的方式向周围区域进行扩散和辐射，最终影响整个区域的经济发展。增长极一般表现为具有特殊性质的一个或多个推进型企业。增长极最先出现于创新能力较强的推进型经济单元中，该经济单元具有规模大、增长快、创新能力强的特点，并与其他部门的投入—产出形成广泛密切的关联。1966 年，法国地理学家 Boudeville 对增长极的概念进行了进一步转化，将“极”的概念引入了地理空间，并提出了“增长中心”这一空间概念，强调了经济空间的区域特征，这种空间的集聚和推动型工业共同形成的增长极是对增长极理论的进一步升华和补充。一般认为极化效应和扩散效应是区域经济增长极对周边区域经济单元的主要影响形式。极化效应（回流效应）是指处于增长极的区域由于自身发展优势不断吸取周围的有利生产要素，使其增长优势更加明显，并继续拉大与周边区域经济的差距，造成强者更强、弱者更弱的不均衡态势，如图 3－5 所示。扩散效应（涓滴效应）是指处于增长极的区域单元对周边落后区域进行资源要素的输出，推动周围区域经济不断增长，实现区域经济均衡发展。极化效应和扩散效应对区域的综合影响称为溢出效应。

增长极的形成有两种途径：一种是市场的自发调节机制实现一些大城市中的相关企业和行业在区域内集聚发展，从而形成增长极；另一种是政府通过宏观调控对一些创新型企业和具有潜力的推进型企业进行重点投资或给予政策和资金的补贴，使其快速形成增长极。通过增长极理论易知，经济发展落后的地区可以通过建立“增长极”实现经济发展，从而实现对周边地区的带动和辐射作用，最终带动整个区域的经济发展。

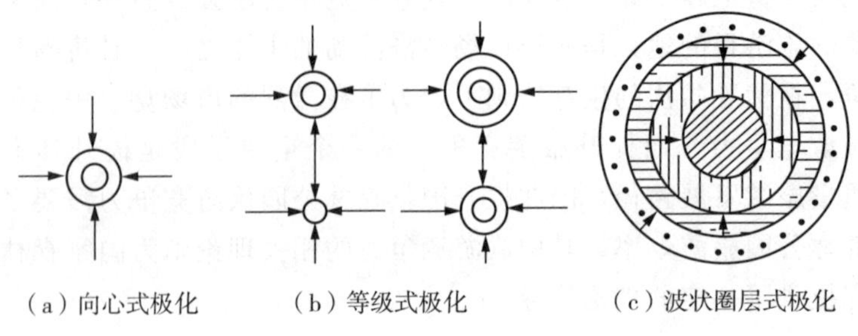

图 3-5　极化方式示意图

3.2.3.2　核心-边缘理论

核心-边缘理论由美国学者 John Friedmann 于 1966 年在其著作《区域发展政策》一书中首次提出，学界也称其为中心-外围理论。他指出一个国家或者地区的发展都是由核心区域和边缘区域两个部分组成，其中在经济发展过程中，核心区域的发展起到主导作用，而边缘区域的发展将依赖核心区域的带动和辐射，两者在发展地位上存在不对等的关系。其中的核心区域是由一个城市或城市集群及其周围地区所组成，边缘区域是那些相对于核心区域来说经济较为落后的区域。该理论为科学分析区域经济空间差异及解释区域旅游空间结构和形态演变提供了重要理论支撑，受到国内外学者的广泛关注。Murphy 等（1988）最早将核心-边缘理论运用到旅游研究中，并指出旅游区域内部的核心区和边缘区分别承担着不同角色，具有不平等的发展关系。Weaver（1998）指出区域旅游发展产生较大的离心作用将会促使旅游核心区和边缘区差距进一步扩大。Masson 等（2009）研究发现高效良好的交通条件对促进旅游核心区域的集聚较为明显。国内学者对该理论的研究相对较晚，汪宇明（2002）认为核心-边缘理论在旅游规划方面和旅游空间结构的研究和实践中起到重要的指导作用。张河清等（2005）运用核心-边缘理论探讨了南岳衡山核心区和边缘区旅游产品的相关关系，在此基础上提出其旅游产品的开发建议。史春云等（2007）对四川省旅游区的核心-边缘空间结构的演变过程和成因进行了系统探究。吴信值等（2008）运用核心-边缘理论对武汉城市旅游圈的旅游空间结构进行分析，并提出构建武汉城市旅游圈的对策建议。梁美玉等（2009）运用首位分布和位序-规模分布的研究方法探究了长三角旅游城市核心-边缘空间结构的演变过程。庞闻等（2012）利用核心-边缘理论对关中天水经济区旅游空间结构进行了探究，结果表明该区域核心-边缘结构的空间特征明显，处于集聚化阶段后期的溢出效应阶段。

3.2.3.3　点-轴理论

1984 年，我国著名经济地理学家陆大道在对宏观区域发展战略深入研究的基础上率先提出“点-轴”理论，并在其专著《区域发展及其空间结构》中系统阐述了“点-轴”的相关问题，分析了不同社会经济发展阶段空间结构的基本特征，如图 3-6 所示，形成了丰富的“点-轴”理论体系。一般认为点-轴理论中“点”指各级中心城市和居民点，“轴”则是指由交通、通信干线，以及能源、水源通道连接起来的“基础设施束”。陆大道在对我国各地区资源、经济潜力分布等因素进行分析的基础上，提出了著名的“T”字型空间结构战略——将东部沿海地带和长江沿岸地带作为我国国土开发和经济布局的战略重点。点-轴理论对地区经济发展和资源开发利用有着重要指导意义，其开发模式是在全国或地区范围内，确定若干具有有利发展条件的大区间、省区间的线状基础设施轴线，对轴线地带的若干个点进行重点发展。点-轴理论自产生以来就被广泛运用到旅游的相关研究中，尤其在旅游空间结构、旅游资源的开发和实践上的应用最为广泛。石培基等（2003）在分析西北旅游资源空间分布和资源开发现状的基础上，基于点-轴理论对其旅游资源开发提出了建设性的对策与建议。张爱儒（2009）、喻发美等（2016）分别运用点-轴理论探究了青藏铁路沿线和中-伊铁路沿线旅游资源的开发模式及开发路径。此外，沈惊宏等（2012）、高楠等（2012）、程晓丽等（2013）基于点-轴理论对区域及省域不同尺度特点的旅游地空间结构进行了研究。

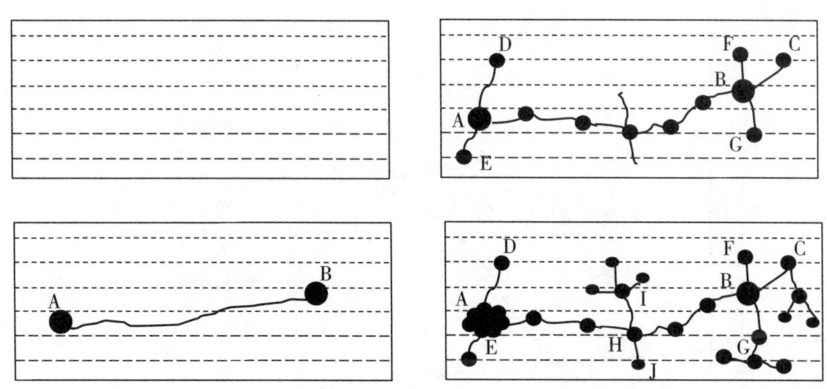

图 3-6　“点-轴”理论空间结构的形成过程

旅游空间结构理论对旅游效率的空间演化格局及演化过程的研究有一定的指导意义，旅游效率作为重要的旅游经济现象，其空间分布及空间演化特征是旅游空间结构理论的具体实践。其中，增长极理论为分析、解释不同省域间国家森林公园旅游效率的差异提供了理论依据。另外，本研究采用空间关联分析法探究了省域国家森林公园旅游效率的空间集聚效应，所提出的不同省域的极化效应、扩散效应等正是对核心-边缘理论的应用；点-轴理论对分析国家森林公园旅游效率的空间分布格局和空间结构特征起到了一定的理论指导作用。

3.2.4　旅游地生命周期理论

生命周期一词来源于生物学，原本指的是生物从出现到灭亡的演进历程，随后被运用到经济学、管理学和旅游学中。顾名思义，旅游地生命周期就是旅游地从产生、发展到衰退的这一过程。旅游地生命周期理论是旅游学研究中最为经典的理论之一，它是描述和研究旅游地演化过程的重要理论。一般认为旅游地生命周期理论最早由德国经济地理学家 Christaller 于 1963 年在研究欧洲的旅游发展时提出，他指出乡村旅游生命周期包含了发现、增长和衰退 3 个过程。此后，Charles（1978）在对美国大西洋沿岸城市旅游发展进行研究时也提出了类似的生命周期模式及过程，但在学界影响一般。直到 Butler 提出“S”型曲线和六阶段模型，如图 3－7 所示，旅游地生命周期理论才被学界广泛认可，后来生命周期理论在旅游地演化研究中得到了广泛应用，是为数不多的旅游研究经典理论。至今，该理论经典的“S”型曲线仍没有被旅游学研究者突破，学者们主要根据旅游者人数和其他指标来划分旅游地所处的演化阶段，通过分析旅游地发展所存在的问题和控制旅游地演化的关键因素，使旅游地某一演化阶段的生命周期得到人为的延长，从而使该旅游地的旅游业获得更加可持续的发展。

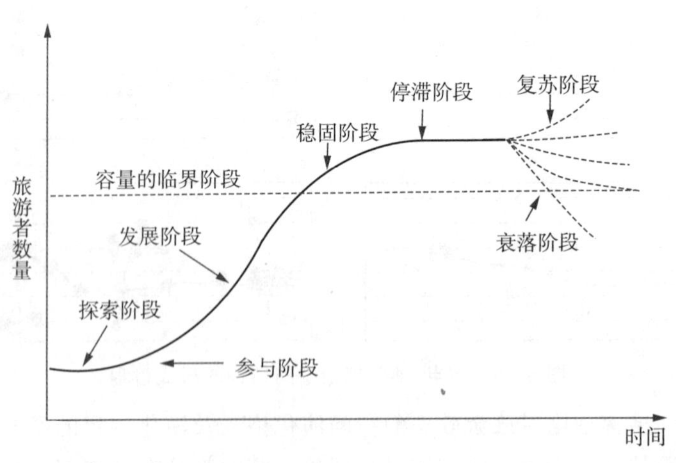

图 3－7　旅游地生命周期模型

具体从对旅游地生命周期理论的研究内容和方向来看，国内外学者主要围绕旅游地生命周期的阶段特征及其影响因素进行研究。Priestly（1998）、Hovinen（2001）选择特定案例对 Butler 的旅游地生命周期理论的阶段划分和特征进行了实证研究，结果发现不是所有的旅游地都完全符合其划分的阶段和特征。在旅游地生命周期的影响因素研究方面，Haywood（1986）较为系统地分析了旅游地生命周期的主要影响因素的作用，如图 3－8 所示，指出有 7 种主要的经济和社会力量综合作用决定了旅游地的演进。国内学者对旅游地生命周期理论的研究始于保继刚等（1993）在其著作《旅游地理学》中系统地介绍了 Butler 的旅游地生命周期理论。此后，国内学者对其进行了大量研究，如保继刚等（1996）、陆林（1997）、杨效忠等（2004）分别选择丹霞山、黄山和普陀山作为研究案例地研究其旅游地生命周期的阶段及演化方向。此外，陈烈等（1995）认为影响海滨沙滩旅游地生命周期的主要因素是由政策环境、市场需求等外部影响和旅游地的交通区位、服务管理水平等内部影响共同组成。谢彦君（1995）构建了影响旅游地生命周期相关因素的作用机理，认为需求因素、效应因素和环境因素的相互作用直接影响旅游地的生命周期。可以看出，旅游地生命周期理论为旅游研究提供了重要的理论支撑，为旅游地演化乃至整个旅游产业研究奠定了坚实的理论基础，虽然至今仍没有学者突破 Butler 的“S”型曲线，但是围绕该理论开展的研究极大地丰富了旅游学的研究内容。

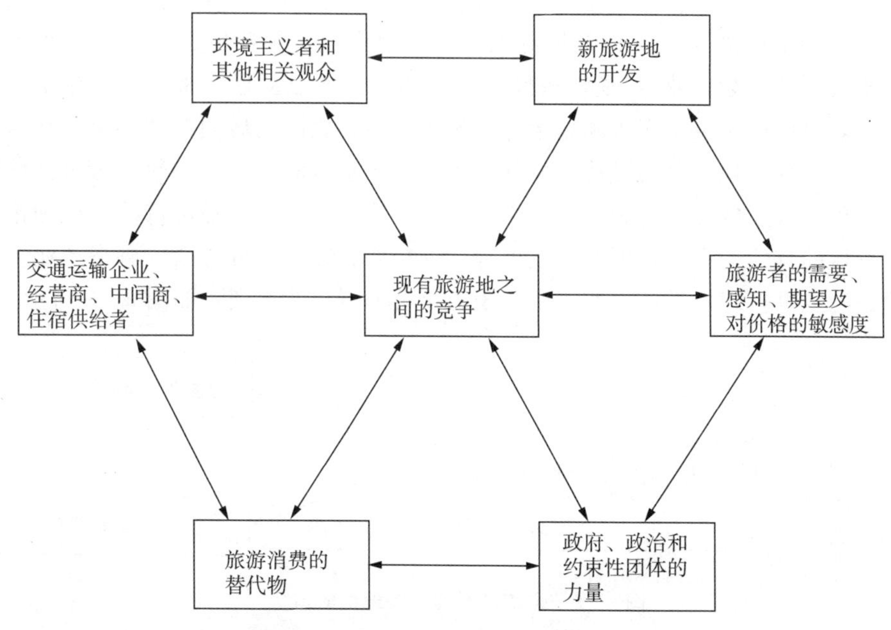

图 3－8　旅游地生命周期影响因素图谱

旅游地生命周期理论主要应用于旅游研究中的旅游地演化过程研究，近年来开始应用在旅游产品和旅游开发设计的研究上。以往的研究更多的是采用游客数量、旅游经济等相关指标来探讨和验证该理论，这些方法为探究旅游地的时空演化规律做出了较大贡献。然而根据测算出来的效率这一指标来对该理论进行实证研究，目前还较为少见，从本研究的内容来看，该理论对国家森林公园旅游效率的研究起到了重要作用。国家森林公园旅游发展的关键在于国家森林公园旅游产品的创新和开发，旅游地的生命周期理论可以更好地指导国家森林公园旅游地的建设，延长其旅游发展的整个生命周期。目前，我国国家森林公园旅游地大部分处于起步及发展阶段，旅游效率相对较低，建立国家森林公园旅游地效率与旅游地生命周期理论中各个阶段的对应关系，根据不同效率值准确把握国家森林公园旅游地所处的阶段，从而为制定科学、合理的旅游发展策略提供理论支持。另外，旅游地生命周期理论为识别和分析国家森林公园效率值空间演化的影响因素、发现效率的提升路径等提供了新的视角和权威的理论指导。

3.2.5 旅游可持续发展理论

1987 年，世界环境和发展委员会（WECD）发表了《我们共同的未来》研究报告，该报告首次对“可持续发展”概念进行了阐述，即“既满足当代人的需求，又不损害子孙后代满足其需求能力的发展”。虽然后期有大量学者对“可持续发展”概念进行了补充和完善，但报告中对其概念的界定在学界中的认同最为广泛，引用率也更高。旅游业相对工业及其他产业，对环境的污染破坏程度较小，被誉为“无烟工业”，是促进经济发展的朝阳产业。近年来，全球旅游业发展迅猛，可旅游业急剧膨胀和繁荣却引发了一系列旅游发展问题和冲突，在这一背景下，怎样实现旅游的可持续发展受到了更多学者的关注。一般认为可持续旅游是在可持续发展理念的影响下产生的，可持续旅游实际上是可持续发展理论在旅游领域的具体运用，是可持续发展理论的拓展和延伸，可持续旅游在产业上表现为旅游业可持续发展，在空间上表现为旅游地可持续发展，如图 3－9 所示。

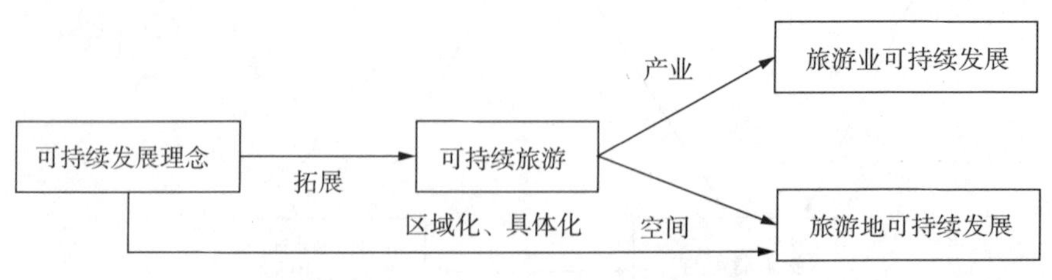

图 3－9 旅游可持续发展理论的演变

1990 年，在加拿大温哥华召开的“全球可持续发展大会”上提出的《旅游持续发展行动战略》草案对可持续旅游的基本框架和发展目的进行了构建和说明，其指出可持续旅游的目标主要包括增强人们的生态意识、促进旅游公平发展、改善接待地的生活质量、提供给旅游者高质量的旅游经历，以及保护上述目标所依赖的环境质量。1995 年，在西班牙兰沙罗特召开的“可持续旅游发展世界会议”制定的《可持续旅游发展宪章》中对旅游可持续发展的实质做了很好的诠释，指出旅游可持续发展是对旅游、资源和人类生存环境 3 个方面进行统一考量，并要求旅游发展与自然、文化和人类生存大环境相互融合，从而实现旅游业与社会经济、资源、环境形成一种友好、协调的发展模式。

旅游可持续发展理论对本研究的贡献主要在于两个方面。一方面，国家森林公园旅游效率研究的前提是国家森林公园的可持续发展，若其发展不可持续，其效率研究就无从谈起，而国家森林公园效率评价是判断其旅游发展可持续的依据，可在此基础上提出国家森林公园可持续发展的效率提升路径，因此，国家森林公园旅游的可持续发展是效率研究的前提和归宿；另一方面，国家森林公园旅游效率研究的实质是从投入产出视角研判其旅游发展的有效性，考量的是国家森林公园在一定土地、资本、劳动力等要素投入后所能产出的最大可能，国家森林公园旅游效率一定程度上代表了对资源合理利用的程度，可以指导国家森林公园未来资源的优化配置，实现其旅游的可持续发展，因此，旅游效率研究也是对可持续发展理论的又一实践探索。

第4章　国家森林公园旅游效率的时空格局演化

国家森林公园旅游效率研究是国家森林公园旅游可持续发展的重要组成部分，国家森林公园旅游效率的时空演化特征研究对区域国家森林公园旅游发展能力的提升及实现国家森林公园高效可持续发展都具有重要的现实意义。国家森林公园是一个复杂的系统，本研究在对相关文献进行梳理的基础上，结合国家森林公园旅游实际，从土地、资本、劳动力3个方面选取投入指标，从经济效益、社会效益和环境效益3个方面选取国家森林公园旅游的产出指标，并采用DEA模型对2008—2017年31个省域单元国家森林公园旅游效率进行测度，在此基础上综合运用空间分析法和计量模型对国家森林公园旅游效率的时空演化特征进行分析，力图总结相关规律，最后结合各省域国家森林公园旅游效率的均值和效率的变化情况，将31个省域划分成不同类型，以期为各省域国家森林公园旅游效率的提升提供一定的理论借鉴。

4.1　评价方法与指标选取

4.1.1　研究方法

4.1.1.1　DEA模型方法

目前学界对效率测度的方法主要有数据包络分析法（DEA）、随机前沿函数法（SFA）和平均效率值法，其中数据包络分析法是对若干具有多输入和输出的同类决策单元（Decision Making Unit，DMU）的相对效率与效应进行比较的有效方法。该分析方法科学易行，不需考虑投入产出指标单位的一致性等问题，对复杂系统中涉及多投入和多产出的效率测度问题十分有效。旅游业本身就是一个复杂的系统，因此选择DEA模型评价国家森林公园旅游效率较为可行。数据包络分析法有其他两种方法所不具备的优点，其将数学中线性规划的技术运用到效率的测算中，通过对不同决策单元的投入产出数量进行加权，构造出最佳的生产前沿面，并根据各个生产单元和所构造出的最佳前沿面之间的距离远近来确定其效率值。若决策单元位于前沿面上，则其达到最优状态，其效率值为1；若不在前沿面上则其效率值在0到1之间。DEA模型评价效率的过程如图4-1所示，通常在确定评价目的以后，选择合适的评价单元，再构建科学的投入产出指标，最后在DEA模型中计算出各决策单元的效率值。本研究的评价思路也按照上述评价过程，通过评价不同省域单元国家森林公园旅游效率情况，表征其旅游发展中的资源利用水平，因此本研究的决策单元为31个省域单元的国家森林公园，通过从土地、资本、劳动力3个方面选取投入指标，从国家森林公园旅游发展中的经济效益、社会效益和环境效益3个方面选取产出指标，从而科学建立国家森林公园旅游效率的投入产出体系，定量测度和分析效率的评价结果。

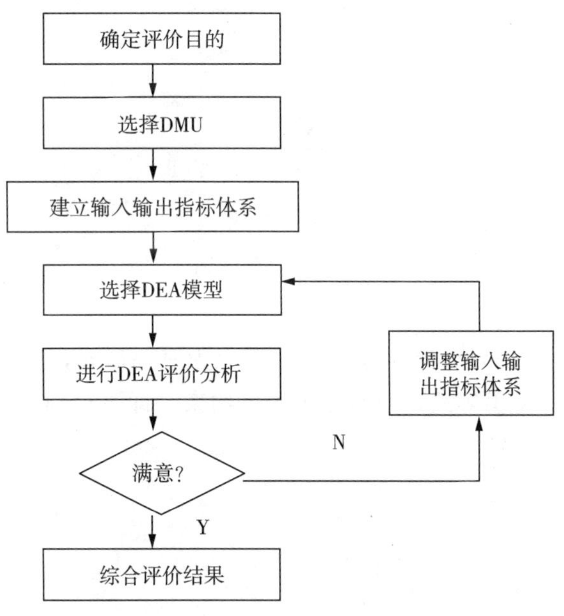

图4-1 DEA模型测度效率的流程图

通过对DEA模型方法的具体说明，本研究将采用DEA模型对各省域国家森林公园旅游效率进行综合测度。通常将DEA模型分为两类，一类是基于规模报酬不变（CRS）假设下的CCR模型，另一类是基于规模报酬变化（VRS）情况下的BCC模型，下面重点介绍这两种模型。

（1）CCR模型

假定共有n个决策单元DMU_j，每个决策单元共有m个投入变量、s个产出变量。针对单个决策单元DMU_j都有相应的效率评价指数：

$$h_j = \frac{\sum_{r=1}^{s} u_r y_{rj}}{\sum_{i=1}^{mn} v_i x_{ij}}, \ i=1, 2, \cdots, m; \ r=1, 2, \cdots, s; \ j=1, 2, \cdots, n \tag{4-1}$$

式 4-1 中，x_{ij}、y_{rj} 分别表示决策单元 DMU_j 第 i 种要素的投入量和 j 种产出的总量；v_i、u_r 分别表示 i 种投入和 j 种产出的权系数。然后以全部决策单元的效率指数值为约束条件，以第 j_0 个决策单元的效率指数为目标，即可构造 CCR 模型：

$$\begin{cases} \max h_{j_0} = \dfrac{\sum_{r=1}^{s} u_r y_{rj_0}}{\sum_{i=1}^{mn} v_i x_{ij_0}} \\ s.t. \ \dfrac{\sum_{r=1}^{s} u_r y_{rj_0}}{\sum_{i=1}^{mn} v_i x_{ij_0}} \leqslant 1 \\ u \geqslant 0, \ v \geqslant 0 \end{cases} \tag{4-2}$$

(2)BCC 模型

使用 Charnes-Cooper 变换将式 4-2 转化为对偶形式，进一步引入松弛变量 s^+ 和剩余变量 s^-，将不等式约束转化为等式约束，即可得到：

$$\begin{cases} \min\theta \\ s.t. \ \sum_{j=1}^{n} \lambda_j x_j + s^+ = \theta x_0 \\ \sum_{j=1}^{n} \lambda_j y_j - s^- = y_0 \\ \sum_{j=1}^{n} \lambda_j = 1 \end{cases} \tag{4-3}$$

式 4-3 中，$\lambda_j \geqslant 0$，$j=1, 2, \cdots, n$。λ_j 为权重变量，由此公式可知国家森林公园旅游综合效率 θ_k 可以分解为纯技术效率 θ_{TE} 和规模效率 θ_{SE}。因纯技术效率和规模效率为综合效率的分解效率，易知综合效率受纯技术效率和规模效率共同影响，并存在以下关系：

$$\theta_k = \theta_{TE} \times \theta_{SE} \tag{4-4}$$

从式 4-4 可以看出 θ_k、θ_{TE} 和 θ_{SE} 间有如下关系：$0 < \theta_k \leqslant \theta_{TE} \leqslant 1$，$0 < \theta_{SE} \leqslant 1$。若效率值为 1 则表明生产单元位于前沿面上。

依据 DEA 模型研究方法可知，本研究中国家森林公园旅游综合效率反映的是国家森林公园要素资源的配置、利用水平和规模集聚水平等，纯技术效率表示的是国家森林公园要素资源的配置、利用水平，规模效率则表示的是国家森林公园资源投入规模集聚水平。本研究对国家森林公园旅游效率的测度和研究将从旅游综合效率、旅游纯技术效率和旅游规模效率 3 个方面展开。

4.1.1.2　MI 指数模型

为了实现对各省域国家森林公园旅游效率的趋势研究，在效率研究中常采用 Malmquist 生产率指数(简称 MI 指数）对不同决策单元跨期的效率变化率进行测度，旨在对各省域旅游效率变化趋势进行动态研究。MI 指数主要是运用距离函数来测度多个投入和多个产出的生产率变化情况。该模型运用到本研究的主要思想是以我国的每一个省域作为一个评价单元，从而构造每一个时期省域单元国家森林公园旅游效率的最佳实践前沿面，把每一个省域的旅游效率同最佳实践前沿面进行比较，从而对各评价单元的各项旅游效率变化进行测度。从 t 期到 $t+1$ 期，生产点(x_{t+1}，y_{t+1}）相对于生产点(x_t，y_t）的 MI 指数可表示为：

$$M_0 = (x_{t+1},\ y_{t+1},\ x_t,\ y_t) = \left[\frac{D^t(x_{t+1},\ y_{t+1})}{D^t(x_t,\ y_t)} \times \frac{D^{t+1}(x_{t+1},\ y_{t+1})}{D^{t+1}(x_t,\ y_t)}\right]^{1/2} \tag{4-5}$$

式 4-5 中，(x_{t+1}，y_{t+1}）和(x_t，y_t）代表不同时间投入和产出向量的值，D^t 和 D^{t+1} 代表以 t 期技术为参考，t 期和 $t+1$ 期的距离函数。当规模报酬可变时，MI 指数可以分解为技术进步指数(Tch)、纯技术效率变化指数($TEch$）和规模效率变化指数($SEch$）的乘积。

$$M_0 = (x_{t+1},\ y_{t+1},\ x_t,\ y_t) = \frac{S^t(x_t,\ y_t)}{S^{t+1}(x_{t+1},\ y_{t+1})} \times \frac{D^{t+1}(x_{t+1},\ y_{t+1} \mid VRS)}{D^t(x_t,\ y_t \mid VRS)} \times \left[\frac{D^t(x_{t+1},\ y_{t+1})}{D^{t+1}(x_{t+1},\ y_{t+1})} \times \frac{D^t(x_t,\ y_t)}{D^{t+1}(x_t,\ y_t)}\right]^{1/2} = TEch \times SEch \times Tch \tag{4-6}$$

若 $MI > 1$ 则表明该决策单元趋向前沿面，其国家森林公园旅游效率提高，反之则下降。类似当 $TEch > 1$、$SEch > 1$ 则表明其国家森林公园的旅游纯技术效率和旅游规模效率提高，反之则下降。当 $Tch > 1$ 则表明技术进步，反之则为技术退步。

4.1.1.3 核密度函数估计

核密度函数估计方法通过使用核密度估计量来估计横截面的分布，从而反映各省域国家森林公园旅游效率的分布形态及其随时间而产生的变化。其原理是假设随机向量 $\boldsymbol{X}$ 的密度函数为一组独立同分布的样本，则这组样本在点 x 的核估计为 $f(x)=f(x_1, x_2, \cdots, x_i, \cdots, x_n)$，$x_1, x_2, \cdots, x_i, \cdots, x_n$ 为一组独立同分布的样本，则这组样本在点 x 的核估计为：

$$f(x)=\frac{1}{nh}\sum_{i=1}^{n}K\left(\frac{x-x_i}{h}\right) \tag{4-7}$$

式4-7中，$K(u)$ 为核函数，h 为窗口宽度，核函数的类型主要包括三角核函数、高斯核函数、Epanechnikov 核函数等，但选取何种函数对估计的结果影响不大。在相关的收敛性研究中，多采用 $K(u)=\frac{3}{4}(1-u^2)I(|u|\leqslant 1)$ 的 Epanechnikov 核函数，窗宽设置为 $h=0.9SN^{4/5}$，其中 N 为样本数，S 为样本的标准差。根据核密度函数的计算结果，并结合函数曲线的分布形态、位置变化等相关特征，可以直观、清晰地描述所评价的经济属性值整体分布的变化情况。若核密度函数表现为两个波峰分布态势，表明经济体存在两个方向的趋同，若波峰的高度呈现下降态势，表明所评价的经济属性值差异不断下降，且分布的集中程度也呈现下降态势。核密度函数分布形式与差距水平的对应变化关系如表 4-1 所示。

表 4-1 核密度函数分布形式与差距水平的对应变化关系

类别	差距变大	差距变小
波峰高度	变矮	变高
波峰宽度	变宽	变窄
波峰偏度	左偏	右偏
波峰数量	变多	变少

4.1.1.4 经典空间分析方法

(1) 空间自相关分析

空间单元的集聚程度可以通过空间自相关进行评价和分析。空间自相关分为全局空间自相关和局部空间自相关，全局空间自相关是对整体空间单元的空间集聚程度和关联性的总体考量和分析。一般在分析中通过测定全局 Moran's I 指数来进行表征，具体公式为：

$$I=\frac{\sum_{i=1}^{n}\sum_{j\neq 1}^{n}w_{ij}(x_i-\bar{x})(x_j-\bar{x})}{\delta^2\sum_{i=1}^{n}\sum_{j\neq 1}^{n}w_{ij}} \tag{4-8}$$

式 4-8 中，x_i 为地区 i 的观察值；n 为观察值的数目；$\bar{x}=\frac{1}{n}\sum_{i=1}^{n}x_i$，$\sigma^2=\frac{1}{n}\sum_{i=1}^{n}(x_i-\bar{x})^2$，空间权重矩阵 W_{ij} 为二元邻接矩阵。式 4-9 中，Z 为检验统计量，$E(I)$ 为期望，$Var(I)$ 为方差。

$$Z=\frac{I-E(I)}{\sqrt{Var(I)}} \tag{4-9}$$

式 4-9 中，如果 I 显著为正，表明存在正的空间相关性，国家森林公园旅游效率值较高(低)的区域在空间上呈集聚态势。

全局空间自相关分析是对整体空间单元的国家森林公园旅游效率集聚属性进行的分析，可能会掩盖局部空间的旅游效率的集聚特征，为了进一步分析局部空间上的国家森林公园旅游效率集聚特征，需要对各省域国家森林公园旅游效率进行局部自相关分析。具体的局部 Moran's I 指数公式为：

$$I_i=Z_i\sum_{i\neq j}^{n}w_{ij}z_j \tag{4-10}$$

式 4-10 中，I_i 为第 i 个省域的局部 Moran's I 指数，W_{ij} 为空间权重矩阵，Z_i 为 Z 标准化后地区 i 的国家森林公园旅游效率值。若局部 Moran's I 指数为正(负)，表示相似(异)类型属性值的要素集聚分布，绝对值越大表示集聚程度越高。在此基础上将研究区域分为 HH 聚集、LL 聚集、LH 聚集、HL 聚集 4 种类型。

(2) 标准差椭圆

标准差椭圆主要由转角 θ、沿主轴的标准差、沿辅轴的标准差 3 个要素组成。其中，转角 θ 是指在地理空间坐标系下，正北方向与顺时针旋转的主轴之间所形成的夹角，其计算公式为：

$$\tan\theta=\frac{\left(\sum_{i=1}^{n}w_i^2x_i^{*2}-\sum_{i=1}^{n}w_i^2y_i^{*2}\right)+\sqrt{\left(\sum_{i=1}^{n}w_i^2x_i^{*2}-\sum_{i=1}^{n}w_i^2y_i^{*2}\right)^2+4\left(\sum_{i=1}^{n}w_i^2x_i^{*2}y_i^{*2}\right)}}{2\sum_{i=1}^{n}w_i^2x_i^{*}y_i^{*}} \tag{4-11}$$

$$\delta_x = \sqrt{\frac{\sum_{i=1}^{n}(w_i x_i^* \cos\theta - w_i y_i^* \sin\theta)^2}{\sum_{i=1}^{n} w_i^2}}, \quad \delta_y = \sqrt{\frac{\sum_{i=1}^{n}(w_i x_i^* \sin\theta - w_i y_i^* \cos\theta)^2}{\sum_{i=1}^{n} w_i^2}} \tag{4-12}$$

式 4－11、式 4－12 中，x_i^*、y_i^* 为各点距离重心的相对坐标；δ_x、δ_y 分别为沿 x 轴的标准差和沿 y 轴的标准差，由 $x_i^* = x_i - x_{wmc}$、$y_i^* = y_i - y_{wmc}$ 转换得到。

（3）重心分析法

借鉴物理学中的重心分析法，我们可以深入研究全国尺度下各省域国家森林公园旅游效率的分布重心。重心分析法的主要思想是假设由 n 个小区域构成一个大区域，$m_i(x_i, y_i)$ 为第 i 个小区域的中心坐标，$M(x_j, y_j)$ 为大区域第 j 年的重心坐标，计算公式为：

$$M(x_j, y_j) = \left[\frac{\sum_{i=1}^{n} u_i x_i}{\sum_{i=1}^{n} u_i}, \frac{\sum_{i=1}^{n} u_i y_i}{\sum_{i=1}^{n} u_i}\right] \tag{4-13}$$

式 4－13 中，x_j 和 y_j 分别表示大区域效率的重心经纬度，u_i 为小区域的效率值，n 为被评价的小区域个数，j 表示年份，x_i 和 y_i 分别表示小区域效率的重心经纬度。

4.1.2 指标选取与数据来源

4.1.2.1 指标选取依据

旅游效率的测度通常涉及旅游要素的投入和产出，变量的选择直接关系到效率计算结果的准确性。经济学理论一般将土地、资本、劳动力作为最基本的生产要素投入，将经济效益、社会效益和生态效益作为衡量产出的重要方面。若采用 DEA 分析法测度旅游效率要求投入产出指标间不能有较强的线性关系，且样本数量至少是投入产出指标数量的两倍。由目前国内外旅游效率研究的相关文献可知，如表 4－2 所示，学者们主要针对酒店、旅行社、旅游目的地、旅游企业、旅游交通等研究主题的特点，结合研究对象的实际发展情况，以及基于数据的可获得性，对其效率指标从不同角度进行了选择。概而述之，旅游效率研究的投入指标因土地指标较难衡量，主要从资本和劳动力中选取，产出指标因研究者的评价目的和侧重点有所不同而差别较大。

具体来看，在旅行社效率研究方面，学者们主要选择旅行社数量、固定资产、从业人员数量作为投入指标，选择营业收入、接待游客数、利润、税金等作为产出指标，虽然指标有所不同，但都是围绕评价对象和目的尽可能选择定量化的指标，从而综合分析旅行社效率。在酒店效率研究方面，国内外学者研究较为充分，选取的投入指标一般包括固定资产、客房规模、年末从业人员、酒店入住率、服务工资等，产出指标涉及营业收入、人均实现利润、销售额、消费满意度、服务价值等，基本上也是根据不同类型酒店的特点，选择最具有代表性的指标对其效率进行测算和研究。在旅游目的地效率研究方面，我国学者对此研究成果较多，且研究对象较为宏观，主要涉及国家、省域、城市和专项旅游目的地研究，当然由于目的地的尺度有所差异，其效率评价选择的指标会有所不同，但主要也是围绕其旅游发展的核心要素展开。以国家、省域和城市为研究对象的旅游目的地研究，主要选择酒店、旅行社和景区的数量、从业人员数及旅游资源和服务要素作为投入指标，选取旅游收入、旅游人次和游客满意度为产出指标。其中，因为旅游从业人员数量很难准确统计，所以国内学者多采用第三产业从业人员数加以表征，这一做法明显会使这一指标扩大，导致效率测度的结果有所偏颇，但是一定程度上也反映了旅游业发展的客观事实。旅游业关联性较强，很多指标很难完全剥离，只能选择相对科学的指标对旅游效率进行测度，同时效率本身也是一个相对值，测算出的结果也是对不同生产单元进行比较而得出的。专项旅游目的地的旅游效率研究主要针对景区、风景名胜区、森林公园展开，由于土地指标可以衡量，所以投入指标上主要围绕土地、劳动力和资本 3 个最基本要素展开，产出指标差异较大，但基本以旅游收入和旅游人次为主。近年来，学者们开始关注旅游产出中的环境效益，因此，在森林公园旅游效率的产出指标选取中通常用植树造林和改造林相面积表征所产生的环境效益。除此以外，对旅游企业效率和旅游交通效率研究指标的选取与上述研究的做法大致类似，只是研究的对象不同，其选取指标蕴含的思想都是一致的，尽量做到科学、适宜和可操作。

表 4-2　不同旅游效率研究主题中的指标选取

作者（年份）	研究对象	研究方法	投入指标	产出指标
Wang 等（2006）	53 家台湾地区酒店	随机前沿	工资、资本材料、其他成本	住宿收入、宾馆收入（餐饮酒水）、其他服务
Reynolds（2003）	38 家餐馆	DEA-CCR、BCC	工作时间、平均工资竞争者数量、座位容量	销售额、消费满意度

（续表）

作者（年份）	研究对象	研究方法	投入指标	产出指标
Barros (2006)	25家葡萄牙旅行社	Cobb-Douglas、SFA	经营成本、员工数目、工资、资本	经营收入
孙景荣等 (2012)	23个城市的酒店	DEA-CCR、BCC	营业收入、全员生产率	酒店数量、旅行社数量、固定资产、从业人数
孙景荣等 (2014)	31个省域的旅行社	DEA-Malmquist	旅行社数量、固定资产、从业人员数量	营业收入、接待天数、全员生产率
邓洪波等 (2014)	安徽省17个城市	DEA-CCR、BCC	第三产业从业人数、住宿业与餐饮业固定资产投资、星级饭店客房数	选取城市旅游总收入
陶卓民等 (2010)	31个省域的旅游业	DEA-CCR、BCC	旅游资源、星级饭店数量、旅行社数量、旅游从业人员	国内旅游收入、国际旅游收入
马晓龙等 (2009)	国家级风景名胜区	DEA	土地面积、从业人数、固定资产投资完成额和经营支出	旅游收入
曹芳东等 (2015)	国家级风景名胜区	Bootstrap-DEA	土地面积、固定资产投资与经营支出及景区从业人员	旅游收入、游客人数
朱磊等 (2017)	31个省份的森林公园	DEA-CCR、BCC	森林公园面积、职工人数、资金投入	旅游收入、旅游人次、植树造林面积、改造林相面积
李平等 (2016)	31个省份的森林公园	DEA-Malmquist	人力资源投入、资本投入	旅游收入、游客总数、基础设施完善程度
丁振民等 (2016)	31个省份的森林公园	DEA-CCR、BCC	职工人数、投入资金、森林公园面积	旅游收入、游客数量、人造林面积

（续表）

作者（年份）	研究对象	研究方法	投入指标	产出指标
刘振滨等（2017）	31 个省份的森林公园	DEA - BCC	职工人数、导游数量、投入资金、森林公园面积	旅游收入、游客数量
胡宇娜等（2017）	31 个省域的景区	DEA - CCR、BCC	企业数量和固定资产总额	营业收入
许陈生（2007）	22 家旅游上市公司	DEA、SFA	公司总资产、员工人数	主营业务收入、主营业务利润
刘斌全等（2018）	中国的铁路局	超效率 SBM 模型	铁路正线延长里程、机车数量和客车配属数量、职工人数	客运周转量和货运周转量
张蕾等（2012）	国内上市机场	超越对数成本函数法	资产费用、员工费用	客运量、货运量、净利润

国家森林公园旅游作为旅游业的重要组成部分，继承着旅游产业复杂性、系统性、关联性较强等固有特点，也表现出作为特殊旅游和专项旅游目的地的个性特点。基于以上考量，在选择国家森林公园旅游效率评价指标时，要充分考虑国家森林公园的性质及功能作用，且在充分借鉴前人相关研究的基础上，建立国家森林公园旅游效率的评价指标体系，其中投入指标为森林公园土地面积、森林公园职工人数、投入资金；产出指标为旅游收入、旅游接待人次、植树造林面积和改造林相面积，如表 4 - 3 所示。

表 4 - 3　国家森林公园旅游效率评价指标体系

指标类型（数量）	指标名称	单位	指标说明
投入指标	森林公园土地面积	公顷	自然资源
	森林公园职工人数	万人	人力资源
	投入资金	亿元	财力资源
产出指标	旅游收入	亿元	经济效益
	旅游接待人次	万人	社会效益
	植树造林面积	公顷	环境效益
	改造林相面积	公顷	

4.1.2.2 指标含义

（1）森林公园土地面积。森林公园土地面积是森林公园土地投入的直接表现，在以往的大尺度旅游目的地效率研究方面，土地较难量化，成为其旅游效率研究的缺憾之一，而森林公园土地面积统计较为精准，为森林公园旅游效率的测度奠定了基础。同时，土地是森林公园进行一切活动的重要场所，提供了发生旅游活动的物质载体，承载着森林公园旅游生产过程的物质消耗，与森林公园相关的开发建设、项目打造、产品设计都建立在使用森林公园的土地之上。另外，森林公园土地上的一切附着物都是森林旅游发展的载体，良好的森林景观、清新的空气、优美的环境等都是无形资产，也是森林公园发展旅游的基本条件。所以，土地是森林公园旅游发展的重要资源，离开了土地赋予，森林公园旅游业也就无从谈起，因此，将土地面积作为重要的投入指标符合现实情况。

（2）森林公园职工人数。森林公园职工人数是森林公园劳动力投入的主要表征，主要包括从事森林公园发展的企事业员工，如餐饮、住宿、车船，以及参与森林公园发展和建设的工作人员。森林公园职工是森林公园旅游经营管理的主体，其人员数量和素质水平直接决定了森林公园的服务水平和对外形象，也对森林公园旅游开发、产品创新起到重要作用，从而最终影响森林公园旅游效益的实现。

（3）投入资金。投入资金体现了森林公园资本投入要素，森林公园旅游发展具有旅游业发展的一般特征，在通常情况下投入资金较大，回收期较长，而且需要连续多年不断的投入。投入资金直接影响着森林公园基础设施的改造提升、景区的环境和形象改善、森林旅游产品的开发和创新，投入资金规模越大，上述工作将会开展越充分，可以说投入资金是森林公园一切生产、运营、管理的基础和保障，对森林公园旅游发展的规模、质量和效益影响巨大。因此，本研究选择投入资金作为投入的重要指标之一。

（4）旅游收入。旅游收入是森林公园经济效益的货币表现，森林公园旅游发展的主要目的之一就是产生经济效益，而且实践证明森林公园旅游是森林产业创收的重要路径。另外，旅游收入是森林公园旅游发展的最后产出形式，是体现森林公园进行旅游开发、建设、管理和运营的成功与否的重要指征，其旅游收入越高，表明其旅游发展越好，那么森林公园本身的发展动力越强，高的旅游收入意味着对未来森林公园发展建设的投入也可能越多，长此以往将形成良性循环，从而全面促进森林公园各项效益的实现。

（5）旅游接待人次。旅游接待人次是森林公园发挥社会休闲游憩功能、生态教育功能的集中体现，森林公园以独特的自然魅力吸引着大量的游客前往休闲旅游，感受自然之美，并从中感受幸福宁静，得到身心愉悦，达到心智升华的目的。另外，旅游接待人次也体现了森林公园为社会和人类所做的贡献，人数越多表明其发挥的社会价值越突出，也越能表明其对人类发展的重要性。

（6）植树造林面积和改造林相面积。国家林业和草原局每年把森林公园增加的造林面积和改造林相面积作为森林公园管理所实现的生态效益的一个重要指标，植树造林面积和改造林相面积的增加不但可以提高森林覆盖率，还对提升森林公园景观质量、改善空气质量、减少水土流失、增加碳汇等产生积极的影响。另外，选择生态效益作为产出指标，是促进森林公园旅游可持续发展与加强生态功能建设的重要体现，从而使本研究测度的效率内涵和外延更为广泛，既有经济、社会属性，又具有生态属性。因此，本研究选择植树造林面积和改造林相面积作为森林公园生态效益产出指标较为可行，也较有意义。

4.1.2.3　研究数据来源

本研究的数据主要来源于两个方面。一是统计数据，主要包括2009—2018年的《中国林业统计年鉴》《中国旅游统计年鉴》，以及各省的国民经济和社会发展统计公报。二是31个省、市、自治区2009—2018年的《森林公园年度建设与经营情况统计表》，从以上的数据库中选取本研究所需的相关数据，即31个省区的截面数据（未包含港、澳、台地区）。采用消费价格指数和投资价格指数（其中消费价格指数和投资价格指数来自国家统计局网站，按照2008年为100计算）对旅游收入和投入资金进行调整，以防价格变动产生影响。

4.2　旅游效率的测度

4.2.1　综合效率

根据DEAP2.1软件对全国31个省域单元国家森林公园旅游综合效率进行测度，测度结果如图4-2所示，可知2008—2017年国家森林公园旅游综合效率的均值为0.757，达到了最优水平的75.7%，仍有24.3%的提高空间。其中，10年间综合效率均值排名前10位的省份是上海、浙江、江苏、江西、青海、重庆、福建、河南、北京和河北，领跑其他省份，均达到了0.924以上，表明这些省份的国家森林公园旅游发展较好，具有较强的旅游竞争力。排在后10位的是吉林、广西、新疆、四川、甘肃、湖北、湖南、海南、陕西和安徽，其国家森林公园旅游综合效率较低，均未达到0.600，尤其是安徽仅为0.486，不到最优水平的一半，这些省域单元的国家森林公园旅游发展较为落后，旅游竞争力较弱，其国家森林公园旅游发展亟待转型升级。

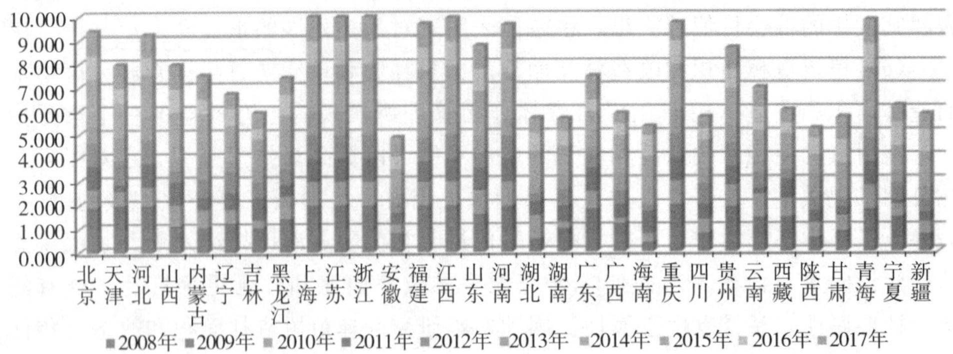

图 4-2　2008—2017 年各省域国家森林公园旅游综合效率值

在综合效率测度结果的基础上，进一步对各省域综合效率值进行统计分析，如表 4-4 所示，从 10 年间的综合效率的最大值来看，每年均有达到最优化 1 的省份，其中上海和浙江连续 10 年都保持最优状态，可知上海和浙江已经成为国家森林公园旅游发展的标杆和领跑者。10 年间综合效率最小值主要分布在湖北、陕西、湖南、宁夏、海南、甘肃、西藏、吉林，10 年间综合效率最低值出现在 2009 年的陕西，为 0.131，仅达到最优水平的 13.1%，这一方面表明这些省域的国家森林公园旅游综合效率总体偏弱，另一方面也说明其提高空间较大，未来应该从多个方面提升其旅游综合效率。另外，综合效率的变异系数从 2008 年的 0.398 下降至 2017 年的 0.275，表明各省域国家森林公园旅游综合效率的差异明显缩小，森林公园旅游业发展较为迅猛。

表 4-4　2008—2017 年各省域国家森林公园旅游综合效率统计特征

类型	变量	2008	2009	2010	2011	2012	2013	2014	2015	2016	2017
综合效率	平均值	0.694	0.738	0.752	0.743	0.737	0.699	0.799	0.802	0.808	0.799
	中位数	0.655	0.928	0.800	0.799	0.714	0.704	0.898	0.912	0.885	0.910
	最大值	1.000	1.000	1.000	1.000	1.000	1.000	1.000	1.000	1.000	1.000
	最小值	0.251	0.131	0.229	0.196	0.244	0.137	0.431	0.299	0.419	0.358
	变异系数	0.389	0.386	0.337	0.362	0.341	0.383	0.252	0.286	0.257	0.275

将各省域国家森林公园旅游综合效率按效率步长进行分组，如表 4-5 所示，可知在综合效率中达到最优的省域年均 9.3 个，占比为 30%，最多的是 2017 年的 11 个，占比为 35.48%，最少的为 2011 年和 2014 年的 8 个，占比均仅为 25.81%，由此可知 10 年间省域森林公园处于非最优状态的占比远高于最优状态

的占比。综合效率值为0.8—0.999的省份年均6.5个，占全部省份的20.97%；效率值为0.6—0.799的省份年均5.5个，占全部省份的17.74%；效率值为0.5—0.599的省份年均4.1个，占全部省份的13.23%；效率值为0.5以下的省份年均5.6个，占全部省份的18.06%，表明国家森林公园旅游效率非最优状态的省域较多，占比达到70%，10年间也没有取得较大突破，基本维持这一现状，国家森林公园旅游综合效率有待进一步提升。

表4-5　各省域国家森林公园旅游综合效率值的分组特征

类型	效率步长	2008	2009	2010	2011	2012	2013	2014	2015	2016	2017
综合效率	1	9	9	10	8	9	10	8	11	9	10
	0.8—0.999	5	7	6	7	5	1	9	9	9	7
	0.6—0.799	2	3	6	5	7	9	8	3	6	6
	0.5—0.599	5	5	4	5	4	4	3	4	3	4
	0.5以下	10	7	5	6	6	7	3	4	4	4

4.2.2　纯技术效率

根据DEAP2.1软件对全国31个省域单元国家森林公园旅游纯技术效率进行测度，测度结果如图4-3所示，可知2008—2017年国家森林公园旅游纯技术效率的均值为0.817，高于综合效率均值，达到了最优水平的81.7%，但仍有18.3%的提高空间。其中，上海、浙江、江苏、江西、青海、天津、河南、重庆、福建、北京的纯技术效率均值排名全国前10位，均达到了0.970以上。排在后10位的省份是湖南、湖北、新疆、吉林、广西、甘肃、四川、陕西、海南

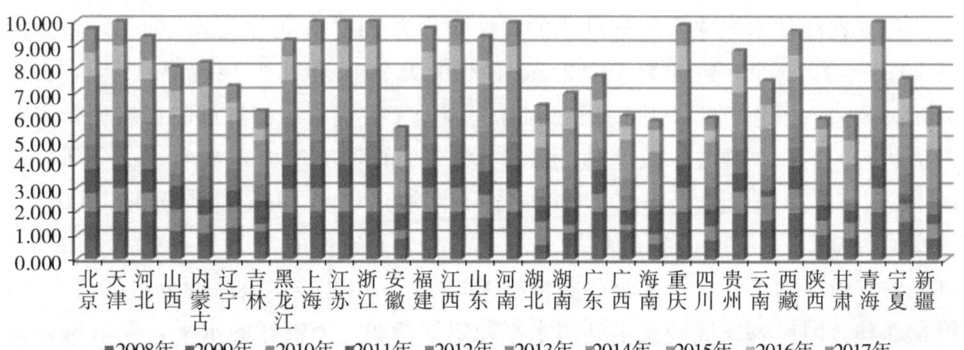

图4-3　2008—2017年各省域国家森林公园旅游纯技术效率值

和安徽，其纯技术效率均值均在 0.698 以下，其中安徽最低，仅为 0.552，为最优水平的 55.2%，这些省域的国家森林公园旅游发展有待从技术进步、管理水平和从业人员素质方面加以提升，提高国家森林公园的资源要素的利用和配置水平，从而提升国家森林公园的旅游纯技术效率。

在纯技术效率测度结果的基础上，进一步对各省域纯技术效率值进行统计分析，如表 4-6 所示，从 10 年间纯技术效率最大值来看每年均有 1，可知每年均存在最优状态的省份，其中上海、浙江、江苏、江西、青海均连续 10 年保持纯技术效率最优状态，数值为最大值 1。10 年间纯技术效率最小值主要分布在湖北、海南、广西、云南、甘肃、陕西、吉林等省份，主要集中在经济较为落后的中部和西南地区，10 年间纯技术效率最低值出现在 2013 年的甘肃，为 0.180，仅达到最优水平的 18%，这表明这些省域国家森林公园旅游纯技术效率偏低，但提升空间较大。另外，纯技术效率的变异系数 10 年间下降较为明显，表明各省域国家森林公园旅游纯技术效率的差异明显缩小，各省域在森林公园旅游发展的技术创新和管理经验共享方面取得一定突破。

表 4-6　2008—2017 年各省域国家森林公园旅游纯技术效率统计特征

类型	变量	2008	2009	2010	2011	2012	2013	2014	2015	2016	2017
纯技术效率	平均值	0.765	0.770	0.799	0.827	0.785	0.773	0.868	0.844	0.875	0.860
	中位数	0.958	0.945	0.903	0.978	0.921	0.987	0.978	0.959	0.981	0.990
	最大值	1.000	1.000	1.000	1.000	1.000	1.000	1.000	1.000	1.000	1.000
	最小值	0.280	0.288	0.240	0.242	0.255	0.180	0.448	0.389	0.482	0.388
	变异系数	0.344	0.333	0.307	0.268	0.315	0.354	0.195	0.233	0.203	0.230

将各省域国家森林公园旅游纯技术效率按效率步长进行分组，如表 4-7 所示，可知在纯技术效率中达到最优的省域年均为 13 个，占比为 41.93%，最多的是 2016 年的 15 个，占比为 48.39%，最少的为 2012 年和 2014 年的 11 个，占比为 35.48%，由此可知 10 年间国家森林公园处于最优状态的省域的占比稍低于非最优状态的占比。纯技术效率值为 0.8—0.999 的省份年均 5.8 个，占全部省份的 18.71%；效率值为 0.6—0.799 的省份年均 5.6 个，占全部省份的 18.07%；效率值为 0.5—0.599 的省份年均 2.4 个，占全部省份的 7.74%；效率值在 0.5 以下的省份年均 4.2 个，占全部省份的 13.55%，由纯技术效率的分组特征可知，国家森林公园旅游发展的技术利用水平稳定保持在一个较好的水平，要素资源的配置能力较强，但仍存在少数省域纯技术利用水平不高、纯技术效率水平较低的现象，因此，亟须提高森林公园旅游发展的纯技术效率，而走内涵式集约化发展

道路是其必然选择。

表 4-7　各省域国家森林公园旅游纯技术效率值的分组特征

类型	效率步长	2008	2009	2010	2011	2012	2013	2014	2015	2016	2017
纯技术效率	1	13	14	13	13	11	14	11	14	15	12
	0.8—0.999	4	2	5	6	6	3	10	7	6	9
	0.6—0.799	1	5	8	8	7	4	7	5	5	6
	0.5—0.599	6	3	0	1	2	3	2	3	4	0
	0.5 以下	7	7	5	3	5	7	1	2	1	4

4.2.3　规模效率

根据 DEAP2.1 软件对全国 31 个省域国家森林公园旅游规模效率进行测度，测度结果如图 4-4 所示，可知 2008—2017 年国家森林公园旅游规模效率的均值为 0.923，高于综合效率和纯技术效率的均值，达到了最优水平的 92.3%，仍有 7.7%的提高空间，其中上海、浙江、江苏、福建、江西、贵州、河北、山西、重庆、青海的规模效率均值排名全国前 10 位，10 年间均值都达到了 0.982 以上，表明这些省份森林公园旅游的资源投入规模集聚水平较高。排在后 10 位的省份是新疆、安徽、湖北、陕西、海南、湖南、黑龙江、天津、宁夏和西藏，其规模效率均值在 0.910 以下，其中西藏最低，仅为 0.623，为最优水平的 62.3%，由此可知目前省域单元国家森林公园规模效率在各项效率中处于最高水平。由此可知目前省域单元国家森林公园规模效率在各项效率中处于最高水平，已经接近最优，进一步提升空间不大，而纯技术效率还有较大的提升空间，表明国家森林公

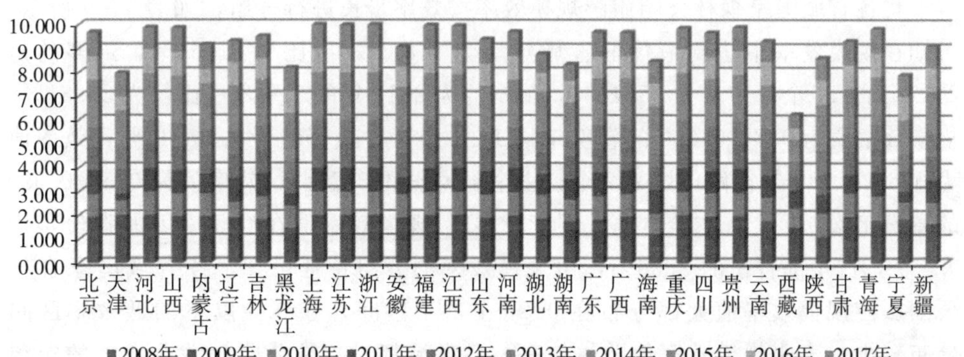

图 4-4　2008—2017 年各省域国家森林公园旅游规模效率值

园旅游发展虽然呈现出粗放式特征，但未来国家森林公园旅游综合效率的进一步提升应主要依靠纯技术效率的驱动，集约化发展模式将代替盲目投入的粗放式发展模式成为今后国家森林公园旅游发展的主旋律。

在规模效率测度结果的基础上，进一步对规模效率值进行统计分析，如表4-8所示，从10年间规模效率最大值来看每年均有1，可知每年均存在最优状态的省份，从各年份内部可以发现，仅上海和浙江连续10年都保持规模效率最优状态，数值为最大值1。10年间规模效率最小值主要分布在黑龙江、陕西、天津、西藏、海南等省份，其中国家森林公园数量较少的天津和西藏3次进入最低行列，10年间规模效率最低值出现在2011年的天津，为0.284，仅达到最优水平的28.4%，这一方面表明部分省域森林公园资源投入要素较多，导致出现了规模不经济的现象，另一方面也说明一些省域由于其自身森林资源缺乏，导致难以发挥森林公园旅游发展的规模集聚效应。另外，规模效率的变异系数10年间呈现出一定的下降态势，表明各省域国家森林公园旅游规模效率的差异逐渐缩小，各省域森林公园旅游发展的规模集聚效应进一步趋同。

表4-8　2008—2017年各省域国家森林公园旅游规模效率统计特征

类型	变量	2008	2009	2010	2011	2012	2013	2014	2015	2016	2017
规模效率	平均值	0.906	0.935	0.940	0.889	0.939	0.902	0.919	0.950	0.923	0.926
	中位数	0.967	0.981	0.989	0.977	0.985	0.985	0.989	0.993	0.982	0.991
	最大值	1.000	1.000	1.000	1.000	1.000	1.000	1.000	1.004	1.000	1.000
	最小值	0.488	0.307	0.626	0.284	0.576	0.584	0.543	0.299	0.472	0.552
	变异系数	0.144	0.162	0.112	0.200	0.107	0.153	0.142	0.146	0.143	0.116

将各省域国家森林公园旅游规模效率按效率步长进行分组，如表4-9所示，可知在规模效率中达到最优的省域年均为9.8个，占比为31.61%，最多的是2017年的11个，占比为35.48%，最少的为2011年的8个，占比仅为25.81%。规模效率值为0.8—0.999的省份年均17.1个，占全部省份的55.16%；效率值为0.6—0.799的省份年均2.7个，占全部省份的8.71%；效率值为0.5—0.599的省份年均0.7个，占全部省份的2.26%；规模效率值在0.5以下的省份年均0.7个，占全部省份的2.26%，由规模效率的分组特征可知，各省域国家森林公园旅游规模效率值大都分布在0.8—1这个区间，在0.5以下的低效率区间分布较少，表明规模效率值总体较高，各省域都对森林公园旅游业发展的资源要素投入水平较高，增加资源投入所带来的规模集聚效应对森林公园旅游发展起到了一定的促进作用，但这种粗放型的发展模式是不可持续的，未来应转变

这种发展方式，提升森林公园资源的利用和配置水平，走内涵式集约化发展道路。

表 4-9　各省域国家森林公园旅游规模效率值的分组特征

类型	效率步长	2008	2009	2010	2011	2012	2013	2014	2015	2016	2017
规模效率	1	9	9	10	8	9	10	9	14	9	11
	0.8—0.999	18	19	18	16	19	13	17	15	19	17
	0.6—0.799	2	1	3	4	2	7	4	1	1	2
	0.5—0.599	1	1	0	0	1	1	1	0	1	1
	0.5 以下	1	1	0	3	0	0	0	1	1	0

4.3　旅游效率的时序变化特征

4.3.1　时序上各项效率呈波动增长态势

我们可以通过计算 2008—2017 年省域单元国家森林公园旅游各项效率均值，探究国家森林公园旅游效率的总体时序变化情况，结果如表 4-10 和图 4-5 所示。从时序变化来看，2008—2017 年旅游各项效率在波动中均有所提升，其中综合效率处于波动上升态势，由 2008 年的 0.694 上升到 2017 年的 0.799，增速为 15.13%；纯技术效率的年际变化曲线类似于综合效率，也处于波动上升态势，由 2008 年的 0.765 上升到 2017 年的 0.860，增速为 12.42%；规模效率的年际变化曲线与前两者变化有所不同，处于小幅度波动增长态势，由 2008 年的 0.906 上升到 2017 年的 0.926，增速为 2.21%。这一方面表明随着我国森林旅游业地位的不断提高，受国家各项旅游政策支持，森林公园旅游业发展呈现不断向好态势；另一方面虽然各项效率值都有所增加，但是综合效率和纯技术效率增速较快，说明森林公园要素资源的配置、利用水平进步较快，森林公园旅游发展正在走向集约化发展状态。因此，未来应继续加大对资源要素的合理配置，如加大劳动力的培训投入，提高劳动力综合素质，提升公园管理水平和技术应用能力，实现发展的转型升级。同时，规模效率曲线处于综合效率和纯技术效率之上，总体水平较高，说明森林公园资源投入规模集聚水平一直较高，粗放式的旅游发展模式一直持续，但是这种粗放式的经营模式不利于森林公园的可持续发展，应避免一味追求森林公园资源数量和面积的增加，而造成的资源浪费和投入冗余，规模效率增速放缓已释放出森林公园旅游发展转型升级的信号。另外，纯技术效率的年际变化曲线类似于综合效率，而规模效率的年际变化曲线与两者不同，表明综合效率主要受纯技术效率驱动。

表 4-10　2008—2017 年省域国家森林公园旅游各项效率均值

年份	综合效率	纯技术效率	规模效率	年份	综合效率	纯技术效率	规模效率
2008	0.694	0.765	0.906	2013	0.699	0.773	0.902
2009	0.738	0.770	0.935	2014	0.799	0.868	0.919
2010	0.752	0.799	0.940	2015	0.802	0.844	0.950
2011	0.743	0.827	0.889	2016	0.808	0.875	0.923
2012	0.737	0.785	0.939	2017	0.799	0.860	0.926

值得注意的是 2008—2012 年、2015—2017 年省域国家森林公园旅游各项效率曲线变化不大，而在 2013 年、2014 年两个时间节点各项效率变化较为明显，在这两年形成了各项效率的波峰和波谷。其中 2013 年各项效率均有大幅度下滑，这可能和 2011 年国家出台的《国家级森林公园管理办法》《关于加快发展森林旅游的意见》等促进森林公园发展的相关政策有关，政策实施后，森林公园的经营面积和资金投入进一步增加，但因增加的经营面积和资金投入的产出效果具有滞后性，所以当年的产出变化不大，可这对后面两年的各项效率影响较大，先是出现 2012 年各项效率小幅震荡，到 2013 年后下降到谷底，而到 2014 年各项效率迅速上升。这一方面是因为先期的投入效果显现，各项效率触底反弹，另一方面也与 2014 年原国家林业局印发的《全国森林等自然资源旅游发展规划纲要(2013—2020 年)》有一定的关系，纲要为森林公园旅游发展指明了方向，积极推动了森林公园旅游发展事业迈向新的时期。

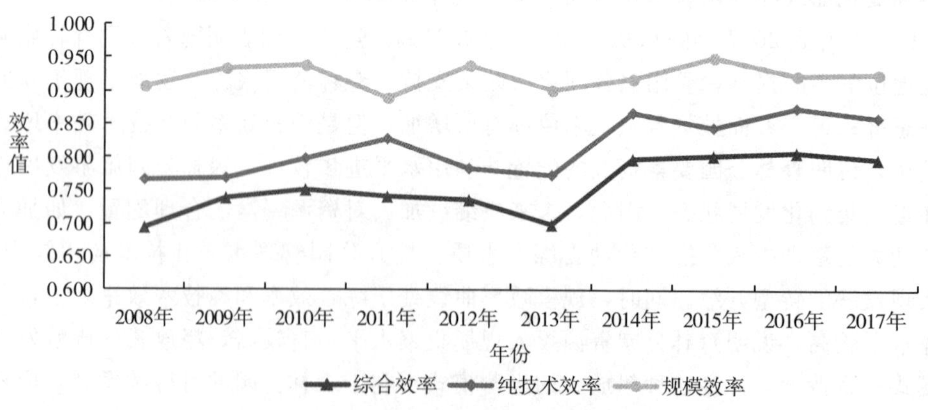

图 4-5　2008—2017 年省域国家森林公园旅游各项效率均值变化曲线

4.3.2 各项效率分布形态呈现一定差异

根据核密度函数和最佳宽带的选择和设置，在 Eviews 软件中分别绘制 2008—2017 年省域国家森林公园旅游综合效率、纯技术效率和规模效率的核密度分布图，如图 4-6 所示，其中图中横轴表示省域国家森林公园旅游的各项效

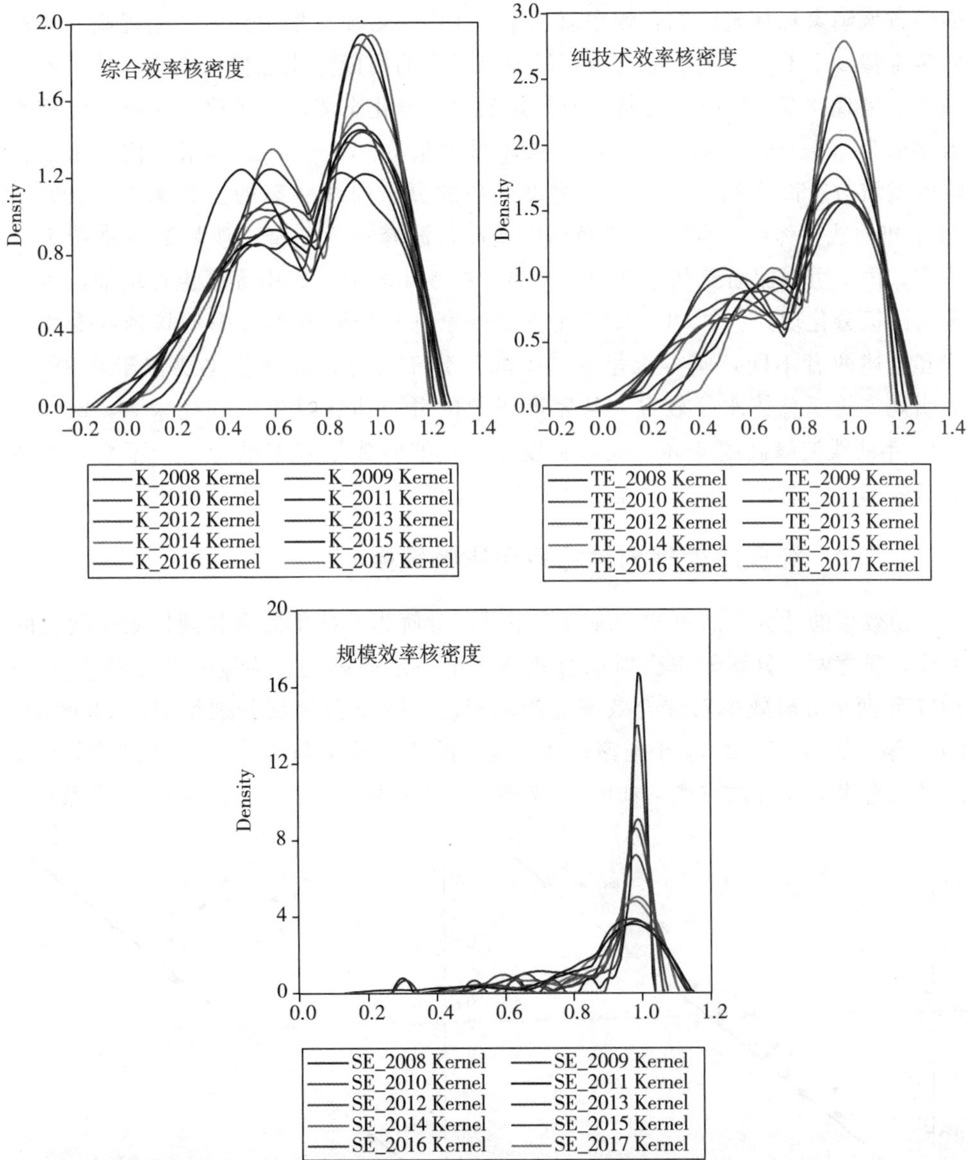

图 4-6 2008—2017 年省域国家森林公园旅游各项效率核密度分布情况

率值，纵轴表示密度。由图 4 - 6 可知 2008—2017 年省域国家森林公园旅游综合效率基本上呈现“双峰”分布态势，其中第一波峰的综合效率位于 0.4—0.6，其省域主要有贵州、山东、山西、天津等，第二个波峰综合效率位于 0.8—1，总体来看位于第一波峰的省域数量高于第二波峰。从密度函数的分布曲线状态的变化来看，2008—2017 年曲线整体向右偏移，波峰高度变高，波峰宽度变窄，表明省域国家森林公园综合效率值总体上在逐年增加且集中程度不断提高，波峰数量维持 2 个不变，表明综合效率呈现出一定的两极分化态势。旅游纯技术效率基本上呈现“双峰”分布态势，有一定的两极分化态势，其中第一个波峰纯技术效率值为 0.5—0.8，第二个波峰纯技术效率值为 0.8—1，总体来看位于第二波峰的省域数量高于第一波峰。从密度函数的分布曲线状态的变化来看，2008—2017 年曲线整体向右偏移，波峰高度变高，波峰宽度变窄，波峰数量维持 2 个不变，由此可知旅游纯技术效率值总体上在逐年增加，集中程度也在增加，也呈现出两极分化现象。2008—2017 年省域国家森林公园规模效率的核密度变化曲线和上述两者不同，基本上呈现“单峰”分布态势，波峰值主要位于 0.9—1，表明规模效率总体水平较高，从密度函数的分布曲线状态的变化来看，2008—2017 年曲线波峰高度变高，波峰宽度变窄，波峰数量基本维持 1 个不变，表明规模效率差距缩小，且集中程度呈现上升态势，呈现一头独大的现象。

4.3.3 纯技术效率对综合效率影响较强

由效率的计算公式可知，综合效率可以分解为纯技术效率和规模效率两者的乘积，显然两个分解效率会对综合效率产生一定的影响。为进一步分析 2008—2017 年两个分解效率对综合效率的影响程度，限于篇幅仅分别绘制出 2008 年、2011 年、2014 年、2017 年国家森林公园旅游综合效率与纯技术效率、规模效率两者的有序坐标对散点图，如图 4 - 7 所示，根据图 4 - 7 中的点与 45°对角线的

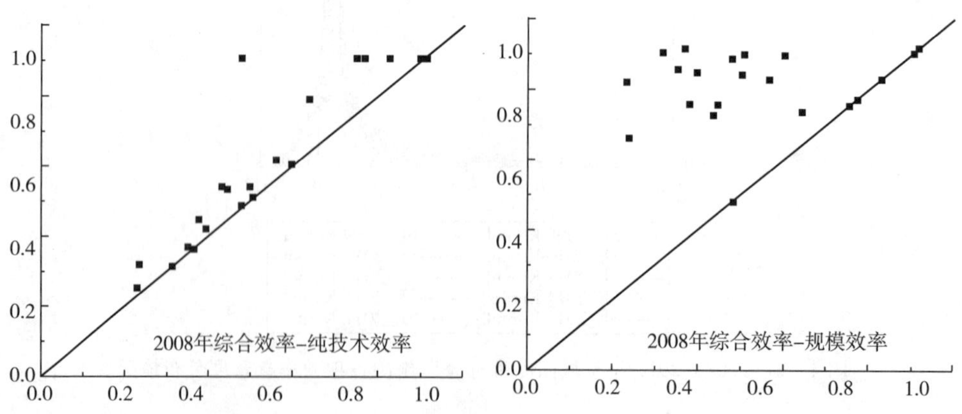

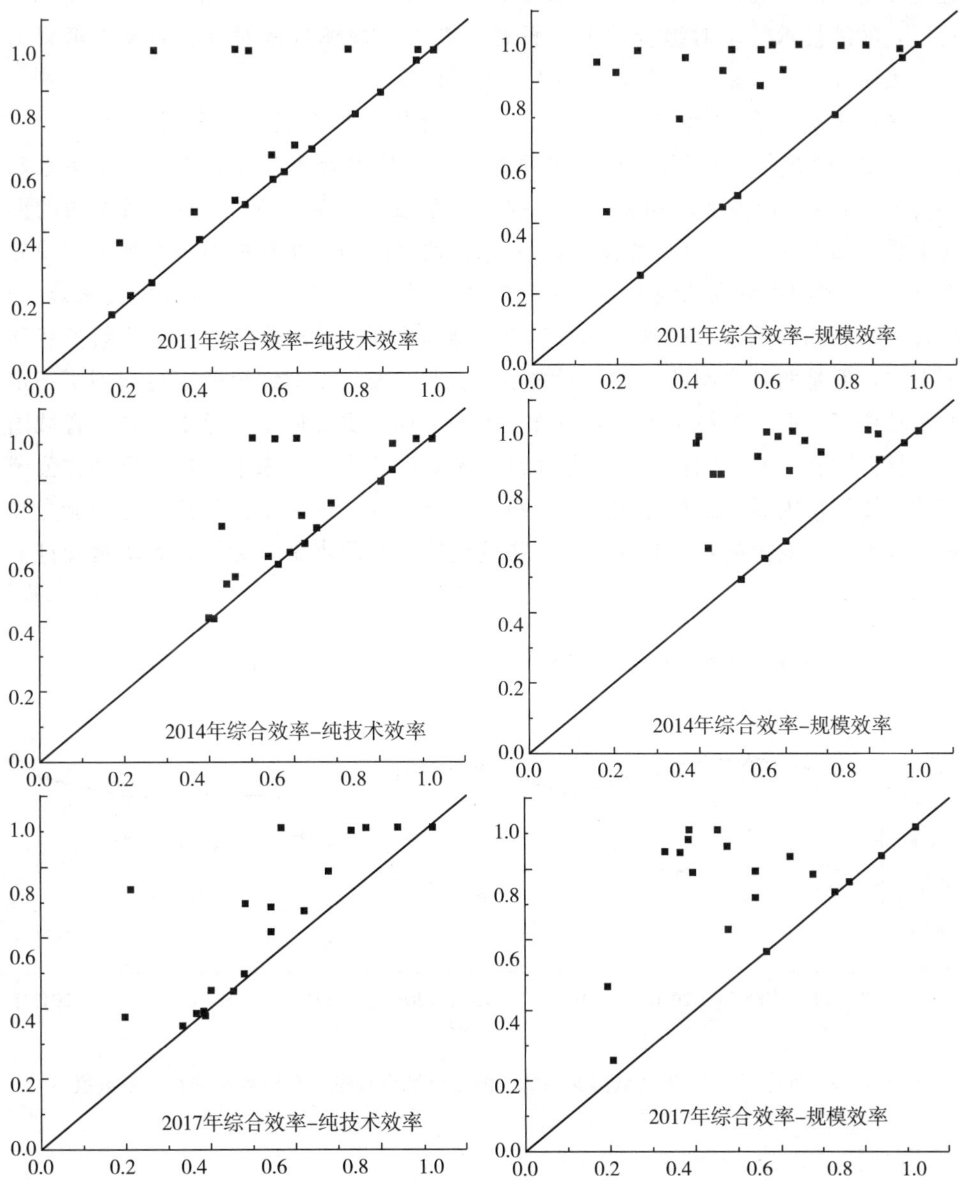

图 4-7　2008—2017 年省域国家森林公园旅游分解效率对综合效率的贡献

接近程度判断两个分解效率对综合效率的影响程度（横轴对应综合效率；纵轴对应分解效率，即纯技术效率和规模效率），点与 45°对角线越接近，则该分解效率对综合效率的解释力度越大，反之，则解释能力越小。由图 4-7 可知，2008 年、2011 年、2014 年、2017 年综合效率-纯技术效率的散点图中的点与 45°对角线接近程度均较高，而综合效率-规模效率的散点图中的点与45°对角线接近程度相对较低，故纯技术效率对综合效率的解释力度大于规模效率对综合效率的解释力度，表明纯技术效率是综合效率的主要驱动因素。

进一步对综合效率与两个分解效率进行相关性分析，分别计算出2008—2017年综合效率与分解效率的相关系数值，纯技术效率和综合效率的相关系数均值为0.876，规模效率和综合效率的相关系数均值为0.535。从相关系数的曲线来看，如图4-8所示，纯技术效率-综合效率的相关系数曲线一直处于规模效率-综合效率相关系数曲线上方，尤其是2009年、2010年、2013年纯技术效率-综合效率的相关系数都达到了0.9以上，规模效率-综合效率的相关系数虽然处于下方，但是两者之间的差距有所缩小，表明规模效率对综合效率也起到了一定的驱动作用，但是纯技术效率对综合效率的驱动力更加明显。综上可知，省域国家森林公园旅游效率的提升主要依靠纯技术效率的提升，未来省域国家森林公园应该继续保持内涵式发展方式，加大科技创新力度，进一步提升技术应用能力和管理水平，从而提高森林公园要素资源的配置、利用水平，为综合效率提升打下基础。

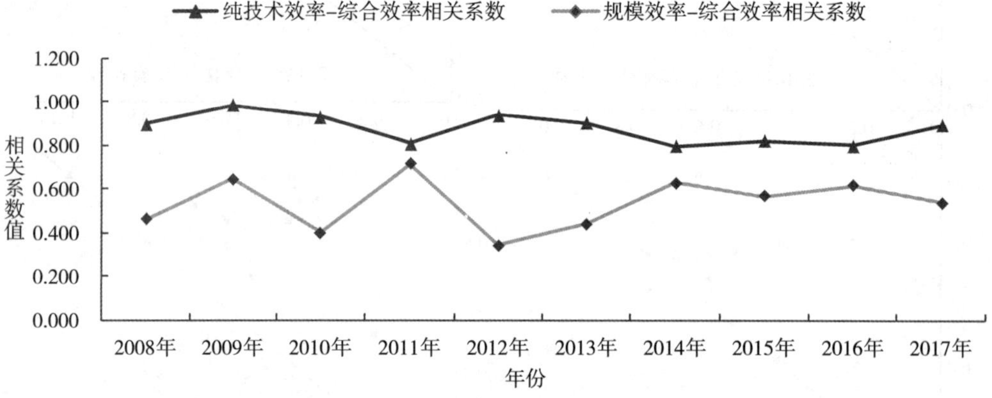

图4-8　2008—2017年省域国家森林公园旅游综合效率与分解效率的相关系数值

4.4　旅游效率的空间演变特征

4.4.1　空间差异特征

本节将对国家森林公园旅游效率的分异特征进行分析，主要对各项效率值的省际差异特征和区域差异情况进行分析，旨在全面把握森林公园旅游效率的空间分异特征。

4.4.1.1 省际差异特征

根据计算出的各省域国家森林公园旅游各项效率均值，如表4-11所示，利用ArcGIS中的自然断裂法将31个省域国家森林公园旅游各项效率均值进行重分类，生成高水平型、较高水平型、较低水平型和低水平型4种类型，进而从空间可视化的角度去研判其空间分布特征，如图4-9所示。由图4-9可知，国家森林公园旅游综合效率的高水平区包括上海、浙江、江苏、江西、青海、重庆、福建、河南、北京、河北和山东11个省域，它们的综合效率值都在0.877以上，占比为35.48%，区域分布上主要以东部省域为主，值得一提的是青海国家森林公园旅游综合效率也处于高水平状态，这与近年来青海提出将森林公园作为生态旅游发展的龙头、旅游业发展的支柱，注重打造形式多样、特色鲜明的森林旅游产品，培育森林公园旅游休闲基地集聚化发展有关。国家森林公园旅游综合效率均值在0.751—0.877为较高水平型，包括贵州、天津、山西、内蒙古4个省域，占比为12.90%。国家森林公园旅游综合效率均值在0.618—0.751为较低水平型，包括广东、黑龙江、云南、辽宁、宁夏5个省域，占比为16.13%。国家森林公园旅游综合效率均值在0.618以下为低水平型，包括西藏、吉林、广西、新疆、四川、甘肃、湖北、湖南、海南、陕西和安徽11个省域，主要为中西部省域，占比为35.49%，由此可知，国家森林公园旅游综合效率低水平型的省域在空间上分布也较多。综上，各省域国家森林公园旅游综合效率值类型以高水平型和低水平型为主，两级分化现象较为明显；从类型的分布地域来看，高水平型主要分布在东部省域，低水平型主要分布在中西部省域。

表4-11 2008—2017年各省域国家森林公园旅游各项效率均值

省份	综合效率	纯技术效率	规模效率	省份	综合效率	纯技术效率	规模效率
北京	0.940	0.970	0.968	湖北	0.567	0.646	0.877
天津	0.797	0.999	0.798	湖南	0.564	0.698	0.834
河北	0.924	0.936	0.988	广东	0.745	0.770	0.969
山西	0.796	0.808	0.986	广西	0.586	0.604	0.967
内蒙古	0.751	0.825	0.916	海南	0.529	0.583	0.847
辽宁	0.673	0.727	0.931	重庆	0.971	0.984	0.985
吉林	0.592	0.622	0.951	四川	0.570	0.594	0.966
黑龙江	0.740	0.921	0.819	贵州	0.866	0.877	0.988

（续表）

省份	综合效率	纯技术效率	规模效率	省份	综合效率	纯技术效率	规模效率
上海	1.000	1.000	1.000	云南	0.696	0.751	0.930
江苏	0.997	1.000	0.997	西藏	0.600	0.959	0.623
浙江	1.000	1.000	1.000	陕西	0.521	0.592	0.860
安徽	0.486	0.552	0.906	甘肃	0.569	0.598	0.930
福建	0.969	0.971	0.997	青海	0.982	1.000	0.982
江西	0.994	1.000	0.994	宁夏	0.618	0.761	0.788
山东	0.877	0.936	0.939	新疆	0.582	0.636	0.910
河南	0.964	0.994	0.970	Average	0.757	0.817	0.923

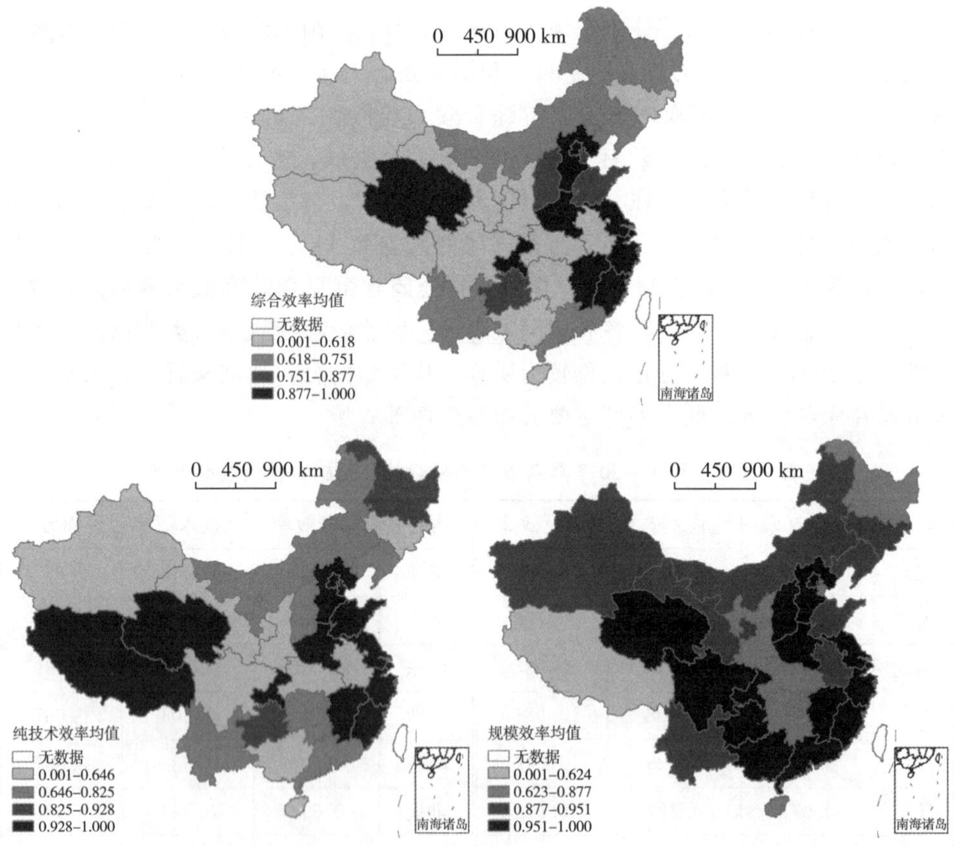

该图基于国家测绘地理信息局标准地图服务网站下载的审图号为 GS（2016）2888 号的标准地图制作，底图无修改。

图 4－9　国家森林公园旅游各项效率均值的省际分布

从纯技术效率各类型的省域空间分布来看，其与综合效率空间分布较为类似，高水平区包括上海、浙江、江苏、江西、青海、天津、河南、重庆、福建、北京、西藏、河北、山东 13 个省域，它们的纯技术效率值都在 0.928 以上，占比为 41.93%，区域分布上以东部省域为主，值得一提的是西藏国家森林公园旅游纯技术效率也处于高水平状态，这一方面与西藏国家森林公园旅游发展较晚，后发优势明显有关，另一方面是因为西藏国家森林公园数量相对较少，森林景观特色鲜明，这为集中打造精品森林公园旅游创造了条件。国家森林公园旅游纯技术效率均值在 0.825—0.928 为较高水平型，包括黑龙江、贵州、内蒙古 3 个省域，占比为 9.68%。国家森林公园旅游纯技术效率均值在 0.646—0.825 为较低水平型，包括山西、广东、宁夏、云南、辽宁、湖南、湖北 7 个省域，占比为 22.58%。国家森林公园旅游纯技术效率均值在 0.646 以下为低水平型，包括新疆、吉林、广西、甘肃、四川、陕西、海南、安徽 8 个省域，以中西部省域为主，占比为 25.81%。由此可知，国家森林公园旅游纯技术效率在空间分布上以高水平型和低水平型的省域为主，表明国家森林公园纯技术效率两级分化现象较为严重；从类型的分布地域来看，高水平型主要分布在东部省域，低水平型主要分布在中西部省域。

从规模效率各类型的省域空间分布来看，旅游规模效率的高水平区共包括 16 个省域，主要分布在东部与西部地区，其中在东部地区的有北京、上海、广东、浙江等 7 个省域，在中部地区的有山西、河南、江西 3 个省域，在西部地区的有四川、重庆、广西等 5 个省域，东北地区仅有吉林 1 个省域，它们的规模效率值都在 0.951 以上，占比为 51.61%。国家森林公园旅游规模效率均值在 0.877—0.951 为较高水平型省域，包括辽宁、内蒙古、山东、安徽、湖北、云南、甘肃、新疆 8 个省域，占比为 25.81%。国家森林公园旅游规模效率均值在 0.624—0.877 为较低水平型，包括陕西、海南、湖南、黑龙江、天津、宁夏 6 个省域，占比为 19.35%。国家森林公园旅游规模效率均值在 0.624 以下为低水平型，只有西藏 1 个省域，占比仅为 3.23%。由此可知，国家森林公园旅游规模效率在空间分布上以高水平型的省域为主，表明国家森林公园旅游发展的规模效应较好，但要注意依靠这种增加投入获得收益的粗放式发展模式不是长久之计，转型升级才能可持续发展；从类型的分布地域来看，高值类型省域呈现出“东西两头多，中部塌陷”状态。

为进一步探究各省域单元国家森林公园旅游效率在不同时间截面的空间分异规律，采用 ArcGIS 中的 Jenks 自然断裂法将 2008 年、2011 年、2014 年、2017 年 4 个时间节点的旅游各项效率值生成高水平型、较高水平型、较低水平型和低水平型四种类型，如图 4 - 10、图 4 - 11、图 4 - 12 所示。

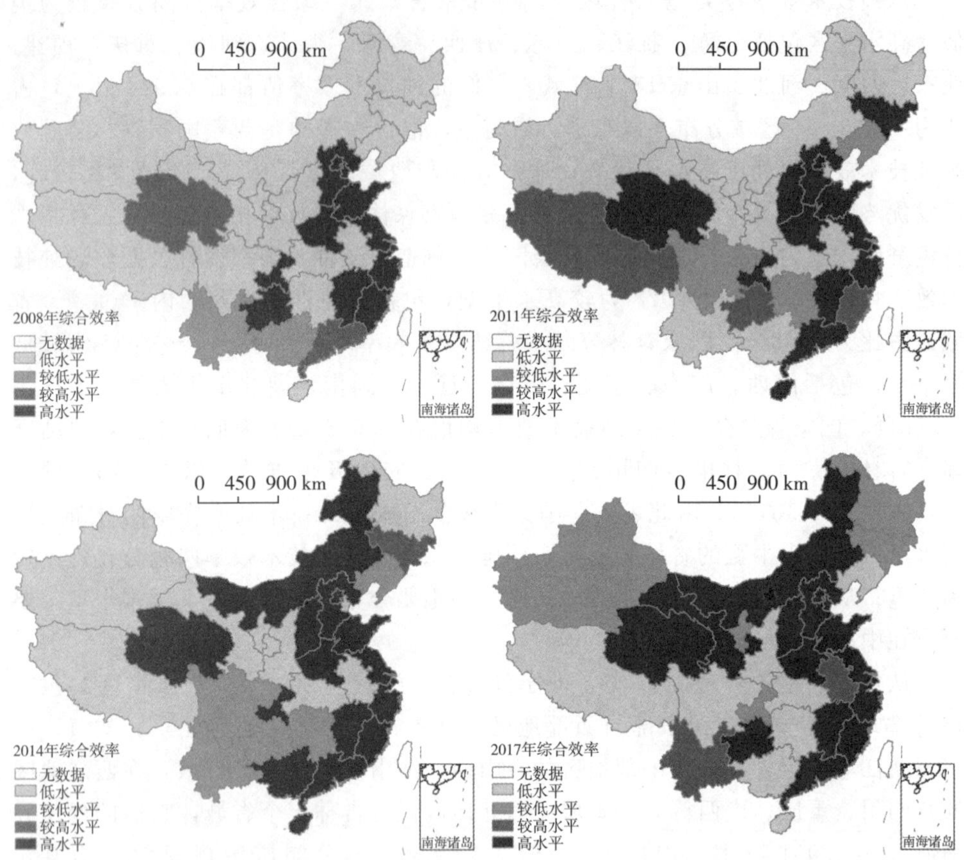

该图基于国家测绘地理信息局标准地图服务网站下载的审图号为GS（2016）2888号的标准地图制作，底图无修改。

图4-10 2008—2017年国家森林公园旅游综合效率重分类图

如图4-10所示，2008年综合效率的高水平区包括北京、天津、河北、上海、江苏、浙江、福建、江西、重庆、贵州、河南和山东12个省域，其综合效率都在0.851以上，且除贵州、河南和山东外都达到了最优水平1，占所有省域的38.71%，高水平区主要分布在环渤海和长三角地区，另外西南地区也有零星分布。而2011年和2014年高水平区在2008年的基础上逐步向西北地区和西南地区迁移，到2017年高水平区演化为北京、天津、上海、江苏、浙江、江西、河南、山东、青海、广东、山西、内蒙古、福建、甘肃、贵州和河北16个省域，占比为51.61%，高水平区呈现出明显的东南和西北带状分布，以及在西南部形成组团分布的状态。值得一提的是青海4年间有3次进入高水平区，究其原因，一方面与青海较为重视森林公园旅游发展，出台了多项助推森林公园发展的利好政策，并提出将森林公园作为生态旅游发展的龙头和旅游业发展的支柱，注重打造形式多样、特色鲜明的森林旅游产品，培育森林公园旅游休闲基地的集聚化发展有关；另一方面是因为青海的国家森林公园仅有 7 处，其省域国家森林公园发展的投入要素相对集中，环境效益产出方面表现较好，其改造林相和植树造林面积较大，整个国家森林公园的投入产出比较高，因此离最佳前沿面也最近，效率值自然也较高。2008 年较高水平区包括青海、广东 2 个省域，其综合效率均在 0.746—0.851，占比仅为 6.45%，2011 年和 2014 年较高水平区呈现较不稳定的演化态势，2017 年较高水平区演化为云南、安徽 2 个省域，占比仍为 6.45%，分布较为分散，主要零星分布于我国的中西部地区。2008 年较低水平区包括云南和广西 2 个省域，占比为 6.45%，主要为我国西南地区省域，2011 年和 2014 年该水平区域有所变动，2017 年该区域减少为吉林、黑龙江、新疆、重庆和宁夏 5 个省域，占比为 16.13%，主要分布在我国的西北和东北地区。2008 年综合效率低水平区包括宁夏、山西、辽宁、西藏、内蒙古、黑龙江、吉林、陕西、新疆、湖南、甘肃、安徽、四川、海南、湖北 15 个省域，占比为 48.39%，主要分布在中西部地区，其效率值都在 0.600 以下，尤其是湖南和湖北两省综合效率值不足 0.300。到 2011 和 2014 年，低水平区逐渐减少，2017 年低水平区演化为湖北、辽宁、西藏、湖南、四川、广西、陕西和海南 8 个省域，占比为 25.81%。综上可知，国家森林公园旅游综合效率呈现出明显的两级分化现象，即东部省份较高、中西部省份较低的分布态势，高水平区逐渐显现出东南和西北带状分布，以及在西南部形成组团分布，呈现"人字"形分布的态势，另外，高水平区在增多，低水平区在减少，表明国家森林公园旅游的资源配置和利用能力逐渐向好。

如图 4-11 所示，从纯技术效率各类型的省域空间分布来看，其与综合效率空间分布较为类似，2008 年高水平区包括北京、天津、上海、江苏、浙江、江西、山东、青海、广东、福建、河北、重庆、黑龙江、贵州、河南和西藏 16 个省域，占比为 51.61%，效率值都在 0.958 以上，除贵州、河南和青海外都达到最优水平 1，在空间上主要呈现出西部的青海和西藏组团，以及东南沿海的带状分布特征。2011 年和 2014 年高水平区在 2008 年的基础上有所增多，2017 年高水平区演化为北京、天津、上海、江苏、浙江、江西、山东、青海、广东、河北、河南、西藏、山西、云南、内蒙古、安徽、福建、甘肃和贵州 19 个省域，占比为 61.29%，并在空间上呈现出"人字形"分布格局。值得一提的是青海和西藏的纯技术效率较高，这首先和这两个省域的国家森林公园数量较少，均不足 10 处，政府较为重视，其管理运营也相对顺畅，资源要素的配置和利用较为合理有一定关系；其次是因为西藏只有国家森林公园，没有设置省市森林公园，且森林公园旅游发展较晚，但森林景观特色鲜明，后发优势明显，这为集中打造精品森林公园旅游创造了条件。2008 年较高水平区仅云南 1 个省域，其纯技术效

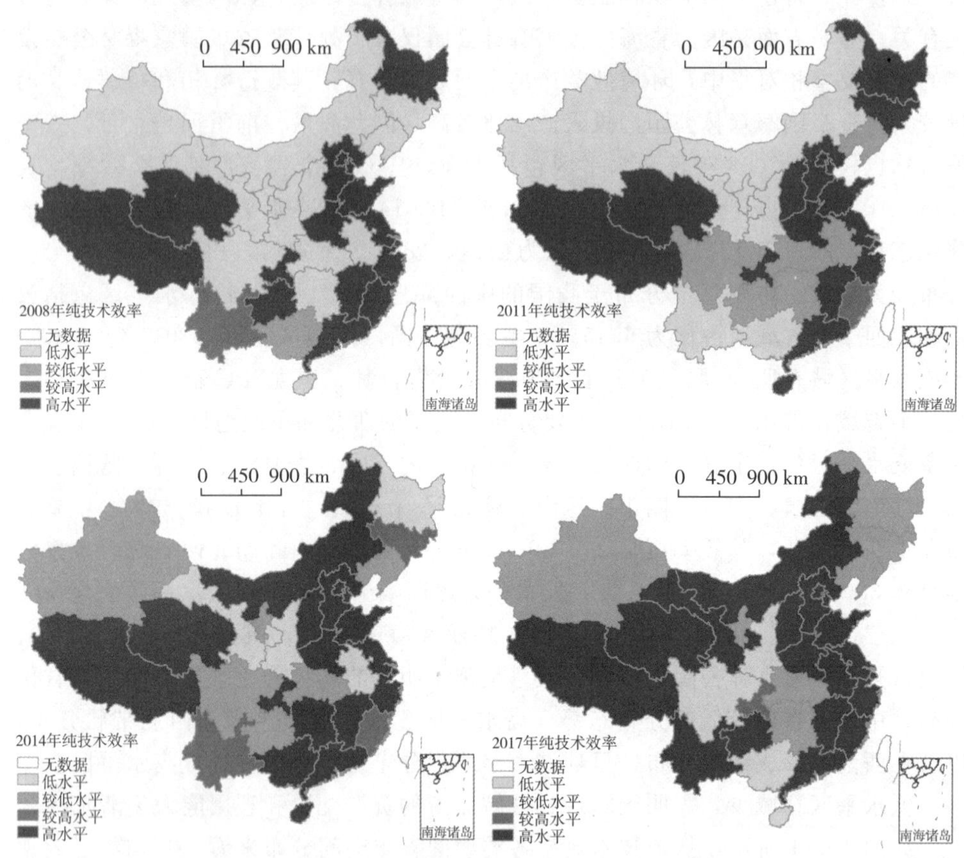

该图基于国家测绘地理信息局标准地图服务网站下载的审图号为GS（2016）2888号的标准地图制作，底图无修改。

图 4-11　2008—2017 年国家森林公园旅游纯技术效率重分类图

率值为 0.873，2011 年和 2014 年较高水平区呈现较不稳定的演化态势，2017 年较高水平区演化为重庆，占比为 3.23%。2008 年较低水平区仅广西 1 个省域，占比为 3.23%，2011 年和 2014 年该区域逐渐增多，2017 年该区域增至宁夏、湖南、湖北、吉林、新疆、辽宁、黑龙江 7 个省域，占比为 22.58%，主要分布在我国的西北和东北地区。2008 年纯技术效率低水平区包括陕西、宁夏、辽宁、吉林、山西、内蒙古、湖南、新疆、安徽、甘肃、海南、四川和湖北 13 个省域，占比为 41.94%，主要分布在中西部地区，其效率值都在 0.600 以下，到 2011 年和 2014 年低水平区逐渐减少，2017 年低水平区演化为四川、广西、陕西和海南 4 个省域，占比为 12.90%。综上可知，森林公园纯技术效率的高水平区在空间上逐渐增多，由点状和带状分布逐渐形成了"人字形"分布格局；低水平区在空间上逐渐减少，主要分布在中西部地区，分布较为分散。由此可知，国家森林公园旅游纯技术效率提升明显，且区域间的集聚状态更加明显，表明国家森林公园旅游发展中的投入要素资源利用和配置水平有所提升，各省域间的技术运用和管理经验的共享程度逐步提高。

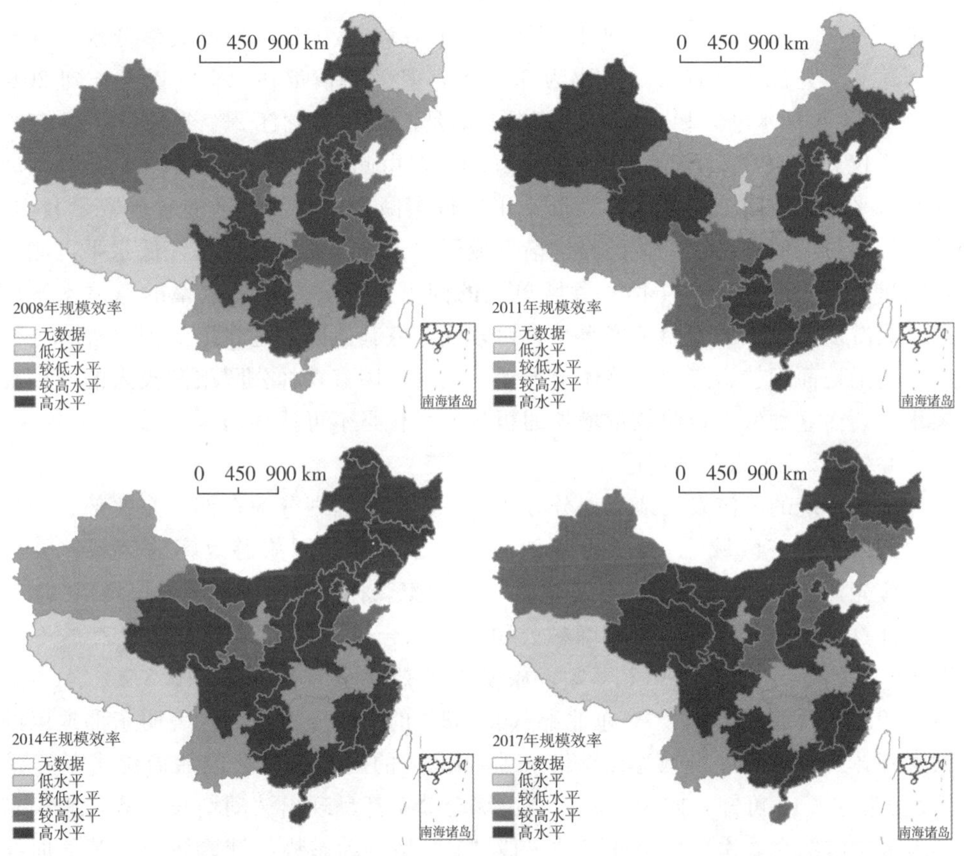

该图基于国家测绘地理信息局标准地图服务网站下载的审图号为 GS（2016）2888 号的标准地图制作，底图无修改。

图 4－12　2008—2017 年国家森林公园旅游规模效率的重分类图

如图 4－12 所示，2008 年规模效率高水平区包括北京、天津、上海、江苏、浙江、江西、河北、福建、重庆、甘肃、贵州、河南、四川、山西、广西和内蒙古 16 个省域，占比为 51.61％，效率值都在 0.952 以上，其中北京、天津、上海、江苏、浙江、江西、河北和福建都达到了最优水平 1，在空间上呈现出西南、东南沿海两大带状分布状态。2011 年和 2014 年高水平区逐渐增多，2017 年青海、山东、黑龙江和广东代替重庆和河北进入高水平区，省域总数达到 18 个，占比为 58.06％，在空间上呈现出环状分布状态。2008 年规模效率较高水平区包括安徽、宁夏、新疆、辽宁和山东 5 个省域，占比为 16.13％，2011 年和 2014

年该区域省域数量基本保持稳定，2017 年演变为海南、陕西、河北、吉林和新疆 5 个省域，占比仍为 16.13%。2008 年规模效率较低水平区包括青海、湖南、吉林、广东、云南、陕西和海南 7 个省域，占比为 22.58%，2011 年和 2014 年该区域省域数量基本保持稳定，但省域发生了较大变化，2017 年演变为宁夏、辽宁、重庆、云南、安徽、湖北、湖南 7 个省域。2008 年规模效率低水平区包括西藏和黑龙江 2 个省域，占比为 6.45%，其效率值都在 0.700 以下，到 2011 年和 2014 年低水平区相对稳定，基本上都是西藏和黑龙江 2 个省域，2017 年低水平区仅剩下西藏 1 个省域，占比为 3.23%。由此可知，国家森林公园规模效率的高水平区在空间上逐渐增多，低水平区逐渐减少，高水平区的省域数量较多，达到全部省域的一半以上，已经逐渐形成了一个连续的环状分布，低水平区则呈现零星分布。综上可知，我国省域单元的国家森林公园规模效率的总体水平较高，旅游发展投入的规模集聚水平相对较优，究其原因，是我国的国家森林公园资源的土地面积较为广袤，整体上推动了我国的国家森林公园旅游投入的规模集聚水平，而这种依靠资源数量增加的粗放型增长是不可持续的。

4.4.1.2 区域差异特征

按照传统的经济发展地域划分方法，一般将全国划分为东部、东北部、中部和西部四大经济区域[①]。为了更好地分析国家森林公园旅游效率的区域差异特征，应先计算出 2008—2017 年四大区域的国家森林公园旅游各项效率均值。

计算出的四大区域的国家森林公园旅游综合效率值及时序变化如表 4-12、图 4-13 所示。由表 4-12 可知，旅游综合效率呈现出东部（0.878）＞中部（0.729）＞西部（0.693）＞东北部（0.668）的空间分异特征，表明东部地区的国家森林公园旅游综合效率最高，东北部地区的国家森林公园旅游综合效率最低。由图 4-13 可知，四大区域的旅游综合效率都呈现出波动增长态势，其中东部地区旅游综合效率大致呈连续的三段“V”型波动态势，且始终处于其他曲线的上方，综合效率值从 2008 年的 0.899 上升至 2017 年的 0.926，增幅为 2.9%；东北部地区旅游综合效率大致呈连续的“N”型波动态势，从 2008 年的 0.507 上升至 2017 年的 0.646，增幅为 21.5%；中部地区旅游综合效率曲线大致呈“M”型变化，从 2008 年的 0.569 上升至 2017 年的 0.817，增幅为 30.4%；西部地区旅游综合效率也呈现波动的增长态势，从 2008 年的 0.620 上升至 2017 年的 0.723，增幅为 14.2%。由此可知，中部地区的增速最快，东北部次之，而东部

① 东部地区包括北京、天津、河北、山东、江苏、上海、浙江、福建、广东、海南；东北部地区包括辽宁、吉林、黑龙江；中部地区包括山西、河南、安徽、江西、湖北、湖南；西部地区包括内蒙古、陕西、宁夏、甘肃、新疆、重庆、四川、云南、贵州、广西、西藏、青海。

和西部的增速较慢，其中东部增速最慢，表明中部地区国家森林公园虽然发展基础一般，但 10 年间的年均旅游投入最多，达到 22 亿元，国家森林公园旅游发展势头较为迅猛，近年来国家森林公园旅游效率取得了较大进步，而东部地区国家森林公园旅游发展基础较好，旅游效率虽一直处于领先地位，但近年来发展动力不足，有待进一步的提质增效。

表 4－12　2008—2017 年四大区域国家森林公园旅游综合效率值

	2008	2009	2010	2011	2012	2013	2014	2015	2016	2017	均值
东部	0.899	0.877	0.830	0.908	0.840	0.793	0.922	0.926	0.859	0.926	0.878
东北部	0.507	0.744	0.610	0.711	0.751	0.577	0.727	0.730	0.682	0.646	0.668
中部	0.569	0.651	0.760	0.791	0.637	0.597	0.761	0.848	0.829	0.817	0.729
西部	0.620	0.665	0.718	0.589	0.698	0.702	0.732	0.694	0.787	0.723	0.693

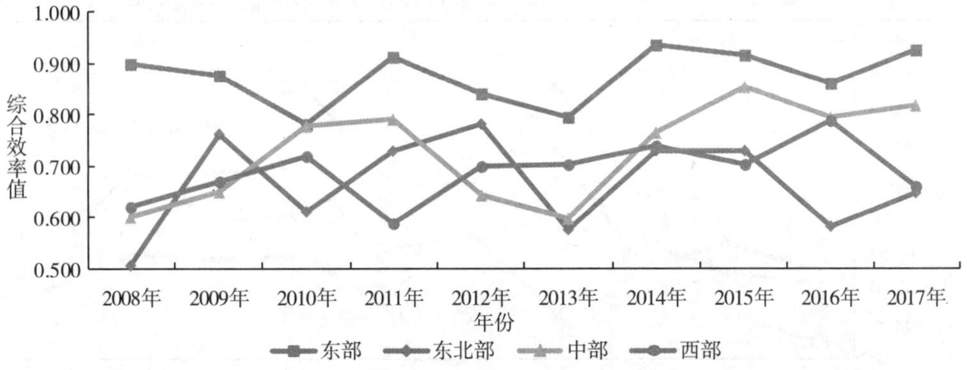

图 4－13　2008—2017 年四大区域国家森林公园旅游综合效率的时序变化

计算出的四大区域的国家森林公园旅游纯技术效率值及时序变化如表 4－13、图 4－14 所示。由表 4－13 可知，旅游纯技术效率呈现出东部（0.917）＞中部（0.783）＞西部（0.765）＞东北部（0.757）的空间分异特征，表明东部地区的国家森林公园旅游纯技术效率最高，东北部地区的国家森林公园旅游纯技术效率最低。由图 4－14 可知，除东北部地区呈现下降外，其他区域的旅游纯技术效率都呈现出波动增长态势，东部地区纯技术效率除 2012 年外，均处于第一梯队，遥遥领先，东部地区和中部地区呈现趋同态势，西部地区从 2012 年以后开始超越东北部地区位居第三梯队。从具体数值来看，东部地区旅游纯技术效率值从 2008 年的 0.935 上升至 2017 年的 0.938，增幅为 0.3%，中部地区从 2008 年的 0.622 上升至 2017 年的 0.918，增幅为 32.2%，西部地区从 2008 年的 0.703 上升至 2017 年的 0.807，增幅为 12.9%，而东北部地区从 2008 年的 0.728 下降至

2017 年的 0.699，降幅为 3.9%，由此可知中部地区的纯技术效率增速最快，国家森林公园旅游发展取得了较大进步，这和中部地区邻近东部地区，较容易学习到东部地区国家森林公园先进的管理和技术能力有关，而东北部地区旅游纯技术效率呈现负增长，从 2008 年处于四大区域的第二位，到 2017 年的最后一位，退步明显，表明其国家森林公园的资源配置能力较弱，森林公园的管理经验和技术创新不足，国家森林公园旅游发展缺乏活力，旅游竞争力不强，可能与东北部地区的经济发展相对疲软有一定关系，亟待进一步提高。

表 4-13　2008—2017 年四大区域国家森林公园旅游纯技术效率值

	2008	2009	2010	2011	2012	2013	2014	2015	2016	2017	均值
东部	0.935	0.901	0.878	0.984	0.848	0.849	0.983	0.934	0.916	0.938	0.917
东北部	0.728	0.753	0.731	0.889	0.868	0.673	0.735	0.741	0.748	0.699	0.757
中部	0.622	0.664	0.772	0.861	0.653	0.729	0.867	0.860	0.884	0.918	0.783
西部	0.703	0.717	0.765	0.663	0.776	0.756	0.807	0.788	0.868	0.807	0.765

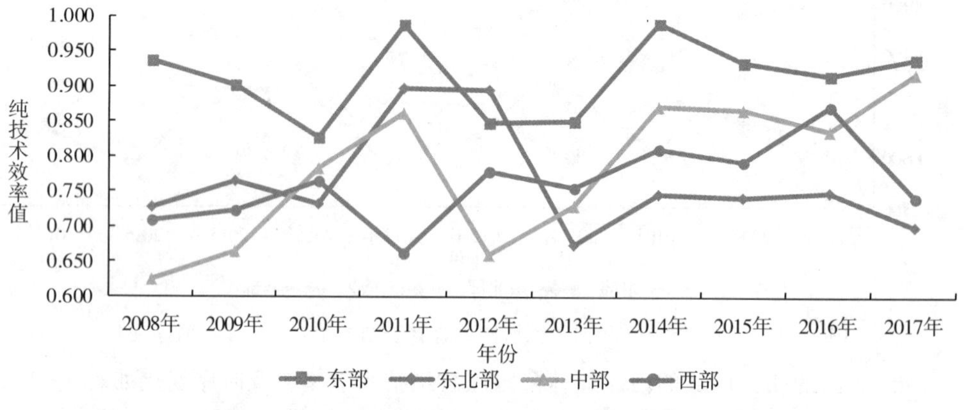

图 4-14　2008—2017 年四大区域国家森林公园旅游纯技术效率的时序变化

计算出的四大区域的国家森林公园旅游规模效率值及时序变化如表 4-14、图 4-15 所示。由表 4-14 可知，旅游规模效率呈现出东部（0.950）>中部（0.928）>西部（0.904）>东北部（0.900）的空间分异特征，表明东部地区的国家森林公园旅游规模效率最高，规模集聚效应最强，东北部地区的国家森林公园旅游规模效率最低。由图 4-15 可知，除了中部地区呈现下降外，其他 3 个区域的旅游规模效率均有所提升。从具体数值来看，东部地区旅游规模效率值从 2008 年的 0.946 上升至 2017 年的 0.983，增幅为 3.9%，东北部地区旅游规模效率从 2008 年的 0.744 上升至 2017 年的 0.924，增幅为 24.2%，西部地区旅游规模效率从 2008 年的 0.898 上升至 2017 年的 0.904，增幅为 0.6%，而中部地区旅游规模效率从2008年的0.938下降至2017年的0.877，降幅为6.5%，由此可知东北部地区的旅游规模效率最低但增速最快，表明近年来东北部地区的国家森林公园发展的规模集聚水平提升较大，国家森林公园规模化发展的潜力尚在，应继续加大对国家森林公园的技术创新和人力资源的投入力度，全面提升国家森林公园旅游产品的品质，避免粗放式经营。而中部地区旅游规模效率虽然不低，但呈现负增长，表明其国家森林公园的规模化经营效果较差，可能与其国家森林公园资源投入的量过大而产生冗余有关，应该转变增长方式，逐步实现国家森林公园内生性增长的集约化发展模式。东部地区虽然规模效率较高，但增长缓慢，应该利用东部的资源、技术集聚优势，加大对现有技术水平的应用，提高国家森林公园旅游的规模化发展效应。

表4-14　2008—2017年四大区域国家森林公园旅游规模效率值

	2008	2009	2010	2011	2012	2013	2014	2015	2016	2017	均值
东部	0.946	0.940	0.943	0.924	0.986	0.912	0.939	0.990	0.939	0.983	0.950
东北部	0.744	0.990	0.859	0.821	0.881	0.899	0.990	0.984	0.910	0.924	0.900
中部	0.938	0.975	0.977	0.905	0.971	0.855	0.866	0.982	0.933	0.877	0.928
西部	0.898	0.897	0.938	0.869	0.899	0.920	0.911	0.893	0.908	0.904	0.904

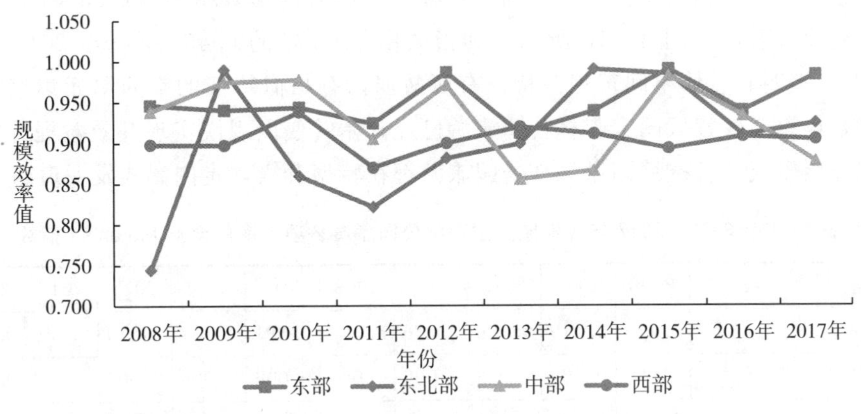

图4-15　2008—2017年四大区域国家森林公园旅游规模效率的时序变化

4.4.2　空间集聚特征

4.4.2.1　整体空间集聚特征

为了探究2008—2017年国家森林公园旅游各项效率的空间自相关特征，应分别计算出省域单元各年份的国家森林公园旅游综合效率、纯技术效率和规模效率的 Moran's I 指数，计算结果如表 4 - 15 所示。由表可知，2008—2017 年国家森林公园旅游综合效率的 Moran's I 指数均为正值，且均通过了显著性检验，表明 10 年间省域单元国家森林公园旅游综合效率呈现出显著的正向空间自相关特征。再从国家森林公园旅游综合效率的 Moran's I 指数的时序变化来看，如图 4 - 16 所示，其指数由 2008 年的 0.175 上升至 2017 年的 0.202，总体空间正向自相关的特征更加明显，有相似特征的（高-高或者低-低）省域空间单元集聚更加显著，国家森林公园旅游的整体发展的马太效应较为明显。

2008—2017 年国家森林公园旅游纯技术效率的 Moran's I 指数均为正值，且均通过了显著性检验，表明 10 年间省域单元国家森林公园旅游纯技术效率呈现出显著的空间正相关特征。再从国家森林公园旅游纯技术效率 Moran's I 指数的时序变化来看，如图 4 - 16 所示，其指数由 2008 年的 0.132 上升至 2017 年的 0.281，表明旅游纯技术效率在省域空间呈现出相似特征的单元集聚态势更加明显，一方面说明各省域国家森林公园旅游发展的技术创新、管理经验等方面容易实现共享，空间上的协同效应较强；另一方面也说明了国家森林公园旅游纯技术效率的提升更为明显，国家森林公园旅游转型发展正在悄然发生。

2008—2017 年国家森林公园旅游规模效率的 Moran's I 指数均为正值，且均通过了显著性检验，表明 10 年间省域单元国家森林公园旅游规模效率呈现出显著的正向空间自相关特征。再从国家森林公园旅游规模效率的 Moran's I 指数的时序变化来看，如图 4 - 16 所示，其指数由 2008 年的 0.455 下降至 2017 年的 0.373，表明其总体空间正相关特征有所减弱，有相似特征的空间单元集聚有所下降，也说明各省域国家森林公园旅游已经开始转变以规模实现其效益提升的粗放式发展模式，各省域国家森林公园旅游都在转型升级，走内涵式发展道路。

表 4 - 15　2008—2017 年各省域国家森林公园旅游各项效率的全局 Moran's I 指数

类型	参数	2008	2009	2010	2011	2012	2013	2014	2015	2016	2017
综合效率	Moran's I	0.175	0.119	0.176	0.226	0.299	0.291	0.314	0.279	0.336	0.202
	E（I）	0.006	0.006	0.006	0.006	0.006	0.006	0.006	0.006	0.006	0.006
	Z（I）	2.516	1.833	2.541	3.141	4.064	3.995	4.298	3.848	4.561	2.862
	P	0.011	0.066	0.011	0.002	0.001	0.001	0.001	0.001	0.001	0.004
纯技术效率	Moran's I	0.132	0.151	0.216	0.221	0.316	0.323	0.392	0.348	0.437	0.281
	E（I）	0.007	0.007	0.007	0.007	0.007	0.007	0.007	0.007	0.007	0.007
	Z（I）	1.993	2.228	3.049	3.092	4.281	4.385	5.412	4.775	5.92	3.862
	P	0.046	0.026	0.002	0.002	0.001	0.001	0.002	0.000	0.000	0.000

（续表）

类型	参数	2008	2009	2010	2011	2012	2013	2014	2015	2016	2017
规模效率	Moran's I	0.455	0.334	0.367	0.204	0.384	0.351	0.287	0.344	0.306	0.373
	E（I）	0.006	0.006	0.006	0.006	0.006	0.006	0.006	0.006	0.006	0.006
	Z（I）	6.366	4.743	5.321	2.989	5.526	4.807	4.159	4.914	4.365	5.356
	P	0.455	0.334	0.367	0.204	0.384	0.351	0.287	0.344	0.306	0.373

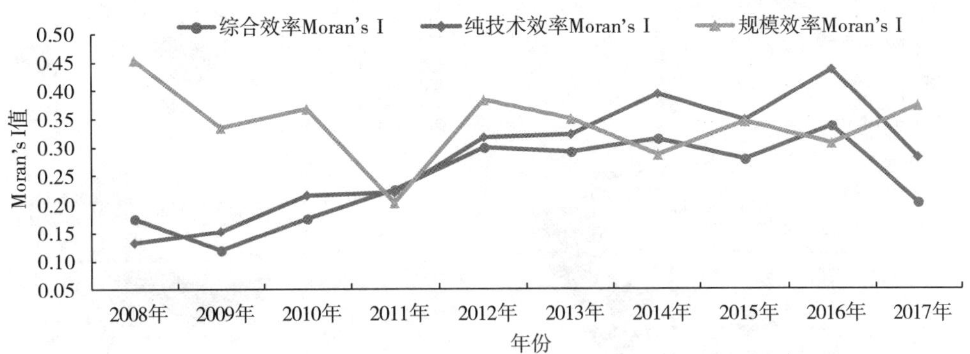

图 4－16　2008—2017 年国家森林公园旅游各项效率的 Moran's I 指数变化趋势

4.4.2.2　局部空间集聚特征

前文采用全局 Moran's I 指数分析对全国整体上的空间集聚效应进行了分析，可能会掩盖省域间集聚的某些特征，鉴于此，可借助 ArcGIS 及 GeoDa 软件生成 2008 年、2011 年、2014 年和 2017 年的各项效率的 LISA 集聚图，如图 4－17、图 4－18、图 4－19 所示，从而研判各省域间国家森林公园的空间关联特征。

由图 4－17 可知，综合效率在空间上具有相同属性的省域集聚态势逐渐增强，森林公园旅游发展的空间关联性较强。综合效率的 HH 扩散效应区明显增加，基本上形成了以山东为核心向环渤海和长三角地区扩散的态势。具体来看，2008 年综合效率 HH 的扩散效应区为江苏和山东 2 个省域，2011 年、2014 年扩散效应区不断增加，到 2017 年 HH 区继续增多，包括了北京、天津、河北、山东、内蒙古、上海、江苏和安徽 8 个省域，由此可知，高高集聚的扩散效应区在逐步增加，表明国家森林公园旅游综合效率不断提升，该区域必将对其他省域形成一定的带动辐射作用。综合效率 LL 低速增长区有稍许增加，呈现出以海南和广西为中心的集聚特征。具体来看，2008 年综合效率的低速增长区为海南，2011 年、2014 年有所增减，到 2017 年再次变为广西和海南 2 个省域。该区域除了海南以外，其国家森林公园的数量及投入规模相对较大，但产出普遍较低，应加强与周边发展较快省份的交流，加快国家森林公园发展转型，走集约化发展道路。

综合效率的 LH 过渡区逐年减少，表现出较强的不稳定性，呈现出以安徽为

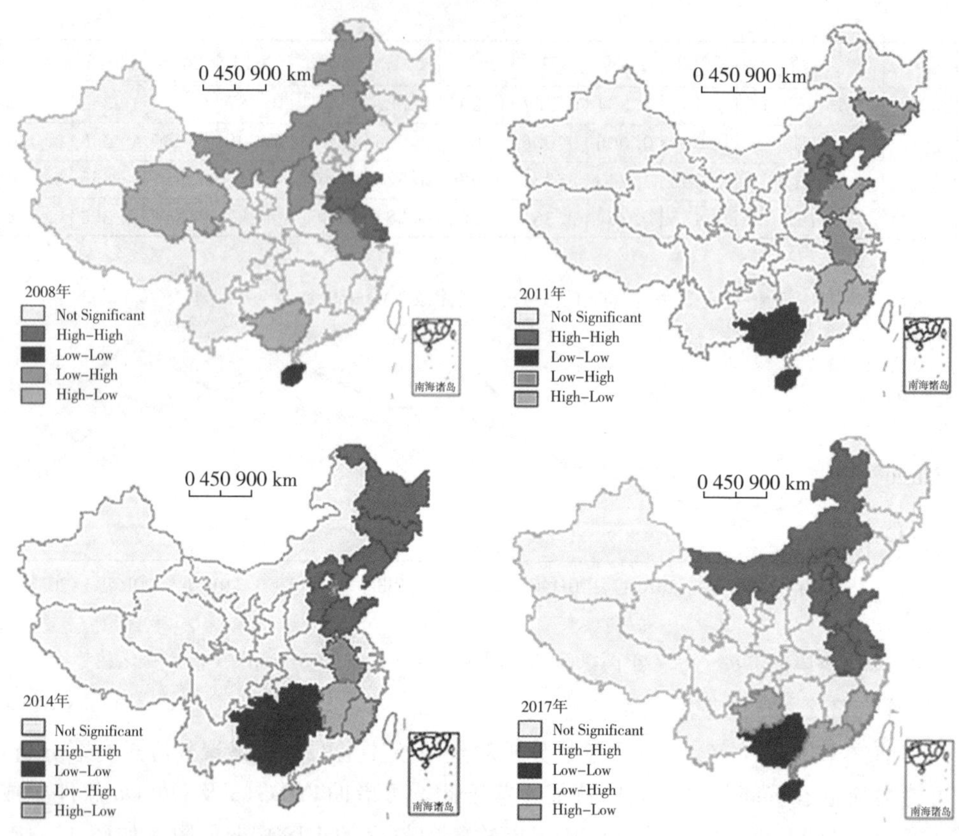

该图基于国家测绘地理信息局标准地图服务网站下载的审图号为 GS（2016）2888 号的标准地图制作，底图无修改。

图 4-17　2008—2017 年国家森林公园旅游综合效率局部自相关图

中心的集聚特征。具体来看，2008 年综合效率的 LH 过渡区为安徽、江西和内蒙古 3 个省域，到 2011 年为吉林、山东和安徽 3 个省域，再到 2014 年又演化为天津和安徽 2 个省域，最后到 2017 年已经没有该类型区域，大多已经变为高水平区。可见，LH 过渡区虽然自身发展效率相对较低，但其周围省份发展相对较好，经过自身发展，其效率很快能达到高值状态，未来应该加强与周边省份的合作，提升自身发展效率。综合效率 HL 极化效应区表现出向西南地区省份移动且逐渐扩大的态势，呈现出以福建和江西为中心的集聚特征。具体来看，2008 年综合效率的 HL 极化效应区为青海和广西 2 个省域，2011 年、2014 年该区域往东南地区扩大，到 2017 年变为福建、广东和贵州 3 个省域，从 HL 极化效应区的演化来看，福建和江西两省较为稳定，其自身的国家森林公园旅游效率较高，其周围省域发展相对落后，区域旅游业发展的协同性较差，随着全域旅游战略的实施，未来全域化发展的大旅游格局已经初显，因此该区域应该加强区域合作，培育游客共享、利益共享、互帮互助的旅游发展大环境，最终达到互利共赢。

由图 4-18 可知，纯技术效率的空间自相关演化特征和综合效率较为类似，在空间上具有相同属性的省域集聚态势逐渐增强，具有空间马太效应，但也表现出自身的特点。纯技术效率的 HH 扩散效应区明显增多，总体上呈现出以山东为核心向南北演化至京津冀和长三角一带的态势。具体来看，2008 年纯技术效率的 HH 扩散效应区仅有山东，2011 年、2014 年逐渐往京津冀和东北三省移动，到 2017 年 HH 区域已经演化为吉林、河北、天津、上海、江苏、山东、安徽和湖北 8 个省域。这些区域应该加大对其他省域在森林公园管理方法、技术应用和创新上的示范引领作用，缩小彼此纯技术效率的差距。纯技术效率的 LL 低速增长区有所增加，呈现出以广西和海南为中心的集聚特征。具体来看，2008 年纯技术效率的 LL 低速增长区为海南和广西 2 个省域，2011 年、2014 年变化不大，主要在贵州、广西和广东之间变化，到 2017 年转变为广西、福建和海南 3 个省域。

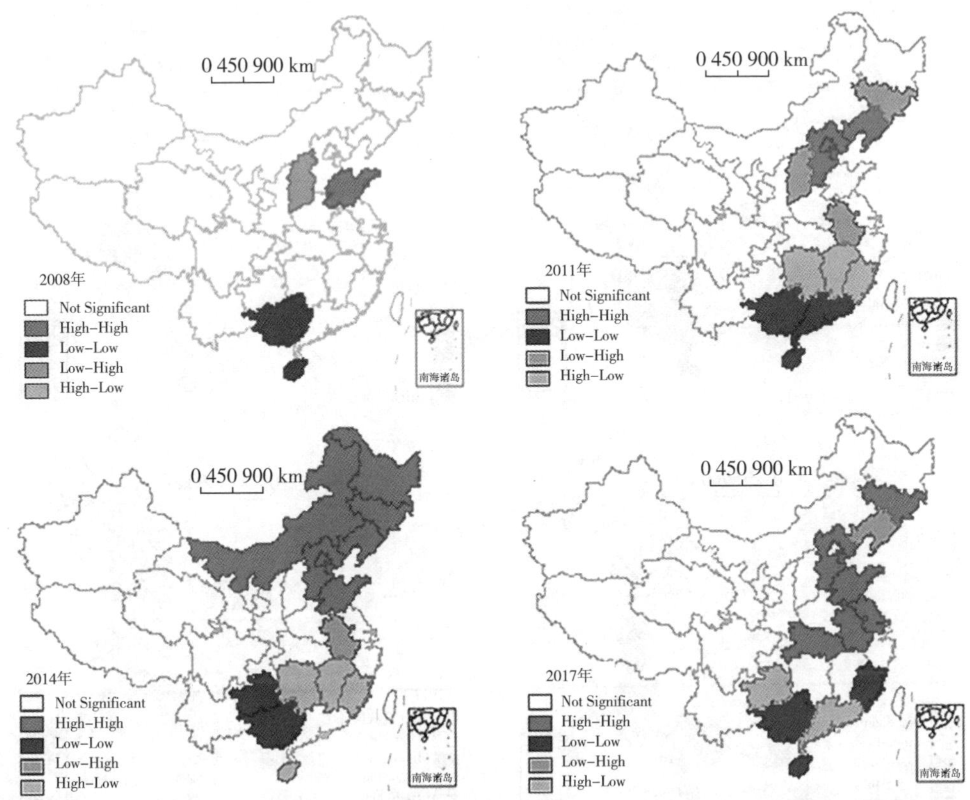

该图基于国家测绘地理信息局标准地图服务网站下载的审图号为 GS（2016）2888 号的标准地图制作，底图无修改。

图 4-18　2008—2017 年国家森林公园旅游纯技术效率局部自相关图

纯技术效率的 LH 过渡区也表现出一定的稳定性，呈现出以安徽和山西为中心的集聚态势。具体来看，2008 年纯技术效率的 LH 过渡区只有安徽，2011 年、2014 年主要在安徽、江西和吉林之间变动，到 2017 年转变为辽宁。LH 过渡区虽然自身发展较差，但周边省份发展较好，应加强与周边省份的交流，如安徽应该融入长三角地区的旅游发展大局当中，辽宁和吉林应该承接京津冀的人财物的转移，全面提升其森林公园的管理水平，创新旅游产品，为纯技术效率提升打下基础。纯技术效率的 HL 极化效应区有所增多，呈现出以福建、江西和湖南为中心的集聚态势。具体来看，2008 年纯技术效率没有 HL 极化效应区，2011 年、2014 年主要稳定分布在福建、江西和湖南等省域，到 2017 年最终演变为广东和贵州两省。因此福建、江西和湖南 3 个省域应该发挥龙头引领作用，而周边省份也应该加强与其交流和合作，提升森林公园的开发和管理水平，全面提升技术创新能力，为创新旅游产品和提升森林公园纯技术效率打下基础。

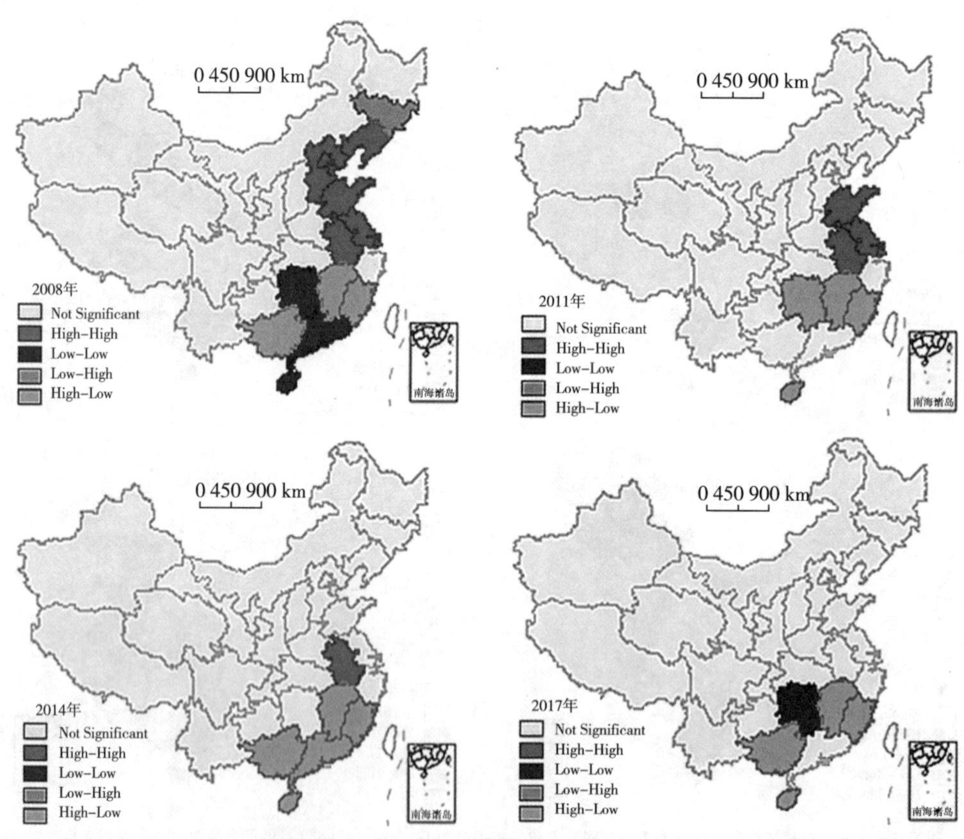

该图基于国家测绘地理信息局标准地图服务网站下载的审图号为 GS（2016）2888 号的标准地图制作，底图无修改。

图 4－19　2008—2017 年国家森林公园旅游规模效率局部自相关图

由图4－19可知，规模效率的空间自相关演化特征和综合效率、纯技术效率差异较大，在空间上具有相同属性的省域集聚态势有所减弱，空间关联性有所降低。规模效率的HH扩散效应区逐渐减少，呈现出以安徽为中心的集聚分布态势。具体来看，2008年规模效率HH的扩散效应区为辽宁、河北、北京、天津、山东、上海、江苏和安徽8个省域，2011年、2014年省域数量不断减少，到2017年该区域已经消失，表明空间上的规模效率高高集聚的扩散效应区开始减少甚至消失，一定程度上说明国家森林公园的粗放式发展模式开始转型。规模效率的LL低速增长区也逐渐减少，呈现以湖南为中心的集聚分布态势，表现较为稳定。具体来看，2008年规模效率的LL低速增长区为湖南、广西和海南3个省域，2011年、2014年LL低速增长区消失，最终到2017年变为湖南。规模效率的LH过渡区仅为辽宁，4个年份间的演变特征较为稳定。具体来看，2008年规模效率的LH过渡区为辽宁1个省域，在随后的2011年、2014年和2017年3个时间节点都没有LH过渡区，由此可知，规模效率的LH过渡区较少，可能是受到周边省份规模效率普遍较高的影响，自身也很快达到一个较高的规模集聚水平。规模效率的HL极化效应区逐渐增多，呈现出以福建和江西为中心的极化效应区。具体来看，2008年规模效率的HL极化效应区为福建、江西和广西3个省域，2011年、2014年该区域逐渐增多，到2017年变为福建、江西、广西和海南4个省域，该区域自身规模效率较高，对周边省份的资源要素有一定吸引作用，呈现出一定的规模化发展状态，未来也应该注意发展方向，着力提升要素资源的配置、利用水平。

4.4.3　方向分布特征

利用ArcGIS 10.0空间统计模块中的标准差椭圆分析生成2008—2017年省域单元国家森林公园各项效率的标准差椭圆，从全国范围探究各项效率的方向分布演化特征。

2008—2017年省域单元国家森林公园旅游综合效率的标准差椭圆分析结果如表4－16和图4－20所示，可知：(1) 从综合效率标准差椭圆的分布范围和面积大小来看，最东边位于长三角和环渤海地区，最南边位于广东和广西两省份交界处，最西边位于青海和四川两省份交界处，最北端位于内蒙古北部，说明综合效率和区域经济的发展水平有一定的耦合性。从2008—2017年的标准差椭圆的大小变化来看，椭圆面积有扩大态势，说明省域间森林公园的综合效率在空间分布上有所均衡，区域间的差异有缩小态势。(2) 从综合效率标准差椭圆的转角θ数值大小变化来看，10年间综合效率标准差椭圆的转角从2008年的50.241°上升到2017年的74.307°，综合效率的空间分布格局总体上呈现出东北—西南走向，并且有向西北进一步强化的转变趋势，表明西部地区的综合效率总体上在逐渐向好。其中，2008 年至 2012 年转角 θ 由 50.241°上升到 56.175°，说明综合效率在东北—西南方向的空间分布格局逐渐强化；2013 年至 2017 年转角 θ 由 69.277°进一步上升到了 74.307°，表明综合效率在东北—西南方向的空间分布格局再次得到增强。(3) 从综合效率标准差椭圆的主轴方向来看，主半轴的标准差由 2008 年的 1165.137 km 上升到 2017 年的 1175.179 km，表明综合效率在东北—西南方向的分布格局上出现了微弱的分散分布趋势。其中，2008 年至 2012 年主半轴标准差由 1165.137 km 下降为 1156.026 km，表明综合效率在东北—西南方向分布格局上呈现一定的集聚态势；2013 年至 2017 年主半轴标准差由 1162.815 km 上升为 1175.179 km，表明该时间段综合效率在东北—西南方向分布格局上呈现稍许的分散分布态势。(4) 从综合效率标准差椭圆的辅轴方向来看，辅半轴的标准差由 2008 年的 995.828 km 上升到 2017 年的 1070.199 km，表明综合效率在西北—东南方向分布格局上出现了一定的分散分布趋势。其中，2008 年至 2012 年辅半轴标准差由 995.828 km 下降为 980.177 km，表明综合效率在西北—东南方向分布格局上呈现一定的集聚态势；2013 年至 2017 年辅半轴标准差由 992.631 km 上升到 1070.199 km，表明该时间段综合效率在西北—东南方向分布格局上呈现稍许的分散分布态势。

表 4-16　2008—2017 年国家森林公园旅游综合效率标准差椭圆综合参数

年份	转角/°	X 轴标准差/km	Y 轴标准差/km	年份	转角/°	X 轴标准差/km	Y 轴标准差/km
2008 年	50.241	995.828	1165.137	2013 年	69.277	992.631	1162.815
2009 年	58.852	988.709	1214.831	2014 年	48.573	1043.450	1236.002
2010 年	65.562	1007.305	1200.595	2015 年	46.311	1063.746	1148.341
2011 年	62.520	1020.354	1179.023	2016 年	84.434	1042.402	1150.918
2012 年	56.175	980.177	1156.026	2017 年	74.307	1070.199	1175.179

2008—2017 年省域单元国家森林公园旅游纯技术效率的标准差椭圆分析结果如表 4-17 和图 4-21 所示。总体来看，纯技术效率和综合效率的标准差椭圆演化的轨迹较为类似，具体来看：(1) 从纯技术效率标准差椭圆的分布范围和面积大小来看，最东边位于长三角、环渤海和京津冀地区，最南边位于广东、广西和湖南 3 省份交界处，最西边位于四川和西藏两省份交界处，最北端位于内蒙古北部。从纯技术效率标准差椭圆的大小变化来看，椭圆面积总体上经历了先变小再变大的演变状态，说明纯技术效率在空间分布上的区域间差异呈现出先变大再变小的态势。这表明在国家森林公园旅游发展的初期，各省域间技术水平、管理

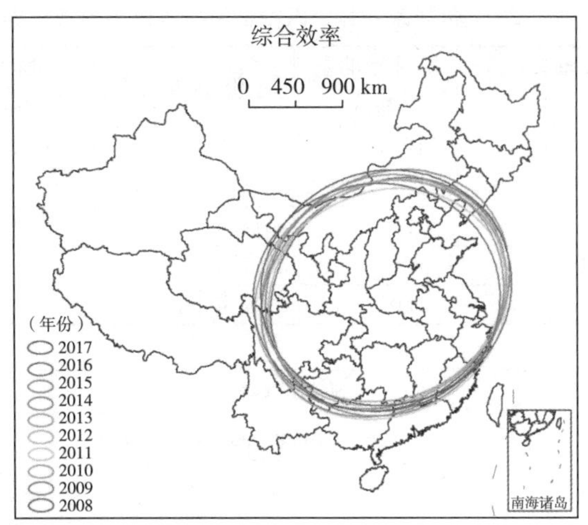

该图基于国家测绘地理信息局标准地图服务网站下载的审图号为 GS（2016）2888 号的标准地图制作，底图无修改。

图 4 - 20　2008—2017 年国家森林公园旅游综合效率标准差椭圆

经验等要素差异较大，随着交流往来的频繁，市场化竞争加强，彼此之间越来越注重经验和技术水平的合作和交流。（2）从纯技术效率标准差椭圆的转角 θ 数值大小变化来看，2008—2017 年纯技术效率标准差椭圆的转角 θ 从 60.639°上升到 2017 年的 76.195°，表明纯技术效率的空间分布格局总体上呈现出东北—西南走向，并且有向西北方向转变的趋势。其中，2008 年至 2012 年转角 θ 由 60.639°下降到 56.662°，说明纯技术效率在东北—西南方向的空间分布格局逐渐弱化；2013 年至 2017 年转角 θ 由 67.282°上升到了 76.195°，表明纯技术效率在东北—西南方向的空间分布格局得到强化。（3）从纯技术效率标准差椭圆的主轴方向来看，主半轴的标准差由 2008 年的 1221.627 km 上升到 2017 年的 1222.043 km，表明纯技术效率在东北—西南方向的分布格局上基本没有变动，只呈现出极小的分散趋势。其中，2008 年至 2012 年主半轴标准差由 1221.627 km 下降为 1206.893 km，表明纯技术效率在东北—西南方向分布格局上呈现一定的集聚态势；2013 年至 2017 年主半轴标准差由 1201.664 km 上升到 1222.043 km，表明该时段纯技术效率在东北—西南方向分布格局上呈现一定的分散态势。（4）从纯技术效率标准差椭圆的辅轴方向来看，辅半轴的标准差由 2008 年的 1019.415 km 上升到 2017 年的 1053.728 km，表明纯技术效率在西北—东南方向分布格局上出现了一定的分散分布趋势。其中，2008 年至 2012 年辅半轴标准差由 1019.415 km 下降为 990.972 km，表明纯技术效率在西北—东南方向分布格局上呈现一定的集聚态势；2013 年至 2017 年辅半轴标准差由 997.554 km 上升到 1053.728 km，表明该时间段纯技术效率在西北—东南方向分布格局上呈现一定的分散分布态势。

表 4-17　2008—2017 年国家森林公园旅游纯技术效率标准差椭圆综合参数

年份	转角/°	X 轴标准差/km	Y 轴标准差/km	年份	转角/°	X 轴标准差/km	Y 轴标准差/km
2008 年	60.639	1019.415	1221.627	2013 年	67.282	997.554	1201.664
2009 年	61.222	1006.563	1215.701	2014 年	50.453	1035.320	1218.003
2010 年	68.165	1013.368	1221.051	2015 年	72.086	1070.647	1213.910
2011 年	53.164	1027.961	1223.454	2016 年	71.909	1061.571	1209.554
2012 年	56.662	990.972	1206.893	2017 年	76.195	1053.728	1222.043

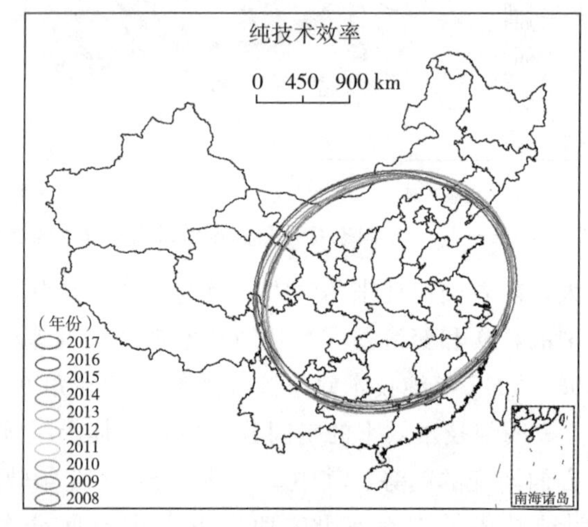

该图基于国家测绘地理信息局标准地图服务网站下载的审图号为 GS（2016）2888 号的标准地图制作，底图无修改。

图 4-21　2008—2017 年国家森林公园旅游纯技术效率标准差椭圆

2008—2017 年省域单元国家森林公园旅游规模效率的标准差椭圆分析如表 4-18和图 4-22 所示。总的来看，规模效率的标准差椭圆的演化轨迹和上述的综合效率、纯技术效率有所不同，具体来看：(1) 从规模效率标准差椭圆的分布范围和面积大小来看，东临长三角、环渤海和京津冀地区，南接广东、广西两省份交界处，西到宁夏、甘肃、四川、云南、贵州、西藏 6 省份，北至内蒙古北部。椭圆面积总体上经历了先变小再变大的演变轨迹，说明规模效率在空间分布上的区域间差异呈现出先变大再变小的态势。(2) 从规模效率标准差椭圆的转角 θ 数值大小变化来看，2008 年至 2017 年规模效率标准差椭圆的转角 θ 从 52.169 下降到 2017 年的 45.735°，规模效率的空间分布格局总体上呈现出东北—西南走向，并且有向东南方向转变的趋势。其中，2008 年至 2012 年转角 θ 由 52.169°上升到 58.096°，说明规模效率在东北—西南方向的空间分布格局逐渐强化；2013 年至 2017 年转角 θ 由 62.280°下降到 45.735°，表明规模效率在东北—西南方向的空间分布格局得到弱化。(3) 从规模效率标准差椭圆的主轴方向来看，主半轴的标准差由 2008 年的 1161.580 km 上升到 2017 年的 1175.301 km，表明规模效率在东北—西南方向分布格局上呈现出一定的分散趋势。其中，2008 年至 2012 年主半轴标准差由 1161.580 km 下降为 1159.698 km，表明规模效率在东北—西南分布格局上呈现极其微弱的集聚态势；2013 年至 2017 年主半轴标准差由 1179.556 km下降为 1175.301 km，表明该时段规模效率在东北—西南方向分布格局上呈现一定的集聚态势。（4）从规模效率标准差椭圆的辅轴方向来看，辅半轴的标准差由 2008 年的 1039.706 km 上升到 2017 年的 1059.301 km，表明规模效率在西北—东南方向分布格局上出现了一定的分散分布趋势。其中，2008 年至 2012 年辅半轴标准差由 1039.706 km 上升为 1052.590 km，表明规模效率在西北—东南方向分布格局上呈现微弱的分散态势；2013 年至 2017 年辅半轴标准差由 1046.264 km 上升为 1059.301 km，表明该时间段规模效率在西北—东南方向分布格局上也呈现出一定的分散分布态势。

表 4-18　2008—2017 年国家森林公园旅游规模效率标准差椭圆综合参数

年份	转角/°	X 轴标准差/km	Y 轴标准差/km	年份	转角/°	X 轴标准差/km	Y 轴标准差/km
2008 年	52.169	1039.706	1161.580	2013 年	62.280	1046.264	1179.556
2009 年	57.556	1022.983	1208.656	2014 年	56.912	1068.832	1220.749
2010 年	55.593	1045.726	1191.394	2015 年	39.121	1033.670	1170.940
2011 年	70.794	1054.977	1177.997	2016 年	62.701	1050.108	1137.552
2012 年	58.096	1052.590	1159.698	2017 年	45.735	1059.301	1175.301

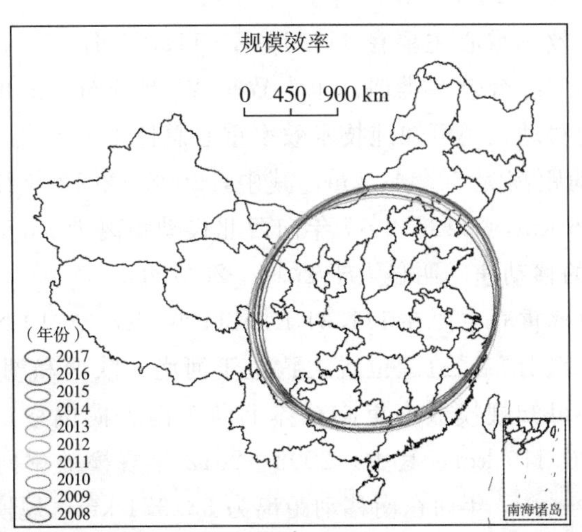

该图基于国家测绘地理信息局标准地图服务网站下载的审图号为 GS（2016）2888 号的标准地图制作，底图无修改。

图 4-22　2008—2017 年国家森林公园旅游规模效率标准差椭圆

通过对国家森林公园旅游各项效率的标准差椭圆分析可知，旅游各项效率方向分布总体上表现出显著的东北—西南方向的空间分布格局。同时，旅游各项效率和地区经济发展水平呈现一定的空间耦合性，但在偏移的方向上，旅游纯技术效率和旅游综合效率较为类似，呈现出向西北部偏移，表明西北地区的国家森林公园纯技术效率和综合效率呈现上升态势，而规模效率呈现出向东南部迁移态势，表明东南地区的规模效率呈现上升态势。另外，旅游各项效率的标准差椭圆面积总体呈现扩大态势，表明各项效率的空间差异性总体上呈现一定的缩小态势。

4.4.4 重心迁移特征

在经济学研究中，学者们常利用重心概念来反映研究对象空间分布的平均中心。每年全国空间范围内的国家森林公园旅游效率重心迁移，体现了其旅游发展合理化程度。对空间分布中心点移动轨迹的研究，有助于厘清全国森林公园旅游效率空间演化本质。运用 ArcGIS 10.0 空间统计模块中的 Mean Center 提取2008—2017 年每年各项效率的重心，从而生成演化轨迹图，如图 4－23 所示。由此可知各年份综合效率重心主要在 111.24°E—112.46°E，33.36°N—34.49°N 变动，整体轨迹大致呈 W 型分布，地理位置大致位于河南西部和湖北北部。从重心的移动轨迹可知综合效率重心总体上向西北方向偏移，2008—2017 年向西北移动距离为 65.472 km，其中，2008—2012 年纯技术效率向西北移动距离为23.353 km，2013—2017 年向东北移动距离为 31.63 km，综合效率 2013—2017年的移动速度明显大于 2008—2012 年。

各年份纯技术效率重心主要在 111.18°E—112.10°E，33.95°N—34.54°N 变动，整体演化轨迹与综合效率类似，也大致呈 W 型分布，地理位置大致位于河南西部。从重心的移动轨迹可知纯技术效率重心总体上向西北方向偏移，2008—2017 年向西北移动距离为 56.447 km，其中，2008—2012 年纯技术效率向东北移动距离为 47.576 km，2013—2017 年向西北移动距离为 25.529 km，纯技术效率 2008—2012 年的移动速度明显大于 2013—2017 年。

各年份规模效率重心主要在 111.31°E—111.92°E，33.19°N—34.02°N 变动，整体轨迹大致呈 P 型分布，地理位置大致位于河南、陕西和湖北的三省交界处。从重心的移动轨迹可知规模效率重心总体上向东南方向偏移，2008—2017 年向东南移动距离为 26.410 km，其中，2008—2012 年规模效率向西南移动距离为44.827 km，2013—2017 年向东南移动距离为 33.374 km，规模效率 2008—2012年的移动速度稍大于 2013—2017 年。

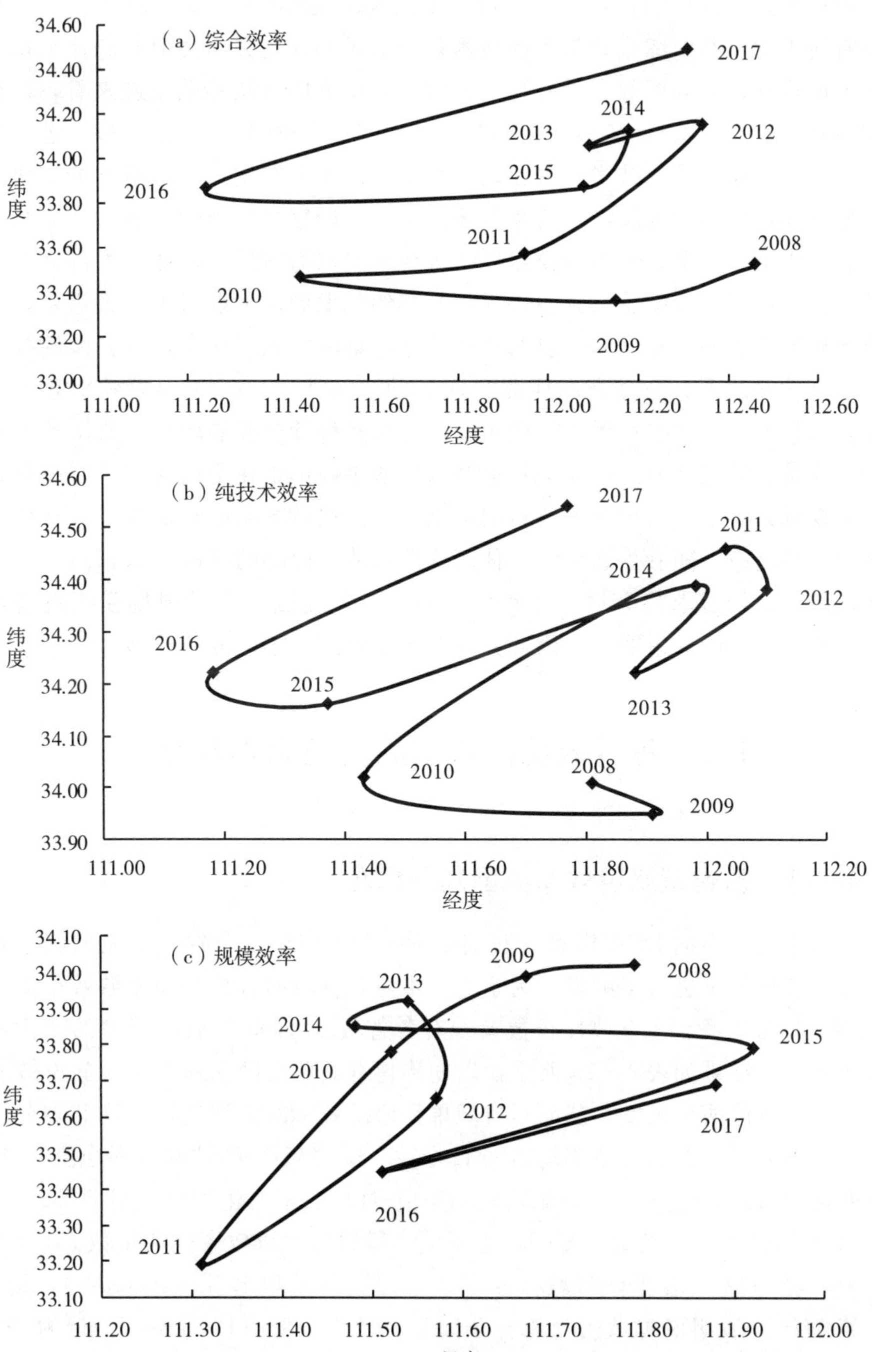

图 4－23　2008—2017 年国家森林公园旅游各项效率重心演化轨迹

通过上述分析可知，2008—2017 年国家森林公园各项旅游效率的重心移动方向有所不同，其中综合效率和纯技术效率的重心移动方向类似，总体上都是向西北方向迁移，而规模效率重心移动方向为东南方向。从移动轨迹来看，综合效率和纯技术效率大致呈 W 型演化态势，规模效率呈现 P 型演化态势，进一步印证了综合效率主要受纯技术效率驱动。从综合效率和纯技术效率重心的演化方向和轨迹可知，西北地区经济社会发展相对落后，国家森林公园发展的经验相对不足，管理水平、资金、人力和技术创新等要素也较为落后，但随着西部大开发战略的实施，近年来森林旅游日益兴起，其集约化发展水平取得了较大进步，且随着我国旅游产业的不断发展，以及产业转移政策的实施，国家森林公园纯技术效率和综合效率的重心也逐渐向西北方向移动。2008—2017 年规模效率总体上向东南方向移动，这主要是因为我国东南部省份经济社会发展较好，旅游产业发展也较为成熟，其森林旅游产品的打造及营销的手段都走在全国前列，东南部省份的国家森林公园已成为主要旅游目的地之一，其旅游产品已经成为游客选择的主要旅游产品之一。随着生态旅游、休闲旅游和体育旅游的兴起，未来对国家森林公园旅游的市场需求将会进一步扩大，国家森林公园发展呈现规模收益递增状态，规模化经营的效果明显，因此其规模效率逐渐向东南方向迁移。

4.5 各省域旅游效率的类型识别及划分

4.5.1 各省域旅游效率类型划分标准

上文中已经根据 DEA 模型对我国 2008—2017 年 31 个省域单元的国家森林公园旅游各项效率进行了测度，为了进一步对各省域的森林公园旅游效率类型进行识别和划分，我们基于 MI 指数模型对各省域 10 年间的旅游效率的变化情况进行了测算，结果如表 4 - 19 所示，以期构建省域单元国家森林公园旅游效率的变化率和效率值两个维度，从而对省域单元旅游效率的类型进行识别和划分。具体划分标准如下：按综合效率均值- MI 指数（K - MI）、纯技术效率均值-纯技术效率变化均值（TE - TEch）、规模效率均值-规模效率变化均值（SE - SEch）将 31 个省域划分为不同类型。基于以上不同二维组合，以效率变化指数 MI 的值 1 为界限，若 $MI>1$ 表明该省域国家森林公园旅游效率上升（Increase），记为 I 组，若 $MI\leqslant 1$ 表明该省域国家森林公园旅游效率下降（Decrease），记为 D 组。同时以旅游各项效率的均值为界限对 31 个省域的国家森林公园旅游发展进行划分，高于均值的省域记为 H（High）组，低于均值的记为 L（Low）组。

表 4-19　2008—2017 年各省域国家森林公园旅游效率变化的 MI 指数及分解

省份	Tch	TEch	SEch	MI	省份	Tch	TEch	SEch	MI
北京	1.096	1.000	1.000	1.096	湖北	0.992	1.062	0.979	1.031
天津	0.977	1.000	1.000	0.977	湖南	0.967	1.033	1.012	1.011
河北	0.920	0.971	0.962	0.859	广东	1.122	1.000	1.021	1.146
山西	1.071	1.040	0.984	1.096	广西	1.051	0.957	0.998	1.004
内蒙古	1.078	1.033	1.050	1.169	海南	1.075	1.099	1.005	1.187
辽宁	1.028	1.044	0.993	1.066	重庆	1.039	1.000	0.999	1.038
吉林	0.961	1.027	0.991	0.978	四川	1.054	1.009	1.040	1.106
黑龙江	1.179	0.978	1.001	1.154	贵州	1.034	1.000	0.989	1.023
上海	1.136	1.002	1.000	1.138	云南	0.997	0.999	1.022	1.018
江苏	1.064	1.000	1.012	1.077	西藏	1.038	0.988	1.012	1.038
浙江	1.159	1.000	1.000	1.159	陕西	1.055	1.002	0.994	1.051
安徽	1.148	1.041	0.994	1.188	甘肃	1.026	1.104	1.001	1.134
福建	1.024	1.000	1.000	1.024	青海	1.108	1.000	1.019	1.129
江西	1.065	1.000	1.000	1.065	宁夏	1.024	0.861	1.000	0.882
山东	0.984	1.013	1.006	1.003	新疆	1.147	1.086	1.011	1.259
河南	0.982	1.000	0.953	0.936	均值	1.052	1.011	1.002	1.063

4.5.2　各省域旅游效率形态类别划分

根据上述的不同二维视角对省域单元进行分组，首先生成旅游综合效率均值-旅游效率变化矩阵，如图 4-24 所示。该矩阵的四个象限将 31 个省域划分为 4 种类型，第一象限（I）为国家森林公园旅游效率高于均值且效率处于上升（H/I）类型的省域单元，这部分省域国家森林公园是我国国家森林公园旅游发展的标杆和“黄金”区域，未来一段时间内将引领我国国家森林公园旅游业的发展方向。第二象限（II）为国家森林公园旅游效率低于均值但效率上升（L/I）类型的省域单元，这部分省域国家森林公园旅游效率虽然较低，但综合效率呈上升状态，这部分省域是森林公园旅游发展的“潜力”区域。第三象限（III）为国家森林公园旅游效率低于均值且效率下降（L/D）类型的省域单元，这部分省域国家森林公园旅游发展竞争力最弱，旅游发展面临较大挑战，亟待转型升级，是国家森林公园发展的“低洼”区域。第四象限（IV）为国家森林公园旅游效率高于均值但效率下降（H/D）类型的省域单元，是国家森林公园发展的“夕阳”区域，这部分省域国家森林公园旅游效率较高，但综合效率呈下降状态，这部分省域国家森林公园旅游发展有一定的竞争优势，但是显现出旅游效率边际递减的态势，存在被其他省域赶超的风险。

由图 4－24 可知，属于第一象限 H/I 类型的有北京、山西、上海、江苏、浙江、福建、江西、山东、重庆、贵州、青海 11 个省域，这些省域是我国国家森林公园旅游发展的“黄金”区域，占比达 35.47%，未来将领航国家森林公园旅游业的发展。从四大区域来看，其中东部省份 6 个、中部 2 个、西部 3 个，东北部没有，表明我国国家森林公园旅游发展最好的“黄金”地带主要集中在东部地区，东部地区将长期引领我国国家森林公园旅游的发展，东北部没有省域进入该类型，表明其国家森林公园旅游发展相对落后。属于第二象限 L/I 类型的有辽宁、黑龙江、安徽、湖北、湖南、广东、广西、海南、四川、云南、西藏、陕西、甘肃、新疆、内蒙古 15 个省域，这些省域是国家森林公园旅游发展的“潜力”区域，占比达 48.39%，是 4 种类型中数量最多的，表明整体上我国国家森林公园旅游发展前景较好，发展潜力较大，国家森林公园旅游可持续发展未来可期。从四大区域来看，其中东部省份 2 个、东北部 2 个、中部 3 个、西部 8 个，

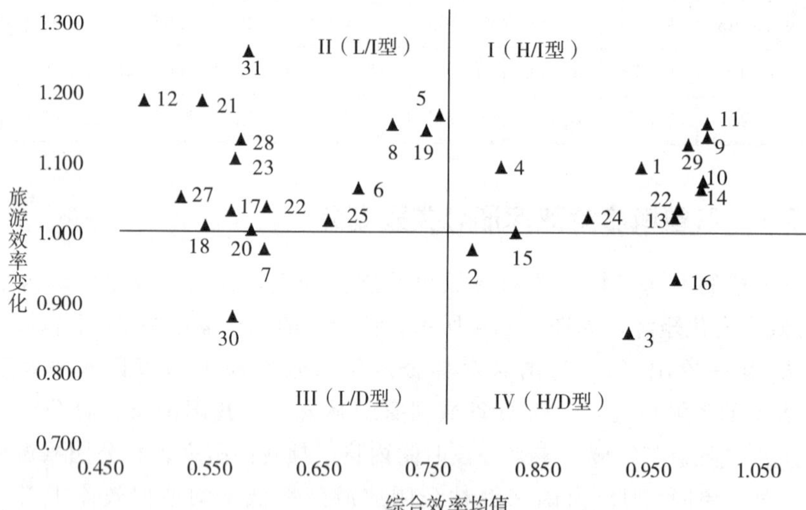

图 4－24　中国各省域国家森林公园旅游综合效率均值-旅游效率变化矩阵

注：图中的序号分别代表全国 31 个省（自治区、直辖市），从 1、2、3…31 分别为北京、天津、河北、山西、内蒙古、辽宁、吉林、黑龙江、上海、江苏、浙江、安徽、福建、江西、山东、河南、湖北、湖南、广东、广西、海南、重庆、四川、贵州、云南、西藏、陕西、甘肃、青海、宁夏和新疆。

表明西部地区是未来国家森林公园旅游发展潜力最大的集聚区域，应该借助西部大开发等国家战略大力发展国家森林公园旅游业。属于第三象限L/D类型的仅有吉林和宁夏两个省域，这些省域是国家森林公园旅游发展的“低洼”区域，占比仅为6.45%，是4种类型中数量最少的，表明国家森林公园旅游竞争力最弱的省域较少，这两个省域分别属于东北部和西部，未来应该转变发展方式，全面提升国家森林公园旅游效率。属于第四象限H/D类型的有天津、河北和河南3个省域，分属东部和中部两个地带，这些省域是国家森林公园发展的“夕阳”区域，占比为9.69%，虽然目前国家森林公园旅游发展较好，但存在被赶超的风险，若不提升国家森林公园旅游效率的增长率，有可能会滑落至第三象限成为L/D类型的“低洼”区域。综上所述不难发现我国各省域的国家森林公园旅游主要属于第一象限H/I类型和第二象限L/I类型，国家森林公园旅游效率总体表现较好，旅游发展有较好的前景；从区域分布上看，东部省域多为国家森林公园旅游发展的“黄金”区，中部省域多为“黄金”和潜力区，西部省域多为潜力区。

按照上述研究思路和框架，依据纯技术效率均值-纯技术效率变化均值（TE－TEch）、规模效率均值-规模效率变化均值（SE－SEch）两种不同的维度将31个省域划分为不同类型，并生成矩阵如表4－20所示，从表中可以清晰地看到基于K－MI、TE－TEch、SE－SEch这3种不同的维度划分出的省域类型结果。本研究拟选择东部的浙江、中部的湖南和西部的陕西作为代表分析TE－TEch、SE－SEch两个矩阵。处于东部的浙江其国家森林旅游纯技术效率和规模效率都高于均值，但其纯技术效率的变化率和规模效率的变化率都呈下降态势，这表明浙江国家森林公园旅游纯技术效率和规模效率表现均较好，但是存在倒退的可能性，应该从技术创新入手，提升资源要素的利用和集聚水平。处于中部的湖南其国家森林公园旅游纯技术效率和规模效率都低于均值，但其纯技术效率的变化率和规模效率的变化率都呈上升态势，表明其发展潜力较大，应该抓住这一发展机遇期，促进其国家森林公园旅游业的全面发展。处于西部的陕西其国家森林公园纯技术效率和规模效率都低于均值，但其纯技术效率变化率呈上升态势，规模效率变化率呈下降态势，因此其纯技术效率未来提升潜力较大，有向第一象限H/I类型迈进的可能。其规模效率和变化率都表现较差，属于国家森林公园旅游规模效率发展的落后区域，规模不经济的现象表现明显，未来应该防止投入冗余造成的规模效率低下问题的产生。通过三大矩阵对比发现，河北、河南在三大矩阵中均呈现H/D型，国家森林公园旅游发展进入“夕阳”状态，因此激发其活力势在必行；湖南、海南和新疆均呈现L/I型，其是国家森林公园发展的潜力股；山东和宁夏在三大矩阵中均分别呈现H/I型和L/D型，由此可知山东的国家森林公园旅游发展状态相对较好，而宁夏的发展状态令人担忧。

表 4-20　各省域国家森林公园旅游效率类别划分表

省份	K-MI	TE-TEch	SE-SEch	省份	K-MI	TE-TEch	SE-SEch
北京	H/I	H/D	H/D	湖北	L/I	L/I	L/D
天津	H/D	H/D	L/D	湖南	L/I	L/I	L/I
河北	H/D	H/D	H/D	广东	L/I	L/D	H/I
山西	H/I	L/I	H/D	广西	L/I	L/D	H/D
内蒙古	L/I	H/I	L/I	海南	L/I	L/I	L/I
辽宁	L/I	L/I	H/D	重庆	H/I	H/D	H/D
吉林	L/D	L/I	H/D	四川	L/I	L/I	H/I
黑龙江	L/I	H/D	L/I	贵州	H/I	H/D	H/D
上海	H/I	H/I	H/D	云南	L/I	L/D	H/I
江苏	H/I	H/D	H/I	西藏	L/I	H/D	L/I
浙江	H/I	H/D	H/D	陕西	L/I	L/I	L/D
安徽	L/I	L/I	L/D	甘肃	L/I	L/I	H/I
福建	H/I	H/D	H/D	青海	H/I	H/D	L/I
江西	H/I	H/D	H/D	宁夏	L/D	L/D	L/D
山东	H/I	H/I	H/I	新疆	L/I	L/I	L/I
河南	H/D	H/D	H/D	—	—	—	—

4.6　本章小结

本章在科学构建国家森林公园旅游效率投入产出指标体系的基础上，采用 DEA 模型对我国 31 个省域单元的国家森林公园旅游综合效率、纯技术效率和规模效率进行综合测度，并运用 ArcGIS、GeoDa、Eviews 等计量分析工具从各项效率的均值、效率的分布形态、分解效率对综合效率贡献度等方面全面探究旅游效率的时序变化特征，从省际和区域两个方面分析各项效率的空间差异特征，从空间集聚特征、方向分布特征和重心迁移特征方面探究各项效率的空间演化特征，并对各项效率的时空演化的规律进行总结，最后基于各省域单元国家森林公园各项效率的均值和效率的变化情况，将 31 个省域划分为不同的类型。

（1）2008—2017 年省域单元国家森林公园旅游综合效率、纯技术效率和规模效率的均值分别为 0.757、0.817 和 0.923，表明国家森林公园旅游各项效率总体处于中等偏上水平，整个研究期内效率达到最优状态的省域较少，仅上海和浙江一直保持旅游各项效率最优状态，旅游各项效率仍有一定的上升空间。其中，旅游规模效率在各项效率中最大，已经接近最优，进一步提升空间不大，而纯技术效率还有较大的提升空间，表明国家森林公园旅游发展虽然呈现出粗放式发展特征，但未来国家森林公园旅游综合效率的进一步提升主要应依靠纯技术效率的驱动，集约化发展模式将代替盲目投入的粗放式发展模式成为今后国家森林公园旅游发展的主旋律。

(2) 从国家森林公园旅游各项效率的时序变化来看，各项效率均在波动中取得了一定程度的提升，其中纯技术效率提升最为明显，规模效率提升最少，表明国家森林公园旅游发展虽具有粗放式发展特征，但已经呈现转型升级态势，内涵式发展阶段即将来临；从各项效率的分布形态的时序变化来看，旅游各项效率呈现出一定的增长态势，集中程度也更加明显，综合效率和纯技术效率基本上呈现“双峰”分布态势，存在两极分化现象，规模效率值呈现单峰分布态势，存在一头独大现象；不同年份的纯技术效率和规模效率对综合效率的驱动力有所差异，但纯技术效率的驱动力明显大于规模效率，因此国家森林公园旅游综合效率主要受纯技术效率驱动的特征非常明显。

(3) 国家森林公园旅游效率在省际和区域间表现出一定的分异规律。从各项效率的省际差异特征来看，纯技术效率和综合效率在省域空间分布上较为类似，以高水平型和低水平型分布为主，两级分化现象较为明显，高水平型主要分布在东部省域，低水平型主要分布在中西部省域。纯技术效率和综合效率高水平区在空间上呈现出从东南部向西北部演化的态势，逐渐形成了以东南部和西北部为轴线的“人字形”分布格局；规模效率在空间上以高水平型的省域为主，高水平省域呈现出“东西两头多，中部塌陷”的空间分布状态，并在空间上逐渐形成了一个连续的环状分布格局，低水平省域呈现零星分布态势。整个研究期内旅游各项效率达到最优水平的省域较少，仅上海、浙江连续 10 年都保持最优水平。从旅游各项效率的区域差异特征来看，各项效率总体均呈现出东部＞中部＞西部＞东北部的空间分异特征。

(4) 运用空间关联、标准差椭圆、重心演化分析方法分别从各项效率的空间集聚特征、方向分布特征和重心迁移特征方面探究各项效率的空间动态演化规律。研究发现，旅游各项效率在空间上均表现出显著的空间集聚特征，其中纯技术效率和综合效率的空间集聚效应逐渐增强，空间上高高集聚的省域数量不断增多，形成了以长三角、环渤海和京津冀等经济发达地区为主的高高集聚区，空间上正向集聚的马太效应较为显著；规模效率的空间集聚效应有所降低，空间上高高集聚的省域有所减少，空间关联性有所降低，空间异质性增强。2008—2017年国家森林公园旅游各项效率总体表现出东北—西南方向的空间分布格局，旅游各项效率的重心移动方向有所不同，其中综合效率和纯技术效率的重心移动方向类似，总体上都是向西北方向迁移，轨迹呈 W 型演化态势，而规模效率的重心向东南方向移动，轨迹呈现 P 型演化态势，进一步印证了综合效率主要是受纯技术效率驱动。

（5）根据各省域国家森林公园旅游效率的均值和变化情况将 31 个省域划分为 4 种类型，其中属于第一象限 H/I 类型的“黄金”省域有北京、山西、上海、江苏、浙江、福建、江西、山东、重庆、贵州、青海 11 个省份；属于第二象限 L/I 类型的“潜力”省域有辽宁、黑龙江、安徽、湖北、湖南、广东、广西、海南、四川、云南、西藏、陕西、甘肃、新疆、内蒙古 15 个省份；属于第三象限 L/D 类型的“低洼”省域仅有吉林和宁夏 2 个省份；属于第四象限 H/D 类型的“夕阳”省域有天津、河北和河南 3 个省份。

第 5 章　国家森林公园旅游效率的空间差异收敛性

本书第 4 章对 2008—2017 年我国 31 个省域单元国家森林公园旅游效率进行了测度，并对旅游各项效率的时空差异及演化进行了分析，发现国家森林公园旅游各项效率在省际和省域间差异较为明显。为了进一步研究区域间国家森林公园旅游效率差异的敛散性，以及这种差异的发展及变化趋势，本章将基于新古典经济学中的收敛性相关理论对这个问题进行深入剖析。收敛性假说属于新古典经济增长理论中的重要内容，它认为拥有人均资本存量较低的地区比拥有人均资本存量较高的地区往往具有更高的资本收益率，因而拥有更快的经济增长速度。那么，我国省域单元国家公园旅游效率是否也会出现低效率省域追赶高效率省域的现象？区域间的效率差异将如何变化？国家森林公园旅游效率的空间差异有哪些规律可循？本章运用 δ 收敛判断 10 年间全国及四大区域内部省域之间的国家森林公园旅游效率的差异是否在缩小，运用绝对 β 收敛判断 10 年间全国及四大区域内部国家森林公园旅游效率较低的省域是否在追赶效率较高的省域，运用条件 β 收敛判断 10 年间全国及四大区域内部省域单元国家森林公园旅游效率发展是否形成了向各自稳态均衡水平的收敛，同时采用马尔可夫链矩阵判断各省国家森林公园旅游效率是否存在俱乐部收敛，并揭示趋同俱乐部省域间构成变化形式、过程和彼此间转移的概率情况，从而深入分析我国区域间森林公园旅游效率差异的演化趋势，进而对我国国家森林公园旅游效率的区域差异变化情况进行定量测算和表征，同时也可以更好地把握我国省际国家森林公园旅游效率差距的未来发展方向。这一系列研究结果将有助于廓清国家森林公园旅游效率的地区差异，促进不同地区国家森林公园旅游的协调发展。

5.1　收敛性分析模型

5.1.1　δ 收敛

δ 收敛是指不同区域间国家森林公园旅游效率的差异随着时间推移逐步缩小，直至消失，通常用不同区域间国家森林公园旅游效率的标准差对其进行检验。若标准差随着时间的推移逐渐减小，则表示样本间的旅游效率的离散程度不断缩小，趋于δ收敛，若标准差变大，则趋于发散，表明不同区域间国家森林公园旅游效率的绝对差异不断扩大。具体δ收敛检验的标准差公式为：

$$S=\sqrt{\frac{\sum_{i=1}^{n}\left(e_i-\frac{1}{n}\sum_{i=1}^{n}e_i\right)}{n-1}} \tag{5-1}$$

式5-1中的S为省域单元国家森林公园旅游效率的标准差，其表征了省域单元国家森林公园旅游效率偏离整体平均水平的程度，n代表评价区域中所包含的省域个数，e_i表示第i个评价区域的国家森林公园旅游效率评价值，$\frac{1}{n}\sum_{i=1}^{n}e_i$表示全国各省域国家森林公园旅游效率的平均值。

5.1.2　绝对β收敛

绝对β收敛是指在假定各区域间具有完全相同经济特征的条件下，国家森林公园旅游效率较低省域的增长速度要快于旅游效率较高的省域，即旅游效率的初始水平值是影响国家森林公园旅游效率增长速度的唯一因素。随着时间推移，各省域间国家森林公园旅游效率的差异将逐渐减小，并向一个共同的均衡状态趋同。从而也说明省域单元国家森林公园旅游效率的增长率和其初始水平呈负相关，国家森林公园旅游效率较低省域的增长率将大于效率较高的省域，产生了旅游效率低水平的省域向效率高水平的省域追赶的现象。根据Barro和Martin(1991)的研究成果和模型，绝对β收敛的检验方程为：

$$\frac{1}{T}\ln\left[\frac{e_{i,\ t+T}}{e_{i,\ t}}\right]=\alpha+\beta\ln e_{i,\ t}+\xi_{i,\ t} \tag{5-2}$$

式5-2中，$e_{i,\ t}$表示第i个地区在第t期的国家森林公园旅游各项效率值，α为常数，β为回归系数，收敛速度为$\lambda=\frac{-\ln(1+\beta)}{T}$，$\xi_{i,\ t}$表示随机误差项，$T$表示期初和期末相隔年数。通过$\beta$值是否小于0来判断国家森林公园旅游各项效率是否存在绝对β收敛，若$\beta<0$且通过显著性水平检验，则表明该研究区域存在绝对β收敛，反之则出现发散状态。

5.1.3　条件β收敛

条件β收敛放弃了绝对β收敛中不同经济体具有完全相同的经济特征的假设，认为区域旅游效率的增长率不仅取决于其初始水平值，还和其自身的经济特征的差异有关。若存在条件 β 收敛，各省域间国家森林公园旅游效率收敛于各自的稳态，省域间国家森林公园旅游效率差异依然存在。通过比较不难发现，绝对 β 收敛将其他经济个体成员作为参考系，而条件 β 收敛将自身的稳态作为参考系，若绝对 β 收敛和条件 β 收敛同时存在，则表明各省域间的旅游效率绝对差异虽然会随时间推移而不断缩小，但这种差距在短时期内不会彻底消失。

学者们对条件 β 收敛分析主要采用以下两种方法：一种是在绝对 β 收敛检验方程右边人为地加入一些社会经济发展水平和影响国家森林公园旅游发展的相关控制变量来构建新的检验方程，如果在加入控制变量的方程进行回归后得到的系数 β 仍显著为负，则认为存在条件 β 收敛，然而这种方法的缺点在于如何选择合适的控制变量，以及很难穷尽所有的控制变量，极易造成控制变量的遗漏问题，致使检验结果有较大偏差。另一种则是由 Miller 和 Upadhyay（2002）提出的 Panel Data 固定效应估计法。该方法科学、准确、简洁，较好地避免了选择控制变量中的遗漏、主观性强等缺点，使得估计结果更加可靠。另外，选择截面和时间固定效应模型将会对不同区域的自然和气候条件的差异进行控制，从而同时考量了不同省份因地理位置和环境的异同而形成的不同稳定状态和个体稳态的时序变化。根据上述分析，本研究在对国家森林公园旅游各项效率进行条件 β 收敛分析时，将采用 Panel Data 双向固定效应模型进行计算，同时为了消除特殊年份及旅游发展周期性波动的影响，而将 2008—2017 年整个时段划分为 5 个时间段，每个时间段长 2 年，具体为 2008—2009 年、2010—2011 年、2012—2013 年、2014—2015 年、2016—2017 年，并且将每 2 年的国家森林公园旅游各项效率平均值作为各个时期的变量值。国家森林公园旅游各项效率条件 β 收敛检验的双向固定效应模型为：

$$\ln A_{it} - \ln A_{i(t-1)} = \alpha + \beta_1 \ln A_{i(t-1)} + \xi_{i,\ t} \tag{5-3}$$

式 5 - 3 中，$\ln A_{it}$ 为第 i 个地区在第 t 个时间段的国家森林公园旅游各项效率对数的平均值，t 为上述的 5 个时间段。β_1 为待估参数，$\beta_1 < 0$ 且通过显著性检验，即说明该地区国家森林公园旅游效率存在条件 β 收敛，各省域国家森林公园旅游效率向各自稳定的效率水平收敛，反之则发散。一般情况下 β_1 的绝对值可以近似表示其条件收敛速度。

5.1.4　俱乐部收敛

马尔可夫链是一种随机时间序列方法，专门研究无后效条件下时间和状态均为离散的随机转移问题，即地区效率未来的变化情况，其只与现在的效率值相关，而和以前的效率值并无关联。该方法先对各省域国家森林公园旅游各项效率进行离散化，形成高水平、中水平和低水平3种类型，在此基础上计算不同类型的概率分布和时序变化，可以得到各省域国家森林公园旅游效率的转移概率矩阵，从而判断区域国家森林公园各项效率的俱乐部收敛状况，如表5-1所示。马尔可夫链分析法可以直观地揭示俱乐部趋同的成员转移的变化情况和过程，是分析俱乐部趋同的有效工具，因而得到了学者们的广泛使用。

如果将t年份各省域国家森林公园旅游效率的概率分布表示为一个$1\times K$的状态概率向量$P_t=(P_1(t), P_2(t), P_3(t), \cdots, P_n(t))$，将不同年份的省域单元国家森林公园旅游效率的类型转移概率表示为$K\times K$的马尔可夫转移概率矩阵，根据矩阵可以清晰地看出不同俱乐部成员的变化情况。

表5-1　马尔可夫链概率矩阵（$K=3$）

类型	低水平	中水平	高水平
低水平	P_{11}	P_{12}	P_{13}
中水平	P_{21}	P_{22}	P_{23}
高水平	P_{31}	P_{32}	P_{33}

表5-1中P_{ij}为初始年份第i省域在后一年转移到j类型的概率，可以定量表示为$P_{ij}=\frac{n_{ij}}{n_i}$，其中$n_{ij}$表示在整个研究期间内，由初始年份属于$i$类型的地区在下一年转移为$j$类型的地区数量之和，$n_i$是所有年份中属于$i$类型的地区数量之和。一般情况下，若起初某个省域单元国家森林公园旅游效率水平属于类型i，而在随后的年份中依然保持不变，则表明该区域的类型转移是平稳的；若该省域国家森林公园旅游效率水平转移到更高的类型，则该地区表现为向上转移，反之是向下转移。

5.2　变量与数据来源

本章研究样本是我国全国层面和东部、东北部、中部、西部四大区域，四大区域的划分见第4章的国家森林公园旅游效率评价，面板数据的时间序列设定为2008—2017年。本研究数据来源于所2009—2018年的《中国林业统计年鉴》《中国旅游年鉴》及中国林业网站（原国家林业局网站），以及前面章节所计算出的国家森林公园旅游各项效率值。

5.3　收敛性结果分析

5.3.1　δ收敛分析

5.3.1.1　旅游综合效率δ收敛分析

根据δ收敛分析的模型计算出全国及四大区域国家森林公园旅游综合效率的标准差及时序变化如表 5－2、图 5－1 所示，总体上看全国、东部、中部、西部表现为“总体收敛、局部发散”的时序变化特征，而东北部表现为“总体发散、局部收敛”的时序变化特征。

表 5－2　全国及四大区域国家森林公园旅游综合效率标准差

	2008 年	2009 年	2010 年	2011 年	2012 年	2013 年	2014 年	2015 年	2016 年	2017 年
全国	0.2703	0.2851	0.2535	0.2685	0.2516	0.2676	0.2015	0.2294	0.2076	0.2197
东部	0.2337	0.2728	0.2121	0.2228	0.2684	0.3143	0.1401	0.1574	0.1853	0.2013
东北部	0.0351	0.1876	0.3214	0.2249	0.1351	0.1326	0.1507	0.2797	0.2387	0.0494
中部	0.3184	0.2907	0.3327	0.2208	0.2913	0.2152	0.2625	0.2166	0.2064	0.2188
西部	0.2217	0.2975	0.2388	0.2693	0.2345	0.2692	0.1960	0.2418	0.2287	0.2210

具体来看，2008—2017 年全国层面的国家森林公园旅游综合效率标准差的值总体上有所下降，从 2008 年的 0.2703 下降至 2017 年的 0.2197，说明我国省域之间国家森林公园旅游效率差异在逐渐降低，因此 2008—2017 年全国层面的旅游综合效率具有δ收敛特征；从局部年份来看，标准差的值呈现出“发散-收敛”循环往复的有规律波动状态。东部地区旅游综合效率的标准差从 2008 年的 0.2337 下降到 2017 年的 0.2013，也表现为δ收敛；从单个年份看敛散性较为复杂，其中 2008—2017 年表现为先发散后收敛，除 2013—2014 年表现为收敛状态，2011—2017 年均表现为发散状态。中部地区旅游综合效率的标准差从 2008 年的 0.3184 下降至 2017 年的 0.2188，10 年间总体上表现为δ收敛；从局部年份来看，2008—2014 年呈现出“收敛-发散”的循环波动状态，2014—2017 年呈现出“收敛-收敛-发散”态势。西部地区旅游综合效率标准差的值从 2008 年的 0.2217 下降至 2017 年的 0.2210，也表现为δ收敛；从局部年份来看，2008—2014 年呈现出“发散-收敛”的波动循环状态，而 2014—2017 年表现为“发散-

收敛-收敛”的波动轨迹。综上所述可知，全国、东部、中部和西部表现为“总体收敛、局部发散”的收敛性特征。而东北部旅游综合效率标准差的值从2008年的0.0351上升至2017年的0.0494，10年间区域内的旅游综合效率差异总体上在增大，表现为发散态势；从局部年份来看，东北部地区在2008—2010年、2013—2015年两个时间段表现为连续发散趋势，此外的其他时间点都表现为收敛态势，由此可知东北部表现为“总体发散、局部收敛”的时序变化特征。

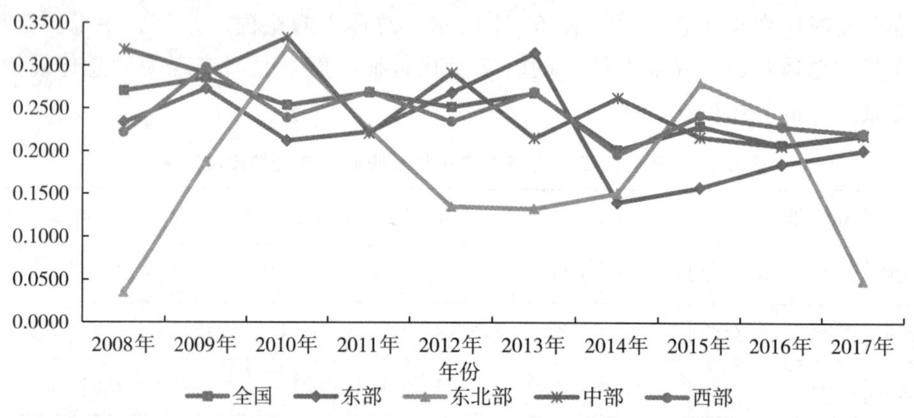

图5-1　全国及四大区域国家森林公园旅游综合效率标准差时序变化

进一步从四大区域旅游综合效率标准差的值的大小比较来看，10年间四大区域旅游综合效率标准差的均值表现为中部（0.2573）＞西部（0.2418）＞东部（0.2208）＞东北部（0.1755），可知中部地区各省域间国家森林公园旅游综合效率的差异性最大，西部地区次之，东部地区第三，东北部地区差异最小，这可能与中部地区不同省域间国家森林公园旅游资源的禀赋度差异较大有关，另外中部地区各省域对国家森林公园旅游产业的重视程度也各不相同，进一步导致了各省域之间的差异，东北部地区各省域在社会经济发展、产业结构、森林公园旅游发展等方面较为类似，因此其国家森林公园旅游综合效率差异不大。

5.3.1.2　旅游纯技术效率δ收敛分析

根据δ收敛分析的模型计算出全国及四大区域国家森林公园旅游纯技术效率的标准差及时序变化如表5-3、图5-2所示，总体上看全国和四大区域均表现为“总体收敛、局部发散”的时序变化特征，说明省域国家森林公园旅游纯技术效率在整个区域间的差异在逐渐降低。

表 5-3　全国及四大区域国家森林公园旅游纯技术效率标准差

	2008 年	2009 年	2010 年	2011 年	2012 年	2013 年	2014 年	2015 年	2016 年	2017 年
全国	0.2632	0.2563	0.2458	0.2218	0.2471	0.2735	0.1693	0.1966	0.1773	0.1981
东部	0.2044	0.2326	0.1870	0.0414	0.2648	0.2920	0.0299	0.1520	0.1545	0.1930
东北部	0.2356	0.1974	0.3671	0.1719	0.1644	0.2848	0.1530	0.2769	0.2593	0.0379
中部	0.3013	0.2838	0.3265	0.1548	0.2873	0.3027	0.2002	0.2027	0.1834	0.1225
西部	0.2478	0.2575	0.2336	0.2512	0.2272	0.2615	0.1846	0.2000	0.1806	0.2280

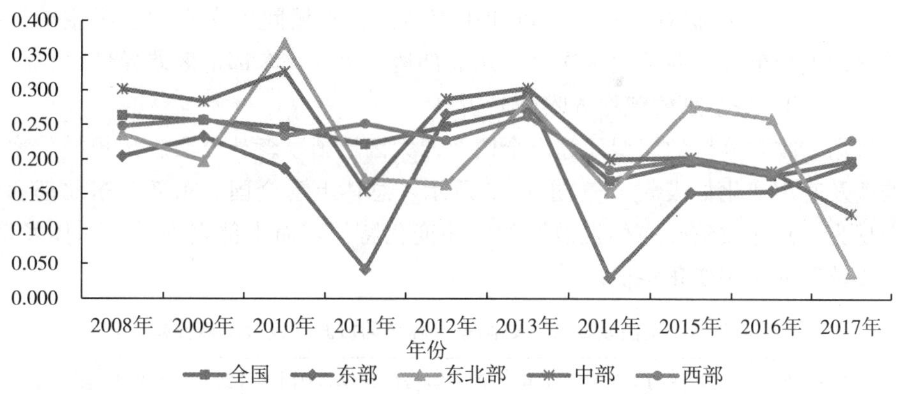

图 5-2　全国及四大区域国家森林公园旅游纯技术效率标准差时序变化

具体来看，2008—2017 年全国层面的国家森林公园旅游纯技术效率标准差的值总体上有所下降，从 2008 年的 0.2632 下降至 2017 年的 0.1981，表明各省域间国家森林公园旅游纯技术效率差异在逐渐降低，因此 2008—2017 年全国层面的旅游纯技术效率具有 δ 收敛特征；从局部年份来看，标准差的值在 2008—2011 年表现为连续收敛状态，在 2011—2013 年呈现连续发散状态，在 2013—2017 年表现为“收敛-发散-收敛-发散”的循环波动状态。东部地区旅游纯技术效率的标准差从 2008 年的 0.2044 下降到 2017 年的 0.1930，也表现为 δ 收敛；从局部年份看，2008—2014 年呈现“收敛-发散-收敛”的循环波动状态，2014—2017 年则呈现“发散-收敛-收敛”态势。东北部地区旅游纯技术效率标准差的值从 2008 年的 0.2356 下降至 2017 年的 0.0379，有较大下降，表现为 δ 收敛；从局部年份来看，东北地区在 2008—2011 年、2013—2017 年两个时段表现为“收敛-发散”交替转换的状态，而 2011—2013 年表现为连续发散态势。中部地区旅游纯技术效率的标准差从 2008 年的 0.3013 下降至 2017 年的 0.1225，10 年间总体上表现为 δ 收敛；从局部年份来看，标准差的值在 2008—2012 年表现为“收敛-发散”交替进行，在2012—2016年表现为“发散-收敛”交替转换的态势，而在2006—2017年表现为收敛状态。西部地区旅游纯技术效率标准差的值从2008年的0.2478下降至2017年的0.2280，总体上有所降低，呈现δ收敛；从局部年份来看，标准差的值呈现出“发散-收敛-发散-发散”循环的有规律波动状态，由此可知西部地区表现为“总体收敛、局部发散”的时序变化特征。综上所述可知，全国、东部、东北部、中部和西部都表现为“总体收敛、局部发散”的收敛性特征。

进一步从四大区域旅游纯技术效率标准差的值的大小比较来看，10年间四大区域纯技术效率标准差的均值表现为中部（0.2365）＞西部（0.2272）＞东北部（0.2148）＞东部（0.1752），可知中部地区各省域间国家森林公园旅游纯技术效率的差异最大，西部地区次之，东北部地区第三，东部地区差异最小。

5.3.1.3　旅游规模效率δ收敛分析

根据δ收敛分析的模型计算出全国及四大区域国家森林公园旅游规模效率的标准差及时序变化如表5-4、图5-3所示，总体上看全国、东部、东北部和西部表现为“总体收敛、局部发散”的时序变化特征，而中部表现为“总体发散、局部收敛”的时序变化特征。

表5-4　全国及四大区域国家森林公园旅游规模效率标准差

	2008年	2009年	2010年	2011年	2012年	2013年	2014年	2015年	2016年	2017年
全国	0.1304	0.1512	0.1057	0.1783	0.1005	0.1380	0.1304	0.1386	0.1323	0.1076
东部	0.0980	0.1539	0.1200	0.2249	0.0189	0.1527	0.1419	0.0196	0.1302	0.0354
东北部	0.2270	0.0096	0.1743	0.2816	0.1803	0.1513	0.0171	0.0151	0.0575	0.0691
中部	0.0671	0.0273	0.0357	0.1085	0.0343	0.1567	0.1621	0.0386	0.0805	0.1403
西部	0.1336	0.1985	0.1002	0.1504	0.1250	0.1263	0.1205	0.2132	0.1724	0.1263

具体来看，全国层面的国家森林公园旅游规模效率标准差的值从2008年的0.1304下降至2017年的0.1076，说明我国省域间国家森林公园旅游规模效率差异在逐渐降低，因此2008—2017年全国层面的国家森林公园旅游规模效率具有δ收敛特征；从局部年份来看，标准差的值在2008—2015年表现为“发散-收敛-发散”的循环波动状态，在2015—2017年呈现出先发散后收敛的状态。东部地区旅游规模效率的标准差从2008年的0.0980下降到2017年的0.0354，也表现为δ收敛；从局部年份看，2008—2012年呈现“发散-收敛”交替转换的态势，2012—2015年表现为收敛态势，2015—2017年呈现出先发散后收敛的状态。东北部地区旅游规模效率标准差的值从2008年的0.2270下降至2017年的0.0691，有较大下降，表

现为 δ 收敛；从局部年份来看，东北部地区在 2008—2011 年表现为先收敛再连续发散状态，2011—2015 年呈现连续收敛态势，2015—2017 年呈现出连续发散的状态。西部地区旅游规模效率标准差的值从 2008 年的 0.1336 下降至 2017 年的 0.1263，总体上有所下降，呈现 δ 收敛；从局部年份来看，标准差的值在 2008—2015 年呈现出“发散-收敛”循环波动状态，在 2015—2017 年表现为连续收敛态势。综上所述可知，全国、东部、东北部和西部表现为“总体收敛、局部发散”的收敛性特征。中部地区旅游规模效率的标准差从 2008 年的 0.0671 上升至 2017 年的 0.1403，10 年间总体上有所上升，呈现发散趋势；从局部年份来看，标准差的值在 2008—2017 年均表现为“收敛-发散-发散”有规律的变化态势，由此可知中部表现为“总体发散、局部收敛”的时序变化特征。

进一步从四大区域旅游规模效率标准差的值的大小比较来看，10 年间四大区域旅游规模效率标准差的均值表现为西部（0.1466）>东北部（0.1183）>东部（0.1095）>中部（0.0851），可知西部地区各省域间国家森林公园旅游规模效率的差异最大，东北部地区次之，东部地区第三，中部地区差异最小。

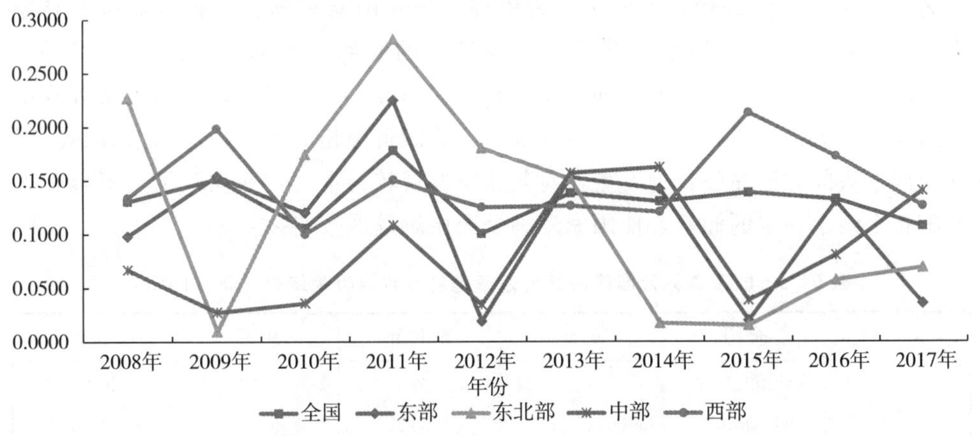

图 5-3　全国及四大区域国家森林公园旅游规模效率标准差时序变化

5.3.2　绝对 β 收敛分析

5.3.2.1　综合效率绝对 β 收敛分析

根据式 5-2，并采用 Eviews6.0 软件，对 2008—2017 年全国及四大区域的国家森林公园旅游综合效率的面板数据进行绝对 β 收敛性分析，计算出全国及四大区域国家森林公园旅游综合效率的绝对 β 收敛的相关检验结果如表 5-5 所示。

由计算结果可知，全国及四大区域的 β 系数均为负值，且都通过了显著性检验，表明 2008—2017 年全国及四大区域的国家森林公园旅游综合效率存在绝对 β

收敛，各区域内均存在国家森林公园旅游综合效率较低的省域追赶旅游综合效率较高的省域的现象，理论上随着时间的推移，最终实现对高旅游综合效率省域的追赶。这也说明各省域间国家森林公园旅游业具有较强的协同效应，彼此之间的技术和管理经验得到了较好的扩散和吸收，虽然各区域存在追赶现象，但是追赶速度有所不同。在β系数的基础上进一步计算出各地区的收敛速度η，如表5-5所示，各地区的收敛速度呈现东北部（0.0163）＞西部（0.0081）＞东部（0.0074）＞全国（0.0071）＞中部（0.0049）的排列顺序。具体来看，全国范围的收敛速度为0.0071，表明全国范围的国家森林公园旅游综合效率在2008—2017年以每年0.71%的收敛速度发生变化，也就是全国范围内国家森林公园旅游综合效率较低的省域正在以每年0.71%的速度追赶高效率的省域，按照这个速度，理论上全国各省域的旅游综合效率会在未来某个时间点达到一个稳定的发展状态。东北部地区的收敛速度在所有区域中最快，达到了0.0163，这主要和东北部地区各省域国家森林公园旅游效率彼此差异最小而收敛速度最快有关。东部地区的收敛速度为0.0074，与全国的收敛速度最为接近，中部地区的收敛速度为0.0049，收敛最慢，主要是因为中部省域间国家森林公园旅游效率差异最大，要达到一个相对稳定的状态，需要较长的时间。西部地区的收敛速度为0.0081，相对较快，这一方面和国家近年来的西部大开发战略、旅游扶贫等政策导向有一定关系，另一方面是因为西部地区旅游资源相对匮乏，对国家森林公园这样国字头的旅游品牌较为看重，对其旅游发展较为重视，并在政策、资金和人员配备上给予一定的倾斜，使国家森林公园旅游发展较快。

表5-5 国家森林公园旅游综合效率绝对β收敛检验结果（OLS回归）

	全国	东部	东北部	中部	西部
α	−0.0208*** (0.0033)	−0.0122** (0.0047)	−0.0586*** (0.0110)	−0.0127** (0.0063)	0.0312*** (0.0065)
β	−0.0623*** (0.0059)	−0.0642*** (0.0104)	−0.1368*** (0.0206)	−0.0435*** (0.0107)	−0.0705*** (0.0105)
R^2	0.2851	0.2997	0.6393	0.2433	0.3007
F	110.5091	37.6706	44.3141	16.7267	45.5951
DW	2.1896	2.1849	2.0286	2.1572	2.1594
η	0.0071	0.0074	0.0163	0.0049	0.0081
是否收敛	收敛	收敛	收敛	收敛	收敛

注：***、**、*分别表示在1%、5%、10%水平显著，括号里的值是标准误。

5.3.2.2　纯技术效率绝对β收敛分析

根据式 5－2，并采用 Eviews6.0 软件，对 2008—2017 年全国及四大区域的国家森林公园旅游纯技术效率的面板数据进行绝对β收敛性分析，计算出全国及四大区域国家森林公园旅游纯技术效率的绝对β收敛的相关检验结果如表 5－6 所示。

由计算结果可知，全国及四大区域的β系数均为负值，且都通过了显著性检验，表明 2008—2017 年全国及四大区域的国家森林公园旅游纯技术效率存在绝对β收敛，各区域内均存在国家森林公园旅游纯技术效率较低的省域追赶旅游纯技术效率较高的省域的现象，并随着时间的推移，最终实现对高旅游纯技术效率省域的追赶。在β系数的基础上进一步计算出各地区的收敛速度η，如表 5－6 所示，各地区的收敛速度呈现东北部（0.0117）＞东部（0.0070）＞西部（0.0067）＞全国（0.0066）＞中部（0.0058）的排列顺序。由此可知，东北部地区的国家森林公园旅游纯技术效率收敛速度最快，将最先达到稳定状态，这与东北部地区各省域国家森林公园纯技术效率差异不大且国家森林公园发展的技术能力相当有关。东部地区收敛速度次之，西部地区收敛速度处于中间位置，这和西部地区对国家森林公园旅游发展的重视程度有一定关系。全国和中部地区的收敛速度较慢，其中中部地区收敛速度最慢，这与中部省域间国家森林公园旅游纯技术效率差异较大，且大部分省域对国家森林公园旅游发展的重视程度不够有一定关系，未来该地区各省域都应该加大在国家森林公园科技创新、人力资源培训上的投入力度，提升国家森林公园的管理水平，转变国家森林公园旅游发展方式。

表 5－6　国家森林公园旅游纯技术效率绝对β收敛检验结果（OLS 回归）

	全国	东部	东北部	中部	西部
α	−0.0138*** (0.0025)	−0.00791** (0.0035)	−0.0309*** (0.0094)	−0.0114* (0.0060)	−0.0186*** (0.0046)
β	−0.0573*** (0.0056)	−0.0607*** (0.0104)	−0.1002*** (0.0213)	−0.0511*** (0.0115)	−0.0585*** (0.0095)
R^2	0.2721	0.2777	0.4679	0.2745	0.2638
F	103.5599	33.8427	21.9888	19.6785	37.986
DW	2.2447	2.1691	2.1138	2.1120	2.2373
η	0.0066	0.0070	0.0117	0.0058	0.0067
是否收敛	收敛	收敛	收敛	收敛	收敛

注：***、**、*分别表示在 1%、5%、10%水平显著，括号里的值是标准误。

5.3.2.3 规模效率绝对β收敛分析

根据式5-2，并采用Eviews6.0软件，对2008—2017年全国及四大区域的国家森林公园旅游规模效率的面板数据进行绝对β收敛性分析，计算出全国及四大区域国家森林公园旅游规模效率的绝对β收敛的相关检验结果如表5-7所示。

由计算结果可知，全国及四大区域的β系数均为负值，且都通过了显著性检验，表明2008—2017年全国及四大区域的国家森林公园旅游规模效率存在绝对β收敛，各区域内均存在国家森林公园旅游规模效率较低的省域追赶旅游规模效率较高的省域的现象，并随着时间的推移，最终实现对高旅游规模效率省域的追赶，这也说明各省域间国家森林公园旅游发展的规模集聚效应逐渐趋同。再根据β系数进一步计算出各地区的收敛速度η，如表5-7所示，总体来看全国及四大区域国家森林公园旅游规模效率的收敛速度要快于综合效率和纯技术效率，而各地区的收敛速度呈现东北部（0.0125）＞中部（0.0100）＞东部（0.0097）＞全国（0.0086）＞西部（0.0070）的排列顺序。由此可知，东北部地区的国家森林公园旅游规模效率收敛速度最快，将最先达到稳定状态，中部地区收敛速度次之，东部地区收敛速度处于中间位置，这和这些地区各省域间的国家森林公园规模效率及森林资源禀赋差异有一定的关系，其中东北部地区各省域间森林资源禀赋较为接近，国家森林公园规模集聚效应差距不大，各省域间将很快达到一个稳定状态；中部和东部地区各省域间规模效率差距不大，国家森林公园规模大致相当，因此其收敛速度也较为接近。全国和西部地区收敛速度较慢，其中西部地区收敛速度最慢，主要是因为西部地区12个省域间国家森林公园规模效率差异较大，大多以粗放式的发展模式为主，要转变这种发展模式，从而达到一个相对稳定合理的投入规模还需要一定的时间。

表5-7 国家森林公园旅游规模效率绝对β收敛检验结果（OLS回归）

	全国	东部	东北部	中部	西部
α	−0.0069*** (0.0013)	−0.0052** (0.0022)	−0.0119** (0.0049)	−0.0071*** (0.0023)	−0.0077*** (0.0025)
β	−0.0741*** (0.0062)	−0.0835*** (0.0113)	−0.1068*** (0.0190)	−0.0858*** (0.0163)	−0.0609*** (0.0099)
R^2	0.3347	0.3820	0.5582	0.3456	0.2625
F	139.3981	54.3947	31.5937	27.4644	37.7438
DW	1.9945	2.0848	1.7836	1.8898	2.0927
η	0.0086	0.0097	0.0125	0.0100	0.0070
是否收敛	收敛	收敛	收敛	收敛	收敛

注：***、**、*分别表示在1%、5%、10%水平显著，括号里的值是标准误。

5.3.3　条件β收敛分析

5.3.3.1　综合效率条件β收敛分析

在Eviews6.0软件中采用Panel Data双向固定效应模型对国家森林公园旅游综合效率进行检验，结果如表5－8所示。由计算结果可知，在控制了截面固定效应和时间固定效应以后，全国及四大区域的β系数均为负值，都通过了显著性检验，且R^2值都高于绝对β收敛的检验结果，表明全国及四大区域的国家森林公园旅游综合效率存在显著的条件收敛，即各省域国家森林公园旅游综合效率均会朝着自身的稳态水平收敛。但各省域的发展基础和特征存在差异，各自基期的稳态增长水平不同，导致各省域旅游综合效率差距将会保持。结合前文分析可知，各省域国家森林公园旅游综合效率呈现追赶效应，效率低的省域和效率高的省域之间的差距将缩小，但是各省域旅游综合效率的差距在短时间内不会完全消除。

从β系数的绝对值可知，西部地区的绝对值最大，东部地区最小，表明西部地区的条件收敛速度最大，东部地区速度最小，西部地区各省域国家森林公园旅游综合效率最先达到自身的稳态，东部地区各省域旅游综合效率最后达到自身的稳态。因此不同区域各省域国家森林公园发展的政策措施、社会经济环境差异较大会导致国家森林公园发展的差异较大，未来各省份的政府部门应该客观认识到本省域国家森林公园旅游发展与其他省域存在的实际差距，适时出台积极的国家森林公园旅游发展政策，进一步提高从业人员的管理技术水平，加大国家森林公园旅游基础服务设施的建设力度，加强旅游产品的技术创新，优化国家森林公园管理体制等，缩小各省域间国家森林公园旅游综合效率的差距，努力使各省域国家森林公园旅游综合效率趋于一个相对较高的稳态值。

表5－8　国家森林公园旅游综合效率条件β收敛检验结果（面板双向固定效应回归）

	全国	东部	东北部	中部	西部
α	－0.3648*** (0.0361)	－0.1899*** (0.0516)	－0.3305** (0.1256)	－0.4502*** (0.1031)	－0.4634*** (0.0695)
β	－1.2214*** (0.0942)	－1.0167*** (0.2028)	－1.0806** (0.3543)	－1.2184*** (0.2220)	－1.3069*** (0.1547)
R^2	0.7013	0.5711	0.7488	0.7943	0.7332
F	6.1461	2.6637	2.4849	6.0087	5.8649
DW	2.3269	2.4293	3.3461	2.1010	2.3285
是否收敛	收敛	收敛	收敛	收敛	收敛

注：***、**、*分别表示在1%、5%、10%水平显著，括号里的值是标准误。

5.3.3.2 纯技术效率条件β收敛分析

在 Eviews6.0 软件中采用 Panel Data 双向固定效应模型对国家森林公园旅游纯技术效率进行检验，结果如表 5-9 所示。由计算结果可知，在控制了截面固定效应和时间固定效应以后，全国及四大区域的β系数均为负值，都通过了显著性检验，且R^2值都高于绝对β收敛的检验结果，表明全国及四大区域的国家森林公园旅游纯技术效率存在显著的条件收敛，即各省域的国家森林公园旅游纯技术效率均会朝着自身的稳态水平收敛，但各省域的发展基础和特征存在差异，各自基期的稳态增长水平不同，导致各省域旅游纯技术效率差距将会保持。结合前文分析可知，各省域国家森林公园旅游纯技术效率呈现追赶效应，纯技术效率低的省域和效率高的省域之间的差距将缩小，但是各省域旅游纯技术效率的差距在短时间内不会完全消除。

从β系数的绝对值可知，中部地区的绝对值最大，东北部地区最小，表明中部地区的条件收敛速度最大，东北部地区速度最小，中部地区各省域国家森林公园旅游纯技术效率最先达到自身的稳态，东北部地区各省域旅游纯技术效率最后达到自身的稳态。未来各省份应该在当前国家森林公园旅游发展的历史机遇期下，利用好要素资源市场化的有利条件，以开放包容的心态鼓励各种资源要素在不同省域间流动，积极与国家森林公园发展较好的省域进行交流，获取宝贵的发展经验，同时运用市场化和信息化带来的便利条件，实现与发达省域国家森林公园旅游发展技术应用水平的趋同，最终使各省域间的旅游纯技术效率都能保持在一个较高水平，实现各省域的稳态值趋于一致，尽量减少地理位置、经济结构、政策变量对各省域国家森林公园旅游纯技术效率的影响。

表 5-9　国家森林公园旅游纯技术效率条件β收敛检验结果（面板双向固定效应回归）

	全国	东部	东北部	中部	西部
α	−0.3151*** (0.0329)	−0.1789*** (0.0364)	−0.2889* (0.1269)	−0.4120*** (0.0908)	−0.3578*** (0.0722)
β	−1.2599*** (0.0964)	−1.3761*** (0.1547)	−0.9279* (0.4017)	−1.4355*** (0.2245)	−1.1232*** (0.1783)
R^2	0.6970	0.7914	0.5864	0.8245	0.5927
F	6.0214	7.5893	1.1819	7.3095	3.1044
DW	2.3948	2.5715	2.4363	2.1101	2.2540
是否收敛	收敛	收敛	收敛	收敛	收敛

注：***、**、*分别表示在1%、5%、10%水平显著，括号里的值是标准误。

5.3.3.3　规模效率条件β收敛分析

在Eviews6.0软件中采用Panel Data双向固定效应模型对国家森林公园旅游规模效率进行检验，结果如表5-10所示。由计算结果可知，在控制了截面固定效应和时间固定效应以后，全国及四大区域的β系数均为负值，都通过了显著性检验，且R^2值都高于绝对β收敛的检验结果，表明全国及四大区域的国家森林公园旅游规模效率存在显著的条件收敛，即各省域的国家森林公园旅游规模效率均会朝着自身的稳态水平收敛，但各省域的发展基础和特征存在差异，各自基期的稳态增长水平不同，导致各省域旅游规模效率差距将会保持。结合前文分析可知，各省域国家森林公园旅游规模效率呈现追赶效应，规模效率低的省域和效率高的省域之间的差距将缩小，但是各省域旅游规模效率的差距在短时间内不会完全消除。

从β系数的绝对值可知，东部地区的绝对值最大，西部地区最小，表明东部地区的条件收敛速度最大，西部速度最小，东部地区各省域国家森林公园旅游规模效率最先达到自身的稳态，西部地区各省域旅游规模效率最后达到自身的稳态。由此可知，规模效率收敛速率除了取决于初期效率水平，且受到地理位置、政策变量以及资源禀赋等因素的影响，未来各省份应该提升各自国家森林公园旅游规模效率，未达到最优状态的省域应该分析原因，看着是投入过多产生的投入冗余还是投入不足造成了规模效率较低。目前我国国家森林公园规模效率低下主要是国家森林公园投入过多产生的投入冗余造成的，因此各省份要因地制宜，进行高质量的旅游发展，采取集约化的发展模式，以质取胜，摒弃以往以过多投入带来收益增加而造成资源浪费的粗放式发展状态，保持国家森林公园旅游投资规模处于一个健康、合理的水平对国家森林公园旅游的可持续发展意义重大。

表5-10　国家森林公园旅游规模效率条件β收敛检验结果（面板双向固定效应回归）

	全国	东部	东北部	中部	西部
α	−0.1199*** (0.0116)	−0.1056*** (0.0153)	−0.1546* (0.0630)	−0.1009** (0.0253)	−0.1129*** (0.0201)
β	−1.2502*** (0.0790)	−1.6199*** (0.1044)	−1.2237** (0.4188)	−1.1794*** (0.2860)	−0.9368*** (0.1186)
R^2	0.7578	0.9067	0.7758	0.5898	0.7183
F	8.1927	19.4385	2.8847	2.2370	5.4404
DW	1.9698	1.5347	2.0363	2.2311	1.9973
是否收敛	收敛	收敛	收敛	收敛	收敛

注：***、**、*分别表示在1%、5%、10%水平显著，括号里的值是标准误。

5.3.4 俱乐部收敛分析

结合第4章中计算出的2008—2017年31个省域单元国家森林公园旅游各项效率值的结果，将国家森林公园旅游各项效率按照0—1/3、1/3—2/3、2/3—1 3个平均区间划分为高水平、中水平和低水平3种类型，并按照马尔可夫链的分析方法和公式计算出各类型向上、向下及平稳状态的概率，并组成矩阵如表5-11所示。其中，各类型旅游效率的马尔可夫矩阵对角线上的转移概率表示2008—2017年省域国家森林公园旅游各项效率水平保持不变的平稳状态的概率，非对角线上的概率表示省域国家森林公园旅游各项效率水平向上或者向下转移的概率。

具体来看，由2008—2017年国家森林公园旅游综合效率的马尔可夫矩阵可知：(1) 旅游综合效率整体趋向平稳状态，三大类型存在显著的集聚现象，呈现出三大俱乐部收敛态势。2008—2017年国家森林公园旅游综合效率在初期属于哪种类型状态，末期基本上仍然保持相应状态，初始年份处于高水平类型的区域到2017年仍为高水平的概率为95.9%，处于中水平类型的区域仍为中水平的概率为56.7%，处于低水平类型的区域仍为低水平的概率为77.2%，且矩阵对角线上的概率值要高于非对角线上的概率值，由此表明旅游综合效率整体趋向平稳状态，水平向上或者向下转移的概率较低，三大类型相对稳定，呈现俱乐部收敛态势。(2) 国家森林公园旅游综合效率类型的转移均发生在相邻状态之间，跨越式发展较难实现。由矩阵可知低水平类型只能向中水平类型转移，概率为22.8%，中水平类型可向其相邻的低水平类型和高水平类型转移，概率分别为7.2%和36.1%，高水平类型只能向其相邻的中水平类型转移，概率为4.1%，由此可以进一步发现旅游综合效率由高值型转向低值型的概率总体小于由低值型转向高值型的概率，总体呈逐渐向好趋势。

由2008—2017年国家森林公园旅游纯技术效率的马尔可夫矩阵可知：(1) 旅游纯技术效率整体呈现向上转移态势，各省域呈现出高水平、中水平、低水平类型依次递减的集聚态势，三大类型呈现明显的俱乐部收敛。初期为低水平类型向中水平和高水平类型转移的概率分别为16.6%和58.4%，中水平类型向高水平类型转移的概率为55.4%，而高水平类型向中水平和低水平类型转移的概率分别为9.0%和0.9%，中水平类型向低水平类型转移的概率为7.8%，由此可知旅游纯技术效率向上转移的概率远大于向下转移的概率，低、中、高水平三种类型保持稳定不变的概率分别为25.0%、36.8%和90.1%，表明三种类型呈现三大俱乐部收敛的集聚状态。(2) 旅游纯技术效率各类型既可以在相邻之间转移，又可以实现跨越式转移，低水平类型转移到高水平类型的概率为58.4%，远高于转移至中水平类型的概率，表明旅游纯技术效率跨越式发展的可能性较大。

由 2008—2017 年国家森林公园旅游规模效率的马尔可夫矩阵可知：(1) 旅游规模效率整体呈现往高水平转移的态势，形成了“高水平类型一枝独秀、中水平类型紧随其后”的两大俱乐部收敛态势，其中高水平类型呈现明显集聚状态。初期为低水平类型的向中水平和高水平类型转移的概率分别为 33.3%和 66.7%，中水平类型向高水平类型转移的概率为 7.0%，而高水平类型向中水平和低水平类型转移的概率分别为 4.2%和 0.7%，中水平类型向低水平类型转移的概率为 10.0%，由此可知旅游规模效率向上转移的概率远大于向下转移的概率，低、中、高水平三种类型保持稳定不变的概率分别为 0、20.0%和 95.1%，表明仅高水平和中水平类型呈现俱乐部收敛的集聚状态。(2) 旅游规模效率各类型的稳定性表现出一定差异性，各类型既可实现相邻之间转移，又可以实现跨越式转移。其中低水平类型表现出最不稳定的态势，全部向上进行了转移，其实现跨越式转移而成为高水平类型的概率达到 66.7%；高水平类型表现最为稳定，其向下转移的概率不足 5.0%；中水平类型稳定性一般，保持稳定的概率为 20.0%，主要呈现出向上和向下两种转移态势，但向上转移的概率较大，达到 70.0%。

表 5-11　2008—2017 年国家森林公园旅游各项效率的马尔可夫矩阵

类型	综合效率水平类型			纯技术效率水平类型			规模效率水平类型		
	低水平	中水平	高水平	低水平	中水平	高水平	低水平	中水平	高水平
低水平	0.772	0.228	0.000	0.250	0.166	0.584	0.000	0.333	0.667
中水平	0.072	0.567	0.361	0.078	0.368	0.554	0.100	0.200	0.700
高水平	0.000	0.041	0.959	0.009	0.090	0.901	0.007	0.042	0.951

5.4　本章小结

本章基于经典的古典经济增长理论，综合运用 δ 收敛、绝对 β 收敛、条件 β 收敛等模型，并结合马尔可夫链分析法对国家森林公园旅游各项效率的收敛性进行了系统定量研究，主要研究结论有以下几个方面。

(1) 2008—2017 年全国及四大区域的国家森林公园旅游各项效率的 δ 收敛特征有所差异。其中，国家森林公园旅游综合效率在全国、东部、中部和西部表现为“总体收敛、局部发散”的时序变化特征，而东北部表现为“总体发散、局部收敛”的时序变化特征；国家森林公园旅游纯技术效率在全国和四大区域均表现为“总体收敛、局部发散”的时序变化特征；国家森林公园旅游规模效率在全国、东部、东北部和西部表现为“总体收敛、局部发散”的时序变化特征，而中部表现为“总体发散、局部收敛”的时序变化特征，各省域国家森林公园旅游效率呈现普遍趋同态势。

（2）对 2008—2017 年全国及四大区域的国家森林公园旅游各项效率采用最小二乘法（OLS）进行回归分析，研判其绝对 β 收敛状态，发现 β 系数均为负值，且都通过了显著性检验，表明全国及四大区域的国家森林公园旅游综合效率、纯技术效率和规模效率均存在绝对 β 收敛，各区域内均存在旅游各项效率较低省域追赶效率较高省域的现象，并随着时间的推移，最终实现对高旅游效率省域的追赶，但不同区域的收敛速度有所差异。

（3）对 2008—2017 年全国及四大区域的国家森林公园旅游各项效率采用面板双向固定效应回归分析，研判其条件 β 收敛状态，发现 β 系数均为负值，且都通过了显著性检验，表明全国及四大区域的国家森林公园旅游各项综合效率、纯技术效率和规模效率均存在条件 β 收敛，即不同发展基础和特点的省域旅游各项效率会逐渐收敛于各自稳态，表明旅游效率低的省域和效率高的省域之间的差距将会缩小，但是各省域旅游效率的差距在短时间内不会彻底消除。

（4）通过俱乐部收敛分析可知，各省域国家森林公园旅游综合效率呈现出高水平、中水平、低水平三大俱乐部收敛态势，且各种类型的转移均发生在相邻状态之间，跨越式发展较难实现；各省域国家森林公园旅游纯技术效率呈现出高水平、中水平、低水平三大俱乐部收敛态势，各类型既可以在相邻之间转移，又可以实现跨越式转移，且跨越式发展可能性较大；各省域国家森林公园规模效率呈现出“高水平类型一枝独秀、中水平类型紧随其后”的两大俱乐部收敛态势，各类型既可实现相邻之间转移，又可以实现跨越式转移，其中向上转移的概率较大。

（5）通过 δ 收敛分析可知，各省域国家森林公园旅游各项效率呈现普遍的趋同现象。通过绝对 β 收敛和条件 β 收敛可知，各区域内均存在旅游各项效率较低省域追赶效率较高省域的现象，效率低的省域和效率高的省域之间的差距将会缩小，但是各省域旅游效率的差距在短时间内不会完全消除。因此，区域间的这种效率差异会依然存在，未来应该通过因地制宜，减少各区域国家森林公园发展大环境的差异所造成的影响，突出自身的特点，尽量使自身稳态值保持在一个较高的水平。通过俱乐部收敛分析可知，各省域国家森林公园旅游综合效率的提高必须循序渐进；纯技术效率的提升可以依靠后发优势，实现跨越式发展；部分省域旅游规模效率仍然继续向上转移，表明部分省域国家森林公园旅游发展方式仍然呈现粗放式发展特征。

第 6 章　国家森林公园旅游效率的影响因素分析

前几章对国家森林公园旅游各项效率进行了测度和综合分析，总体上看各省域间的差异较大，本章以第 4 章国家森林公园旅游效率的测度结果和时空演化过程为基础，在梳理已有文献的基础上选择经济发展水平、市场化程度、交通可达性、森林资源禀赋、旅游设施水平、人力资源支持 6 个关键因子，并综合运用 Eviews、GIS 技术手段，采用经典的 DEA - Tobit 模型、地理加权回归（GWR 模型）等地理空间分析方法，对这些影响因素进行定量识别和分析，再进行定性的归纳和演绎，力图全面分析影响因子的全局和局部效应，以及时空差异效应，并探究国家森林公园旅游效率演变的影响机理，旨在从学理上探究旅游效率演变的内在成因，为我国国家森林公园旅游可持续发展的政策制定提供一定的指导和借鉴。

6.1　影响因素变量选择

由前文的论述可知，目前学界对旅游效率的研究主要集中在对效率的测度及成因分析上，本书第 4 章已经对国家森林公园旅游效率进行了测度、分析，从测度结果来看国家森林公园旅游效率的时空差异较为明显，并表现出一定的空间演化规律，那么导致效率差异背后的原因是什么？有哪些因素会对省域国家森林公园旅游效率的差异产生影响？厘清这些问题对我国国家森林公园旅游效率的研究至关重要。

相对旅游效率的测度研究，国内外学者对旅游效率影响因素的研究稍晚，直到 20 世纪初才逐渐关注此方面，如表 6 - 1 所示。国外学者认为影响旅游效率的因素主要有区位条件、资源禀赋、人力资源水平和服务业的发展规模等。Ki 等（2002）认为资源禀赋、交通区域对韩国国家森林公园旅游效率影响较大。Blake（2008）对英国旅游产业效率影响因素进行分析时发现，产业发展规模、人力资源、新产品开发及行业环境对效率影响明显。近年来，国内学者对旅游产业效率影响因素进行的研究逐渐增多。王恩旭（2011）认为服务业发展规模、服务业发展水平、区位条件、固定资产投资等对中国省域旅游效率影响显著。刘佳等（2015）指出城市化水平对沿海地区旅游产业效率的影响呈显著的正效应，对外开放程度对效率影响较弱，甚至呈现出负向的抑制作用，第三产业比重提高对环渤海地区旅游产业效率起到促进作用，而对泛珠三角地区的旅游产业效率起到抑制作用。曹芳东等（2012）研究发现经济发展水平、市场化程度、交通发展条件、科技信息水平、旅游资源禀赋、产业结构变化及制度供给对国家风景名胜区的旅游效率起到一定的正向促进作用。胡宇娜（2016）选择区位条件、人力支持、市场潜力、第三产业规模、市场化程度、信息化水平6个因子并探究了它们对中国省际旅游效率的驱动作用。张琰飞（2016）指出对星级饭店技术效率起到正向作用的有经济水平、旅游人次、产业结构和区域开放度等因素。

表6-1　国内外旅游效率影响因素研究中所选择的相关指标汇总

学者（年份）	研究对象	主要影响因素选取	主要变量选择
Ki等（2002）	韩国国家森林公园	资源禀赋、交通区域	—
Blake（2008）	英国旅游产业	产业发展规模、人力资源、新产品开发及行业环境	—
王恩旭（2011）	全国省域单元	地区经济发展水平、服务业发展规模、服务业发展水平、区位条件、固定资产投资	人均GDP、第三产业从业人员、第三产业产值、当地的旅游收入/当地的GDP与全国的旅游收入/全国GDP的比值、旅游业固定资产投资
刘佳等（2015）	中国沿海地区	城市化水平、对外开放程度、第三产业比重	非农业人口比值、外资酒店固定资产投资与酒店固定资产的比值、第三产业与整个产业的比值
曹芳东等（2012）	国家风景名胜区	经济发展水平、市场化程度、交通发展条件、科技信息水平、旅游资源禀赋、产业结构变化以及制度供给	人均GDP、入境旅游收入与第三产业的比值、景区平均通达性、各省邮电业务总量与全国邮电业务总量比值、高等级旅游资源、旅游产业产值与地区生产总值的比值、非国有企业产值与工业总产值的比值
胡宇娜（2016）	全国省域单元	区位条件、人力支持、市场潜力、第三产业规模、市场化程度、信息化水平	当地旅游收入/当地GDP与全国的旅游收入/全国GDP的比值、旅游院校学生总数、旅游从业人员数、人均消费水平、第三产业GDP、入境旅游收入与旅游总收入比值、邮电业务总量

（续表）

学者（年份）	研究对象	主要影响因素选取	主要变量选择
张琰飞（2016）	省域星级饭店	经济基础、旅游人次水平、旅游收入水平、产业结构、城镇化、基础设施、信息化开放程度	人均 GDP、国内旅游人次、国内旅游收入、第二和第三产业增加值与区域 GDP 比值、人口城镇化率、等级公路密度、人均邮电业务总量

综上可知，目前国内外学者对旅游效率影响因素的研究逐渐走向成熟，但选择的影响因子各有不同。由于旅游业的复杂性和系统性，效率的影响因素较为复杂，因此不能穷尽所有影响因子，学者们主要围绕研究对象的特点、研究的内容进行有针对性的重点选择。从研究视角来看，主要对选取的影响因子和效率值进行总体的回归分析，表征不同因子在全域尺度上的影响强度的差异，并进行缺少影响因子的时空差异效应分析。从分析的结果来看，由于选择的指标、运用的方法有所差异，得到的结论会差异较大甚至相反，但这些研究都是从客观、理性和实际出发的，因此这些结论对本研究有着重要的参考价值。本章在选取关键影响因子的基础上，运用 Tobit 模型在全域尺度上测度不同影响因子对旅游效率的整体驱动效应，并采用 GWR 模型测度不同影响因子对旅游效率的时间效应和空间效应。

国家森林公园旅游效率本质上是森林公园发展过程中的一种经济现象，效率值除了受到投入产出指标影响外，还会受到其他因素的影响。本章在梳理旅游效率影响因素的相关文献，以及访谈国家森林公园主管部门工作人员和专家咨询的基础上，结合我国国家森林公园旅游发展实际和数据的可获得性，主要从地区经济发展水平、市场化程度、交通可达性、森林资源禀赋、旅游设施水平、人力资源支持等方面来进行国家森林公园旅游效率影响因素的识别与研究，并对产生旅游效率时空变化的深层次原因进行深入分析。

6.1.1　经济发展水平

旅游发展和区域经济发展关系密切，旅游效率的本质也是经济现象的一种表征，总体来看，区域旅游业发展与所在区域经济发展具有较好的耦合关系，国家森林公园旅游产业的发展需要健康发展的区域经济作为基础和支撑。区域经济的快速发展是国家森林公园旅游产业发展的基础。区域经济的发展是促进居民出游的重要动力。区域经济发展水平不断提高，将会不断增加当地居民的可支配收入，从而增强居民的出游能力和旅游动机，随之产生旺盛的旅游需求，这些需求必将促使整个旅游产业快速发展。区域经济发展对国家森林公园旅游产业发展的支撑作用主要表现在两个方面：一方面，经济发展水平是国家森林公园旅游发展的动力源泉，区域国家森林公园旅游的发展投入资金和其所在区域的经济发展水平呈正比，一个地区的经济发展水平越高，其发展国家森林公园旅游业的资金投入就越多，从而为国家森林公园旅游产业的发展提供强大的经济支持，尤其是为国家森林公园旅游业的基础设施建设和完善创造了条件。另一方面，区域经济发展水平和其科学技术水平、信息化程度、创新能力、市场开拓等方面相关性较强，这一切都是国家森林公园旅游发展的物质基础和保障，因此区域经济发展水平对区域国家森林公园旅游效率将会产生较大的影响，本章选择人均 GDP 作为衡量地区经济发展水平的指标。

6.1.2 市场化程度

一个区域的市场化程度越高，则该区域的对外开放程度越高，人们的思想更加解放，市场更加灵活，政府的管理水平更高，制定的产业政策更加有利于生产单元自身的发展，那么在顺畅的体制与机制下，生产单元较容易以市场需求为导向，对资源要素进行更为合理的优化配置，从而容易实现生产效率的最大化。地区的市场化可以带来更多的人力、财力、物力及信息技术等重要资源，为国家森林公园旅游管理经验、技术革新等共享、共融创造了条件，为区域国家森林公园旅游的合作共赢奠定了市场基础。近年来我国旅游产业的市场化程度不断提高，并逐渐实现了与世界旅游业的接轨，我国旅游业的国际化程度日益明显，我国多处森林公园被评为“世界文化和自然遗产”“世界地质公园”等，成为具有世界级称谓的旅游吸引物，旅游的市场化对我国旅游业吸收世界先进的科学技术、管理经验等来指导我国旅游业更好的发展大有裨益。作为我国未来国家公园重要优选地之一的国家森林公园，提高市场化程度，对参照国外国家公园先进的发展经验来推动区域国家森林公园旅游发展意义重大。入境旅游人数一直是衡量地区旅游发展水平和质量的重要指标，入境旅游越发达，意味着该区域旅游发展的管理水平、技术水平、旅游从业人员的服务水平等都有一定的水准，另外，改革开放以来，我国入境旅游快速发展，2017 年中国入境旅游收入为 1234 亿美元，同比增长 2.83%，入境旅游已经在增加外汇收入、平衡国际收支、促进区域经济发展等方面产生了积极的作用。因此，入境旅游也可以近似衡量一个地区的市场化程度，故本章选择地区入境旅游收入与旅游总收入之比来表征市场化程度，来定量测度对旅游效率的影响。

6.1.3 交通可达性

可达性是交通便利程度的重要表现。可达性是衡量一个区域旅游业发展水平的重要标准，一般可达性越高的地区其旅游业发展越好，反之亦然。因此，良好的交通可达性是国家森林公园旅游业发展的必要条件。目前，游客已将交通可达性因素作为选择旅游目的地的核心要素。“快旅慢游”的时代理念已经代替了“酒香不怕巷子深”的传统思维，成为游客的共识。交通可达性会直接影响国家森林公园对旅游者的旅游吸引力，会对旅游者决策产生重要影响，最终对国家森林公园的旅游竞争力产生影响。国家森林公园良好的交通可达性意味着旅游者可以节约更多的时间成本和交通成本去体验森林旅游产品，旅游者更加愿意选择可达性较好的国家森林公园作为旅游目的地。由此可以看出，便利的交通可达性也是国家森林公园旅游产品中的重要组成部分，是一种无形产品，属于国家森林公园旅游体验的一部分，是实现国家森林公园旅游产品价值的重要桥梁。同时，可达性较好的国家森林公园也较容易受到投资者的关注，意味着更多的资源要素将会流入国家森林公园的建设与发展中来，因此，交通可达性将对国家森林公园旅游发展、旅游效率产生较大影响。一般来说表征交通可达性有两种途径：一是对各省域不同等级的路网结构进行矢量化，再由可达性模型计算得出；二是测算各省域路网密度，即根据省域单元的路网里程数与其区域面积的比值来定量表达。由于不同时间节点的各省路网结构数据较难获取，而由路网密度就可以较好表征区域交通可达性的程度，因此本章选择用高速公路里程和铁路营业里程总数与区域面积的比值（路网密度）作为区域交通可达性的衡量指标。

6.1.4　森林资源禀赋

森林资源禀赋是区域发展国家森林公园旅游的基础，是实现旅游活动的必备条件，国家森林公园旅游业的发展依赖良好的森林资源，森林资源禀赋也决定着国家森林旅游业的发展规模。我国地域辽阔，森林资源丰富，但地区间差异较为明显，随着近年来国家生态文明建设的逐步加强和人民群众环境保护意识的提高，我国植树造林面积日益增加，对我国森林资源禀赋的提高起到了积极作用。各地区发展国家森林公园旅游业必须立足本地的森林资源禀赋，准确把握地区森林资源的数量和质量，重点开发不同类型的森林旅游产品，在让游客体验与众不同的森林景观的同时增强其爱护森林、保护环境的意识，从而实现国家森林公园的经济效益与环境效益的统一。因此森林资源禀赋对国家森林公园旅游效率的影响意义重大，一般反映森林资源数量的主要指标是森林面积和森林蓄积量，为了更加精确反映各省域国家森林公园旅游资源的禀赋度，基于数据的可获得性，本章选择各省域的森林覆盖率作为森林资源禀赋的衡量指标。

6.1.5 旅游设施水平

本章中的旅游设施水平指国家森林公园的旅游基础设施和旅游服务设施水平的总和，它是国家森林公园旅游业发展的基础保障，国家森林公园旅游的快速发展及提供优质的旅游产品都离不开完善的旅游基础设施和系统周到的服务。旅游设施水平已经成为衡量国家森林公园旅游发展竞争力的重要指标之一。游客体验和旅游满意度与国家森林公园的旅游设施水平息息相关，国家森林公园旅游基础设施和旅游服务设施越完善，游客的体验感与幸福感越强，对公园的满意度也越高，就会进入一个良性的发展循环，对国家森林公园旅游业的发展起到积极的促进作用，反之没有良好的旅游基础设施和服务设施作为保障，旅游业也就不可能顺利地发展下去。我国旅游业现阶段正在实施全域旅游和高质量旅游战略，国家森林公园旅游基础设施和服务设施的不断完善有助于实现国家森林公园旅游的全域化，不断打造高质量的国家森林公园旅游产品。提升国家森林公园的旅游设施水平，有助于实现国家森林公园旅游的科学建设、管理、运营和保护，实现旅游管理的技术化、智慧化和国际化，并最终为国家森林公园的可持续发展奠定物质基础，因此旅游设施水平会对国家森林公园旅游效率产生较大的影响。本章在获取各省域国家森林公园车船数量、游步道长度、床位数量、餐位数量的基础上，采用熵值法综合测评其旅游设施的综合水平，用来探究其对国家森林公园旅游效率的影响。

6.1.6 人力资源支持

世界经济发展的历程与经验表明，人力资源对经济发展的影响超过自然资源、资本资源和信息资源，是经济发展的第一要素和第一资源。经济学理论认为劳动力促进经济增长主要通过内部效应和外部效应两种途径实现，内部效应是指劳动力本身就是一种生产要素，可以提升生产单元的生产率水平，外部效应是指劳动力对所有要素资源效率的发挥产生重要影响，是生产单元规模报酬递增和经济增长的重要驱动力。国家森林公园旅游业具有劳动密集型和知识密集型产业的双重特征，旅游业的发展需要大量的人力资源提供支持，但目前我国国家森林公园人力资源发展存在诸多问题，如国家森林公园从业人员数量短缺，甚至出现一个国家森林公园仅有几名员工的现象，同时，国家森林公园职工大多从原林业相关工作岗位转向旅游专业工作岗位，在面对新的工作时缺乏必要的知识储备和技能水平，而国家森林公园旅游管理人才就更加奇缺，行业需要“懂林业、会旅游”的复合型、高素质人才在森林公园旅游发展的思想观念、发展思路、管理方式、经营手段等各个方面加以引领，从而实现国家森林公园各项要素资源的优化配置。另外，人才支持还将对国家森林公园的科技创新力度，尤其是旅游产品的创新升级产生重要影响，并最终为国家森林公园旅游业发展的转型升级提供智力支持。从这些分析不难看出人力资源支持对国家森林公园旅游效率的影响巨大。一般可以通过人力资源质量和数量来衡量人力资源支持水平，但国家森林公园人力资源的质量较难衡量，因此在保证国家森林人力资源数量的基础上追求质量是人力资源的重要开拓路径。故本章采用国家森林公园人力资源的数量来衡量人力资源支持水平，即国家森林公园职工人数与国家森林公园面积之比。

本章选取的各类影响因素及指标汇总如表6-2所示。所有指标的数据来源于2009—2018年的《中国旅游统计年鉴》《中国旅游统计年鉴副本》《中国统计年鉴》《中国林业统计年鉴》《森林公园年度建设与经营情况统计表》，以及2009—2018年各省份的国民经济和社会发展统计公报等。

表6-2　国家森林公园旅游效率的影响因素指标集合

	影响因子	变量选择	因子符号
国家森林公园旅游效率影响因素指标	经济发展水平	人均GDP	JJFZSP
	市场化程度	入境旅游收入与旅游总收入比值	SCHCD
	交通可达性	交通路网密度①	JTKDX
	森林资源禀赋	森林覆盖率	SLZYBF
	旅游设施水平	运用熵值法计算国家森林公园旅游设施水平②	LYSSSP
	人力资源支持	国家森林公园职工人数与国家森林公园面积之比	RLZYZC

注：①交通路网密度=（高速公路里程+铁路营业里程总数）÷区域面积；②根据熵值法对国家森林公园的车船、游步道、床位、餐位数量进行计算所得。

6.2　基于Tobit模型的影响因素分析

6.2.1　Tobit模型构建

本章中的因变量是各项效率的值，都在0—1，属于截断数据，若采用普通的最小二乘法将会产生一定的偏差和与现实结果不一致的现象，根据对效率研究的成果可知，大多数学者都采用Tobit模型来探究效率的影响因素问题，即采用经典的DEA-Tobit方法，这主要是因为Tobit模型可以较好地解决传统回归所带来的弊端，基于此本章选择Tobit模型对国家森林公园旅游效率的影响因素进行科学研究。根据所选的影响因素指标对国家森林公园各项效率（旅游综合效率、旅游纯技术效率、旅游规模效率）分别构建如下模型：

$$K_{it}=\beta_0+\beta_1 JJFZSP_{it}+\beta_2 SCHCD_{it}+\beta_3 JTKDX_{it}+\beta_4 SLZYBF_{it}+\beta_5 LYSSSP_{it}+\beta_6 RLZYZC_{it}+u_{1ij} \quad (6-1)$$

$$TE_{it}=\beta_{TE0}+\beta_{TE1} JJFZSP_{it}+\beta_{TE2} SCHCD_{it}+\beta_{TE3} JTKDX_{it}+\beta_{TE4} SLZYBF_{it}+\beta_{TE5} LYSSSP_{it}+\beta_{TE6} RLZYZC_{it}+u_{2ij} \quad (6-2)$$

$$SE_{it}=\beta_{SE0}+\beta_{SE1} JJFZSP_{it}+\beta_{SE2} SCHCD_{it}+\beta_{SE3} JTKDX_{it}+\beta_{SE4} SLZYBF_{it}+\beta_{SE5} LYSSSP_{it}+\beta_{SE6} RLZYZC_{it}+u_{3ij} \quad (6-3)$$

式 6-1、式 6-2、式 6-3 分别对国家森林公园旅游综合效率（K）、纯技术效率（TE）和规模效率（SE）影响因素进行探究，其中 β_0、β_{TE0} 和 β_{SE0} 分别为 3 个模型中的常数项，β_i、β_{TEi} 和 β_{SEi} 为回归系数，u_{1ij}、u_{2ij} 和 u_{3ij} 为 3 个模型的残差，表示没有包含变量和不可观测的因素，K_{it}、TE_{it} 和 SE_{it} 分别表示第 i 个省份 t 期的国家森林公园旅游综合效率、纯技术效率和规模效率的值。

6.2.2 结果分析

6.2.2.1 基于 Tobit 模型的旅游综合效率影响因素分析

运用 Eviews6.0 软件对旅游综合效率的影响因素进行 Tobit 回归分析，结果如表 6-3 所示，各因素都通过了显著性检验，表明各影响因素对国家森林公园旅游综合效率均呈现出正向的驱动力。由表 6-3 中各因子的回归系数可知，各项因子的影响强度呈人力资源支持＞旅游设施水平＞交通可达性＞经济发展水平＞市场化程度＞森林资源禀赋的顺序排列。在保持其他因素不变的情况下，人力资源支持每上升 1%，国家森林公园旅游综合效率将提升 0.5425%；旅游设施水平每上升 1%，国家森林公园旅游综合效率将提升 0.3693%；交通可达性每上升 1%，国家森林公园旅游综合效率将提升 0.1796%；经济发展水平每上升 1%，国家森林公园旅游综合效率将提升 0.1198%；市场化程度每上升 1%，国家森林公园旅游综合效率将提升 0.0074%；森林资源禀赋每上升 1%，国家森林公园旅游综合效率将提升 0.0053%。

根据上述分析可知，人力资源支持（0.5425%）对国家森林公园旅游综合效率的正向驱动力最强，表明人力资源支持对我国国家森林公园旅游发展起到了最为关键的驱动作用，人才驱动战略已经成为提升国家森林公园旅游竞争力的突破口，是促进国家森林公园资源要素有效与合理配置、产品创新、新技术使用的重要推动力。旅游设施水平（0.3693%）排名第二，表明国家森林公园旅游设施水平对国家森林公园旅游发展的影响较强，旅游设施水平的提升将大大提高国家森林公园旅游的吸引力。当公园内车船、游步道、床位、餐位等数量增加、质量提升时，游客的体验感将明显增强，这会提高游客的旅游满意度和国家森林公园的重游率，最终提升国家森林公园的旅游竞争力。交通可达性（0.1796%）、经济发展水平（0.1198%）分别排在第三、第四位，相差不大，交通可达性表征了省域的交通便捷性，是连接游客和国家森林公园之间的纽带，区域交通可达性越好，无形中增加了游客选择该区域国家森林公园旅游的可能性，经济发展水平对国家森林公园旅游也起到了积极的促进作用，经济发展水平较高，居民的人均可支配收入增加，出游的需求会增加，从而选择国家森林公园旅游的人次和消费量也会增加，必将拉动整个国家森林公园旅游产业的全面发展。市场化程度（0.0074%）与上述 4 个因素相比影响较弱，但也对综合效率起到了正向的驱动作用，市场化程度越高表明整个区域的经济自由化、外向化较为明显，对外交流顺畅，为国家森林公园发展的自主性、灵活性创造了条件。森林资源禀赋（0.0053%）对旅游综合效率也呈现正向的促进作用，虽然相对其他几个因子，其驱动能力最弱，但是也起到了一定的促进作用，这和黄秀娟等人的研究结论较为吻合，森林资源禀赋越高，表明其森林覆盖率越高，区域的森林环境质量越好，对游客的吸引力也就越大，对提升国家森林公园旅游发展越有利。

表 6-3　国家森林公园旅游综合效率 Tobit 模型回归分析结果

自变量（代码）	回归系数	标准误差	标准差	P 值
经济发展水平（JJSP）	0.1198	0.0302	3.9740	0.0001
市场化程度（SCH）	0.0074	0.0038	1.9794	0.0478
交通可达性（JTKD）	0.1796	0.0597	3.0096	0.0026
森林资源禀赋（SLZY）	0.0053	0.0022	2.4032	0.0163
旅游设施水平（LYSS）	0.3693	0.0855	4.3204	0.0000
人力资源支持（RCZY）	0.5425	0.3248	1.6706	0.0948
常数项	−0.5485	0.3148	−1.7422	0.0815

6.2.2.2　基于 Tobit 模型的旅游纯技术效率影响因素分析

运用 Eviews6.0 软件对旅游纯技术效率的影响因素进行 Tobit 回归分析，结果如表 6-4 所示，仅人力资源支持、旅游设施水平、经济发展水平、市场化程度 4 个因子通过了检验，交通可达性和森林资源禀赋两个因子未通过检验，在分析时将其剔除，但观测其回归系数不难发现两个因子对国家森林公园旅游纯技术效率都呈现一定的正向驱动作用。本章重点分析通过检验的 4 个因子对纯技术效率的影响，从表6-4中各因子的回归系数可知，4个因子的影响强度呈人力资源支持>旅游设施水平>经济发展水平>市场化程度的顺序排列。在保持其他因素不变的情况下，人力资源支持每上升1%，国家森林公园旅游纯技术效率将提升0.4197%；旅游设施水平每上升1%，国家森林公园旅游纯技术效率将提升0.1573%；经济发展水平每上升1%，国家森林公园旅游纯技术效率将提升0.1236%；市场化程度每上升1%，国家森林公园旅游纯技术效率将提升0.0061%。

根据上述分析可知，人力资源支持（0.4197%）对国家森林公园旅游纯技术效率的正向驱动力最强，表明人力资源支持上升给国家森林公园旅游纯技术效率的提升创造了条件，人力资源作为技术革新和科技进步的创造者和运用者，对国家森林公园的管理技术水平提升意义重大，未来国家森林公园应该加大力度引进专业的旅游管理人才，在人才的培训上加大资金投入，全面提升国家森林公园的纯技术效率。旅游设施水平（0.1573%）对国家森林公园旅游纯技术效率的正向驱动力排名第二，表明国家森林公园的旅游设施水平提高将会提升国家森林公园资源的有效配置能力，旅游设施水平代表着国家森林公园旅游接待能力，在这些基础设施和服务设施上可以运用新的技术理念和手段，提高旅游服务水平，提升游客满意度，有利于国家森林公园旅游业的发展。经济发展水平（0.1236%）排名第三，表明经济发展水平对旅游纯技术效率的提升也起到了较强的促进作用，一般来说经济发展水平不断提高，区域的科技创新、技术使用能力都能得到增强，国家森林公园旅游业发展也将产品创新、管理方法等方面得到一定的提升。市场化程度（0.0061%）排名最后，但对国家森林公园旅游纯技术效率的提升也起到了正向的促进作用，市场化程度作为旅游经济外向型的重要指标及对外交往的重要指示器，代表着区域旅游业发展的综合实力，市场化程度越高，对外开放的力度就越大，技术创新能力也会得到进一步提升，最终实现国家森林公园旅游纯技术效率的提高。

表6-4 国家森林公园旅游纯技术效率Tobit模型回归分析结果

自变量（代码）	回归系数	标准误差	标准差	P值
经济发展水平（JJSP）	0.1236	0.0279	4.4270	0.0000
市场化程度（SCH）	0.0061	0.0033	1.8563	0.0634
交通可达性（JTKD）	0.0362	0.0353	1.0259	0.3049
森林资源禀赋（SLZY）	0.0010	0.0007	1.3954	0.1629
旅游设施水平（LYSS）	0.1573	0.0487	3.2277	0.0012
人力资源支持（RCZY）	0.4197	0.2443	1.7181	0.0858
常数项	−0.5275	0.2849	−1.8515	0.0641

6.2.2.3　基于 Tobit 模型的旅游规模效率影响因素分析

运用 Eviews6.0 软件对旅游规模效率的影响因素进行 Tobit 回归分析，结果如表 6－5 所示，仅森林资源禀赋、旅游设施水平和人力资源支持 3 个因子通过了检验，其他 3 个因子均未通过检验，在分析时将其剔除，但是不难发现经济发展水平和市场化程度对国家森林公园规模效率起到一定负向作用。本章重点分析通过检验的 3 个因子对规模效率的影响，从表 6－5 中各因子的回归系数可知，3 个因子的影响强度呈人力资源支持＞旅游设施水平＞森林资源禀赋的顺序排列，在保持其他因素不变的情况下，人力资源支持每上升 1%，国家森林公园旅游规模效率将提升 0.3966%；旅游设施水平每上升 1%，国家森林公园旅游规模效率将提升 0.0610%；森林资源禀赋每上升 1%，国家森林公园旅游规模效率将提升 0.0011%。

根据上述分析可知，人力资源支持（0.3966%）对国家森林公园旅游规模效率的正向驱动力最强，表明人力资源支持是国家森林公园扩大投入规模，进行规模集聚化发展的前提，但仍要注意对人力资源质和量的把握，加大对技术管理人才的培养，控制人员比例，防止人力资源过度饱和而产生冗余的现象，否则将不利于国家森林公园整体效率的提升。旅游设施水平（0.0610%）对旅游规模效率的正向驱动力排名第二，表明旅游设施水平的提升对国家森林公园投入的资源要素的规模收益的集聚效应具有促进作用，未来应该加大旅游设施的投入力度，提升国家森林公园旅游发展的规模效应。森林资源禀赋（0.0011%）对旅游规模效率影响强度最小，但仍然起到了正向驱动作用，表明森林资源禀赋是国家森林公园发展的基础，是国家森林公园取得环境和生态效益的保障，未来各省域要继续提高森林覆盖率，贯彻“绿水青山就是金山银山”的发展理念，树立“在发展中保护，在保护中发展”的国家森林公园旅游科学发展观。目前我国国家森林公园旅游仍然以粗放式的发展模式为主，资源的浪费现象较为明显，未来应继续提升国家森林公园旅游的技术应用水平，使资源要素的配置更加合理，实现国家森林公园旅游综合效率的提升，为国家森林公园旅游的可持续发展奠定基础。

表 6－5　国家森林公园旅游规模效率 Tobit 模型回归分析结果

自变量（代码）	回归系数	标准误差	标准差	P 值
经济发展水平（JJSP）	－0.0035	0.0171	－0.2051	0.8375
市场化程度（SCH）	－0.0021	0.0020	－1.0283	0.3038
交通可达性（JTKD）	0.0259	0.0216	1.1993	0.2304
森林资源禀赋（SLZY）	0.0011	0.0005	2.2227	0.0262
旅游设施水平（LYSS）	0.0610	0.0299	2.0408	0.0413

（续表）

自变量（代码）	回归系数	标准误差	标准差	P 值
人力资源支持（RCZY）	0.3966	0.1776	2.2328	0.0256
常数项	0.8786	0.1747	5.0280	0.0000

6.3 基于 GWR 模型的影响因素分析

Tobit 经典模型回归只能在全域的整体尺度上测度不同影响因子对各项效率的驱动效应，却忽略了影响因素时间效应和空间效应的不同。为了进一步探究各种影响因子对不同省域产生影响的异质性及影响的时空格局演变规律，本节对经典 Tobit 模型进行了进一步修正，运用 GWR 地理加权回归的方法深入探究各影响因子对不同省域国家森林公园旅游各项效率的影响机理及不同时间节点影响的时空演化规律，并通过 Arcgis10.3 对其进行可视化，揭示各影响因子对各项效率驱动的时空效应。基于此，本节主要解决两个问题：一是各影响因素的均值对各项效率均值产生影响的省际差异，二是从时空演化角度探究各影响因素对各项效率产生影响的时空演化规律。为了保证研究的连续性和可比性，各项效率的影响因子选择了前文中在 Tobit 回归模型中通过检验的因子，剔除未通过检验的因子，在时间节点选择方面，依然选择 2008 年、2011 年、2014 年及 2017 年截面进行分析。

6.3.1 GWR 模型构建

地理加权回归模型简称为 GWR 模型，由 Brunsdon 和 Fotheringham 于 1996 年首次提出。该模型可对局部的空间参数进行估计，弥补了传统回归模型均质化、全局效应的不足，已经受到了国内外学者的广泛关注和使用，尤其在人文地理、经济学、农学及环境气象学等领域最为常见，其核心思想是在回归参数中引入数据的地理位置，根据相邻观测值的子样本数据信息对不同区域的影响进行估计，可以准确反映不同空间参数的非平稳性，并进一步观察到变量随着空间位置的迁移而产生的变化情况，这个过程使得整个结果更加科学、可靠。因此，运用 GWR 方法可以反映国家森林公园旅游各项效率与其影响因素的空间关系，模型构建如下：

$$y_i = \beta_0(u_i, v_i) + \sum_k \beta_k(u_i, v_i) x_{ik} + \varepsilon_i \tag{6-4}$$

式6-4中，y_i 为 $n\times 1$ 维解释变量，x_{ik} 为 $n\times k$ 维解释变量矩阵，$\beta_k(u_i, v_i)x_{ik}$ 是因素 k 在回归点 i 的回归系数，k 则反映自变量的个数($k=1, 2, 3, \cdots, n$)，(u_i, v_i) 为地理位置 i 的经纬度坐标，ε_i 是随机扰动项。

一般采用高斯函数来确定GWR模型权重，从而实现对观测点参数的科学估计，而带宽的计算则要根据信息准则(AIC)法与核密度法来实现，然后再进行地理加权回归计算。采用高斯函数确定权重函数为：

$$w_{ij}=exp\left[-\left(\frac{d_{ij}}{b}\right)^2\right] \tag{6-5}$$

再运用Cleveland(1979)提出的交叉确认法(CV)确定带宽 b，该方法中 b 与 CV 的关系如下：

$$CV=\sum_{i=1}^{n}\left[y_i-\hat{y}_{\neq i}(b)\right]^2 \tag{6-6}$$

式6-5中，d_{ij} 是样本点 i 和 j 直接的距离，式6-6中，$\hat{y}_{\neq i}$ 是 y_i 的拟合值。一般认为，当 CV 取最小值时，计算所得到的 b 值就是所对应的带宽。但是确定权重的方法较多，不同方法所得到的宽带值有所差异。目前，国内外学者多选取 AIC 最小值计算其所对应的带宽 b 即为最佳带宽。

6.3.2　结果分析

6.3.2.1　基于GWR模型的旅游综合效率影响因素分析

(1) 不同影响因素对旅游综合效率影响的空间分异特征

为了探究不同影响因素对国家森林公园旅游综合效率的不同驱动效应，本节以2008—2017年各项影响因素均值为自变量，以旅游综合效率均值为因变量，运用GWR模型探究不同影响因素在不同区域作用的空间分异特征，不同影响因素回归系数的空间分布如图6-1所示。

1) 经济发展水平对国家森林公园旅游综合效率的提高起到正向影响作用，其影响强度的高值区主要在我国的新疆、西藏、甘肃和青海等西北部地区，这些区域经济发展相对落后，其经济发展一方面会增加该区域居民的收入，激发旅游需求，从而提高对国家森林公园旅游产品的需求量，另一方面可以加大对国家森林公园旅游发展相关基础设施的投入，对国家森林公园的旅游开发力度也会增强，最终将增强国家森林公园旅游的吸引力。正如前文所说，经济发展水平的不断提高，带来的各种要素资源为经济欠发达地区国家森林公园旅游的发展创造了条件。低值区主要在我国的云南、贵州和广西等西南部省份，这些区域旅游资源较为丰富，国家森林公园旅游对居民的吸引力不大，相关部门对国家森林公园旅游发展不够重视，其经济发展对国家森林公园旅游发展起到的正向作用相对偏弱。

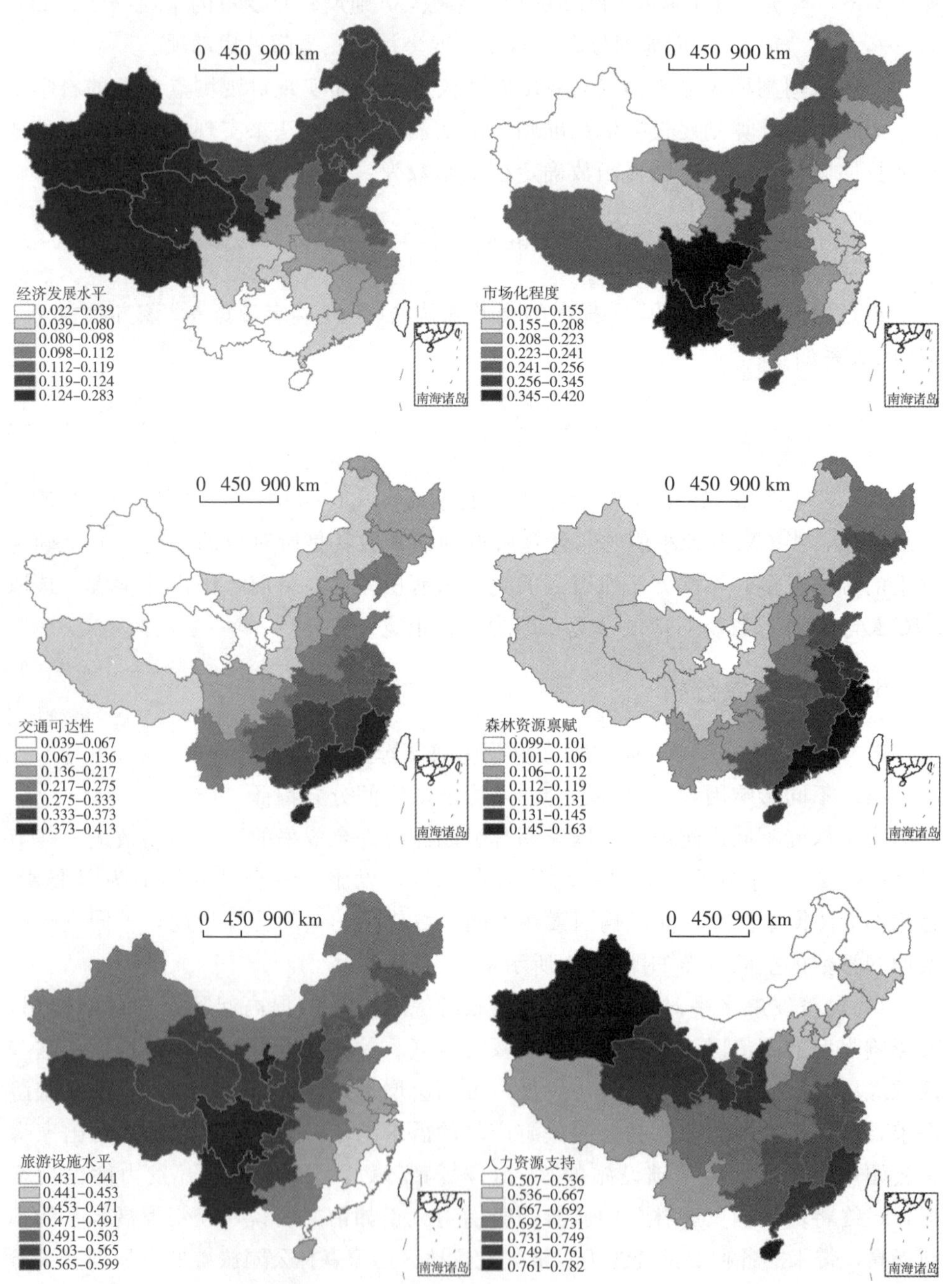

该图基于国家测绘地理信息局标准地图服务网站下载的审图号为 GS（2016）2888 号的标准地图制作，底图无修改。

图 6－1　不同影响因子均值与旅游综合效率均值的回归系数空间分异

2）市场化程度和国家森林公园旅游综合效率呈正相关，其影响强度的高值区主要在四川和云南，次高值区主要在陕西、重庆、贵州、广西和海南等省份，这些省份较好地将市场化程度的提升和国家森林公园旅游的发展有机结合起来，市场化程度的不断提升，使其对外交流的能力增强，更多的信息流、技术流被引入国家森林公园旅游发展当中，促进国家森林公园旅游效率的提升。低值区主要在新疆等西北地区，且东南沿海如福建、江苏和浙江等地也有次低值区分布，究其原因，西北地区近年来市场化程度提升较慢，对外交流没有得到快速发展，导致其国家森林公园旅游发展市场化进程较慢，而东南沿海地区市场化程度应该最高，但是对国家森林公园旅游效率的作用不太明显，这主要是因为这些区域的市场化发展与国家森林公园旅游发展结合度不够，未能运用市场化过程中带来的各种资源要素来全面提升国家森林公园的旅游效率。

3）交通可达性和国家森林公园旅游综合效率呈明显的正相关，其影响强度呈现从东南沿海省份向西北部省份递减的规律，其中对广东、广西和海南影响最大，对新疆、青海和甘肃影响最弱。这表明交通可达性对我国国家森林公园旅游业发展起到了积极的促进作用，但是不同区域的影响程度会有差异。我国经济较发达且可达性基础较好区域的国家森林公园可达性的提升对国家森林公园旅游的发展起到较大的作用，可达性成为森林公园发展的重要驱动力；而经济欠发达地区因地理条件等因素，本来可达性就一般，但正是因其与外界交流较少，其国家森林公园资源保持了较好的独特性和原真性，对游客的旅游吸引力较强，因而交通因素对其出行动力影响就相对较弱，未来应该在保护国家森林公园原真性、独特性的同时继续提升国家森林公园的交通可达性，促进国家森林公园旅游业的发展。

4）森林资源禀赋和国家森林公园旅游综合效率呈正相关，表明其对旅游综合效率起到正向促进作用，其回归系数呈现出从东南部向西北部逐渐减小的态势。其中影响强度的高值区主要在浙江、福建、广东等省份，说明这些区域提升森林资源的禀赋度可以较大程度提升国家森林公园旅游效率，应该扩大植树造林面积，实现生态效益和经济社会效益的全面提升。影响强度的低值区主要在甘肃和宁夏等省份，这些省份森林覆盖率不高，且国家森林公园的数量也不多，区内游客的需求也相对较低，因此提高森林资源禀赋在短时间内对国家森林公园旅游的整体发展影响不大，但是整体上还可以起到促进作用，未来也应该扩大植树造林面积，提高区域的整体森林旅游环境，实现旅游效率的进一步提升。

5）旅游设施水平与国家森林公园旅游综合效率呈正相关，相关系数相对较高，表明旅游设施水平对国家森林公园旅游效率具有较强的正向促进作用，回归系数在空间上表现为从西南区域向东西方向逐渐减弱的态势。其中影响强度的高值区为云南、四川和宁夏等西南及西北地区省份，这些省份国家森林公园旅游设施水平相对较低，旅游设施水平的提升将促进国家森林公园整体的旅游环境和旅游舒适度、便利性、满意度产生较大的提升，因此应继续提升国家森林公园的车船、游步道、床位、餐位等数量和质量，促进国家森林公园旅游的进一步发展。影响强度的低值区主要在福建、广东和浙江等东南沿海发达地区省份，这些区域的国家森林公园旅游设施水平已经相对较高，旅游配套相对完善，旅游设施水平的进一步改善对旅游综合效率的提升有一定的正向影响，但是相对西部地区省份明显偏弱。

6）人力资源支持和国家森林公园旅游综合效率呈现明显的正相关，在6个因素中对国家森林公园旅游效率的正向影响最大，在空间分布上，影响强度呈现“东西高、中部低”的特点。高值区主要在西北部的新疆、甘肃和青海等省份，次高值区主要在东部沿海的省份。国家森林公园旅游业是我国旅游产业的重要组成部分，属于劳动和知识密集型产业，近年来，西北部省份的国家森林公园旅游发展迅猛，该地区一直把人力资源作为推动国家森林公园旅游业可持续发展的动力，在人才引进方面力度较大，通过人才驱动战略实现了国家森林公园旅游的快速发展，东部沿海地区人力资源较为集中，对国家森林公园旅游发展也起到了较好的驱动作用。影响强度的低值区为内蒙古和黑龙江等省份，这些区域社会经济发展不景气，人才稳定性较差，人才流失现象严重，另外，这些区域的国家森林公园的前身大多为林场，国家森林公园的从业人员多为林场工人，缺乏专业化的旅游管理和运营人才，因此人力资源支持对国家森林公园旅游发展的作用相对较弱。

（2）不同影响因素对旅游综合效率影响的时空演化特征

为了探究不同时间截面上经济发展水平、市场化程度、交通可达性、森林资源禀赋、旅游设施水平、人力资源支持6个因子对国家森林公园旅游综合效率驱动的空间演化特征，本节选用2008年、2011年、2014年、2017年的6个因子和对应年份的旅游综合效率值进行地理加权回归分析，得到相应的对比图，如图6-2、图6-3、图6-4、图6-5、图6-6、图6-7所示。

1）经济发展水平对旅游综合效率影响的时空变异特征

经济发展水平对区域国家森林公园旅游发展具有重要的推动作用。根据GWR模型研判不同省域单元中经济发展水平对国家森林公园旅游综合效率的影响差异，形成如图6-2所示的空间分异状态，由图可知经济发展水平和国家森林公园旅游综合效率呈正相关关系，表明经济发展水平对旅游综合效率起到促进作用。从回归系数均值的变化来看，其呈现波动的增长态势，表明省域单元的经济发展水平对国家森林公园旅游综合效率的正向作用有所增强。从回归系数的空间分布来看，回归系数的高值区主要分布在东北部及东部沿海地区，低值区主要分布在西藏、新疆及青海等西北部地区，到 2011 年回归系数达到 4 年里的最高值 0.548，高值区演化至我国西部大部分省份，2011 年是我国新一轮“西部大开发战略”和“十二五”的开局之年，西部地区社会经济得到快速发展，这对西部地区的国家森林公园旅游产业产生了积极的促进作用，而低值区演化至内蒙古及东北部地区，但是其回归系数并没有发生多大变化，仍保持在 0.400 以上。2014 年，经济发展水平对旅游综合效率的回归系数的高值区逐渐向西北方向移动，仅剩新疆一个省份进入高值区，而低值区为云南和海南等西南部省份。2017 年回归系数的空间分布和 2014 年基本保持一致，高值区仅在新疆分布，低值区为广西、贵州、重庆和陕西，总体来看回归系数的分布相对均匀，经济发展水平对国家森林公园旅游综合效率影响的区域差异有所减小，表明各地区在社会经济高速发展的同时，对国家森林公园的旅游发展更加关注，区域经济发展和国家森林公园旅游发展的耦合度更高，形成了良好的互动发展态势。

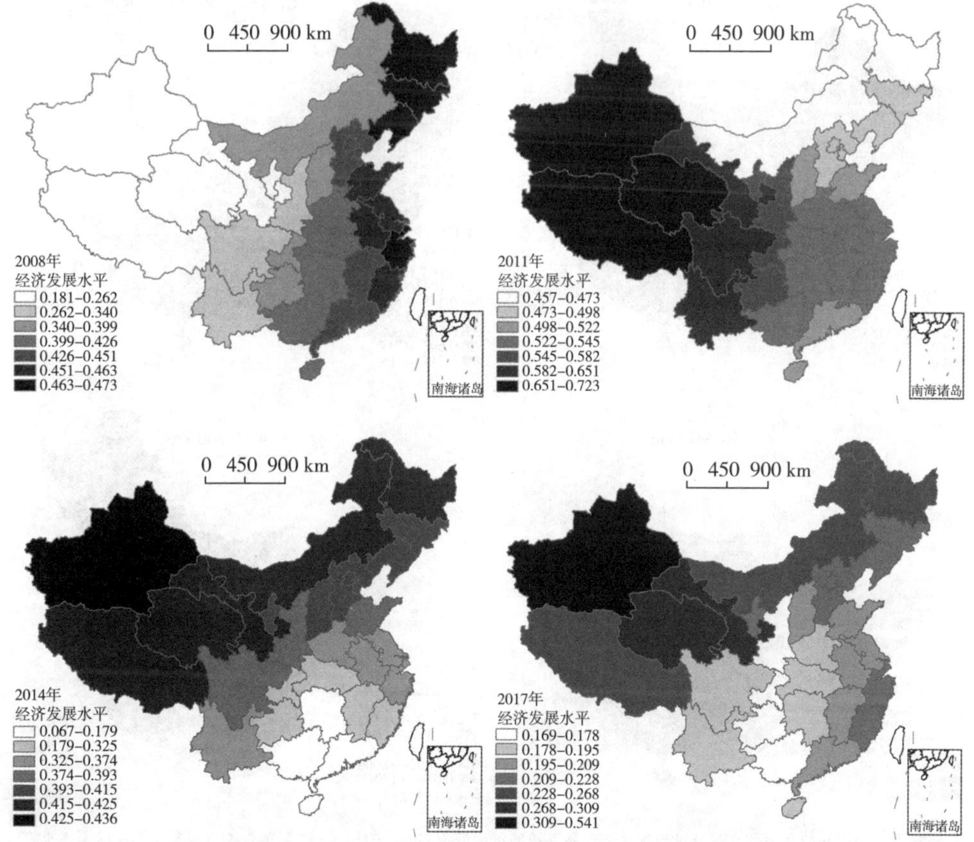

该图基于国家测绘地理信息局标准地图服务网站下载的审图号为 GS（2016）2888 号的标准地图制作，底图无修改。

图 6-2　经济发展水平与旅游综合效率回归系数 4 个年份的对比

2）市场化程度对旅游综合效率影响的时空变异特征

从图 6 - 3 可知，4 个年份的市场化程度与国家森林公园旅游综合效率的回归系数值差异较大，回归系数有正有负，表明市场化程度与国家森林公园旅游综合效率呈现正负相关并存的状态。从 4 个年份的回归系数均值来看，从 2008 年的 0.119 上升至 2011 年的 0.529，再下降到 2014 年的 0.028，最后下降到 2017 年的 0.002，由此可知市场化程度对旅游综合效率总体上呈现促进作用，不同年份及不同省域之间差异较大，其驱动作用呈现出先增大后减小的态势。从回归系数的空间分布来看，在空间上出现了与其呈正负相关的两种省域类型。具体来看，2008 年回归系数在空间分布上正负相间，其高值区主要分布在西部地区的西藏、新疆、青海、四川、甘肃和宁夏等省份，西部地区借助西部大开发的有利政策机遇，市场化程度提高较快，各种资金流、信息流、技术流的涌入极大地促进了西

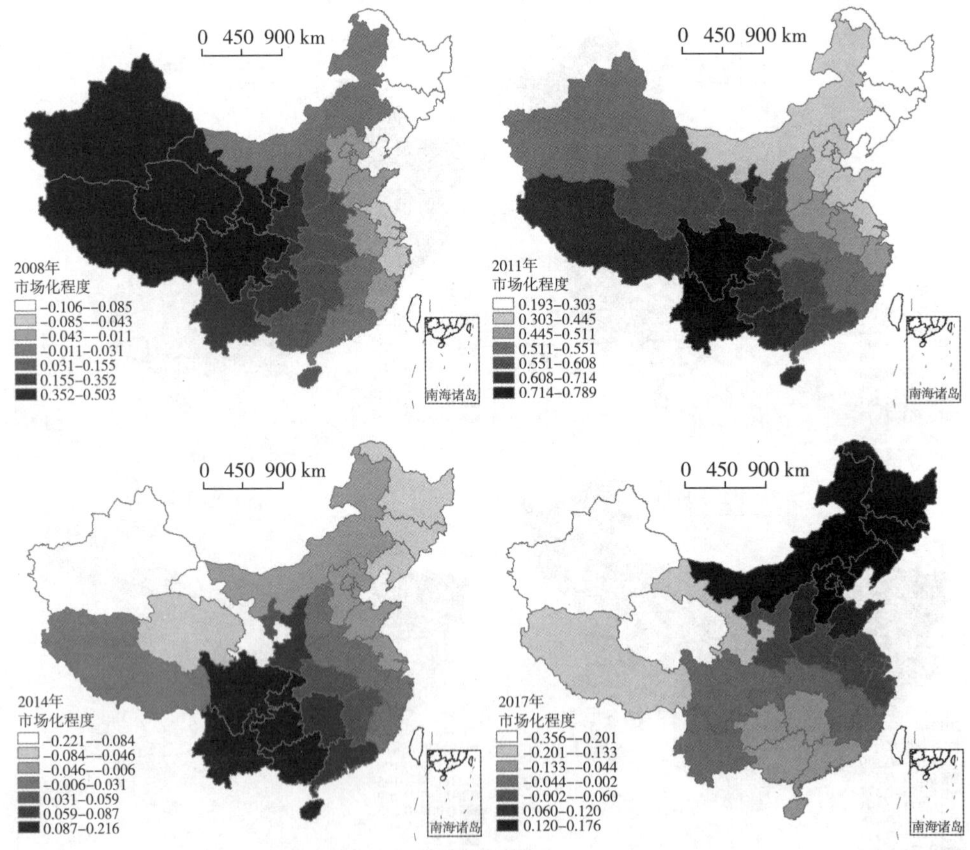

该图基于国家测绘地理信息局标准地图服务网站下载的审图号为 GS（2016）2888 号的标准地图制作，底图无修改。

图 6 - 3　市场化程度与旅游综合效率回归系数 4 个年份的对比

部地区国家森林公园旅游业的发展，而低值区且回归系数为负的区域主要分布在东北部及东南沿海地区；2011 年全国各省的回归系数均为正值，高值区主要分布在西南地区的四川和云南等省份，其回归系数为 0.714 以上，表明市场化程度对各省域的国家森林公园旅游综合效率起到了较大的促进作用；2014 年回归系数的高值区继续往西南方向迁移，范围扩大到四川、云南、重庆、贵州、广西和海南 6 个省份，而低值区演化为西北地区，这表明市场化程度对国家森林公园旅游综合效率影响的稳定性相对较差，可能和不同省份国家森林公园旅游发展的政策差异有关；2017 年回归系数的高值区演化至东北、京津冀及内蒙古一带，而其他大部分省域的回归系数均为负数，表明市场化程度对国家森林公园旅游综合效率的影响呈现抑制作用。未来为了扭转这种不良的状态，国家森林公园应该依托所在省份和区域对外开放所带来的各种资源，以市场为导向，提升国家森林公园要素资源的利用能力，最大限度地发挥区域内国家森林公园旅游发展的产业集聚优势，实现旅游发展的规模效率提升。

3）交通可达性对旅游综合效率影响的时空变异特征

如图 6－4 所示，2008—2017 年 4 个年份的交通可达性与国家森林公园旅游综合效率之间呈现明显的正相关，交通可达性对国家森林公园旅游综合效率的提升有着明显的促进作用。从回归系数的均值变化来看，2008—2017 年交通可达性的回归系数均值均为正，但呈现波动缩小态势，表明交通可达性对国家森林公园旅游综合效率的提升起到正向的促进作用，但这种作用在逐渐减弱。从回归系数的空间分布来看，2008 年回归系数的高值区主要分布在东南沿海的浙江、江苏、福建和广东等省份，这些省份的经济较为发达，交通可达性较好，为省内外游客前往国家森林公园旅游提供了便利条件，从而较好地促进了本地区国家森林公园旅游业的发展。回归系数低值区主要分布在甘肃和宁夏等省份，这些省份交通条件相对落后，国家森林公园的可达性较差，交通发展速度也较慢，对国家森林公园旅游综合效率提升的促进作用较小，应该继续加强道路建设，全面提升国家森林公园的可达性。2011 年回归系数高值区基本上和 2008 年保持不变，也主要分布在东南沿海地区，而低值区继续向西北方向移动，在原来的基础上增加了新疆、西藏和青海等省份，这些省份也应继续提高自身的交通可达性，为国家森林公园旅游发展带来更多潜在游客。2014 年回归系数呈现从东南沿海地区向西北方向递减的空间分异特征，高值区主要分布在福建、广东和海南等省份，低值区在 2011 年的基础上往北部地区迁移，内蒙古代替西藏进入低值区，从 4 个年份回归系数的大小来看，最大的为 0.445，各省域间差异较大，表明交通可达性对国家森林公园旅游综合效率起到重要影响，高值区的可达性每提高 1%，国家森林公园旅游综合效率可以提升 0.7%左右，而低值区的可达性每提高 1%，国家森林公园旅游综合效率提升不足 0.14%，由此可知，在不同省域，交通可达性对国家森林公园旅游综合效率的促进作用差异巨大，西北部地区应该继续完善道路交通设施建设，提高交通可达性对其省域国家森林公园旅游综合效率提升的促进作用。2017 年回归系数的高值区减少为广东和海南两个省份，低值区演变为新疆、甘肃、宁夏和内蒙古 4 个省份，各省份的回归系数相差不大，系数值相对 2014 年有大幅度下降，且相对 2008 年也有所下降，表明交通可达性对国家森林公园旅游综合效率的影响在下降。这一方面是由于近年来各省份的交通可达性提升较快，差距逐渐减小，另一方面是因为随着自驾游时代的到来，游客旅行性越来越便利，从而导致交通对国家森林公园旅游发展的影响减弱，但不容忽视的是交通可达性仍然是影响国家森林公园旅游发展的主要驱动力。

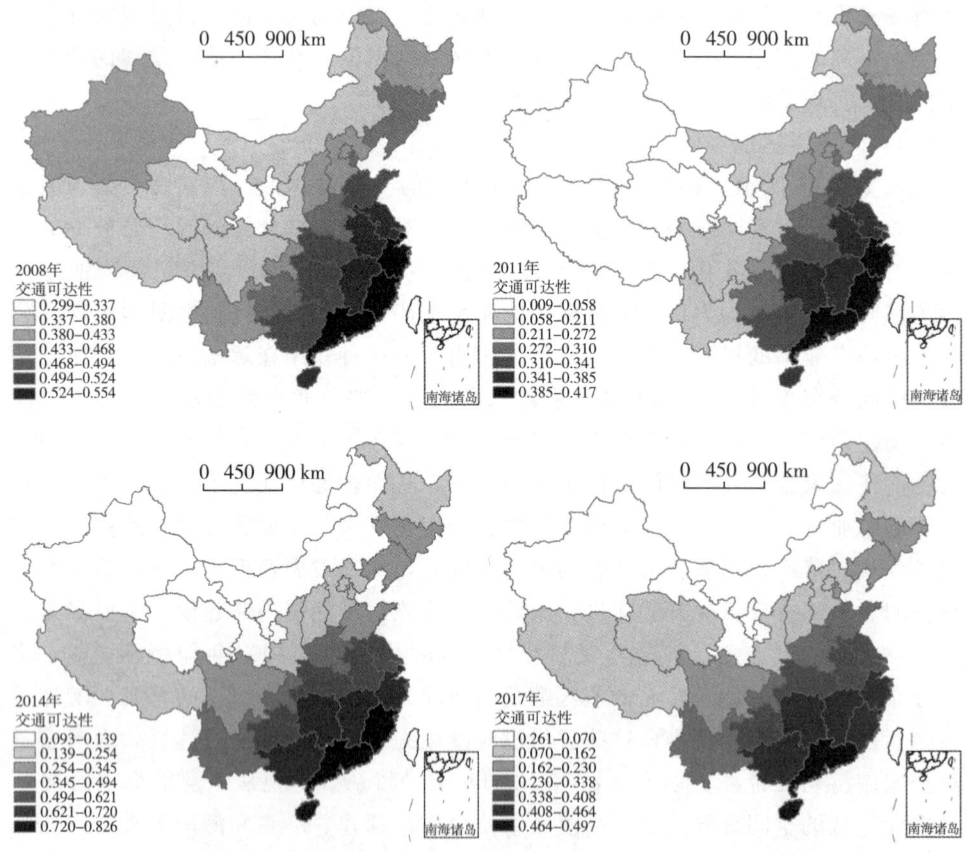

该图基于国家测绘地理信息局标准地图服务网站下载的审图号为 GS（2016）2888 号的标准地图制作，底图无修改。

图 6-4　交通可达性与旅游综合效率回归系数 4 个年份的对比

4）森林资源禀赋对旅游综合效率影响的时空变异特征

如图 6-5 所示，森林资源禀赋和各省域国家森林公园旅游综合效率呈正相

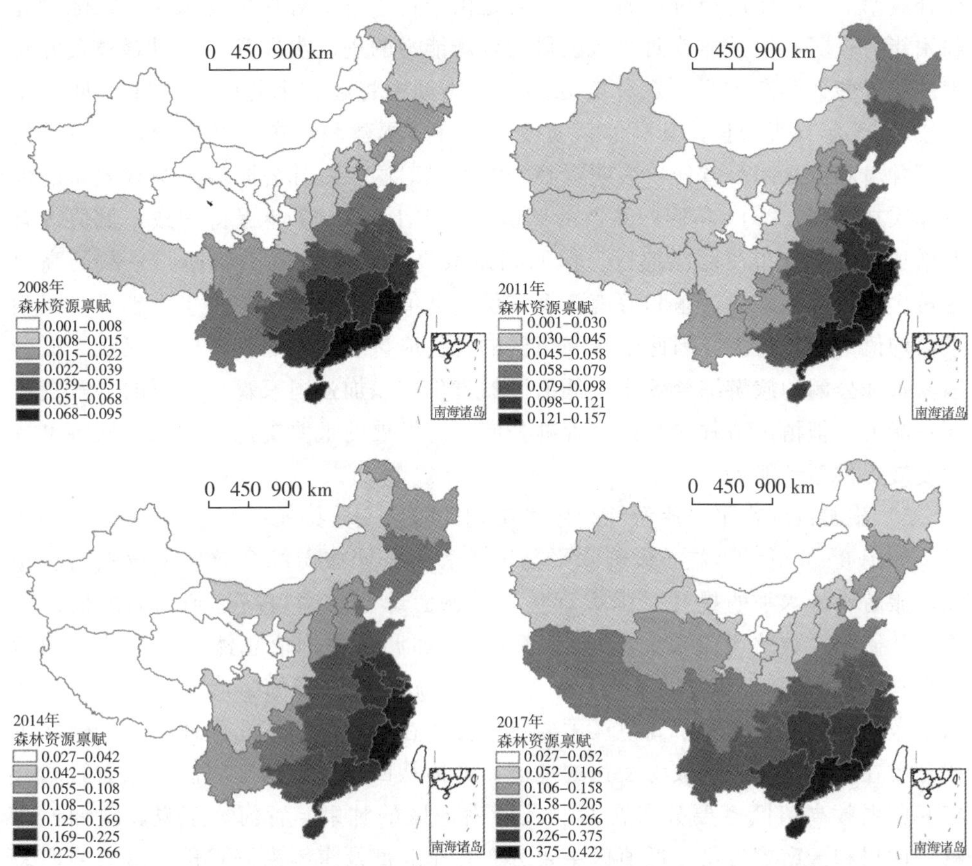

该图基于国家测绘地理信息局标准地图服务网站下载的审图号为GS（2016）2888号的标准地图制作，底图无修改。

图6-5 森林资源禀赋与旅游综合效率回归系数4个年份的对比

关，表明森林资源禀赋对各省域国家森林公园旅游综合效率的提升起到促进作用。从回归系数的均值来看，2008—2017年，回归系数均值呈现不断扩大态势，表明森林资源禀赋对国家森林公园旅游综合效率的影响不断增强。未来各省份应该不断扩大植树造林面积，提升国家森林公园旅游的环境质量，全面实现国家森林公园的经济效益和环境效益。从回归系数的空间分布的差异来看，4个年份的回归系数大都呈从东南沿海地区向西北地区逐渐减小的态势，高值区大部分分布在浙江、福建、广东和海南4个省份。其中，2008年回归系数均为正值，回归系数的高值区主要为福建、广东和海南等省份，表明森林资源禀赋的提高对国家森林公园旅游综合效率具有较好的提升作用，应扩大植树造林面积，提升森林覆盖率，美化国家森林公园的旅游环境；回归系数的低值区主要分布在西北地区的新疆、青海、甘肃和内蒙古等省份，这些区域森林资源禀赋对国家森林公园旅游综合效率的促进作用相对较弱，这主要是由于这些省份对森林资源要素的配置和利用能力较弱，但是随着西北地区科技创新能力的进一步提升，其对森林资源要素的配置能力逐渐增强，森林资源禀赋的驱动力将会越来越强。2011 年回归系数较 2008 年有所增长，其高值区演变为浙江、福建和广东 3 个省份，低值区仅剩下甘肃和宁夏两个省份，表明森林资源禀赋对国家森林公园旅游综合效率的促进作用在增强。2014 年回归系数的高值区基本上和 2011 年保持一致，低值区有所增加，主要分布在西部地区，但回归系数仍在增大。2017 年回归系数的高值区再次演化为福建、广东和海南 3 个省份，低值区仅剩下内蒙古 1 个省份，回归系数均值为历年最大，因此未来高值区的省份应该继续增加森林资源禀赋，提升国家森林公园的旅游综合效率，低值区的省份应该加强国家森林公园的要素资源配置能力，把植树造林作为国家森林公园旅游发展的重要支撑，为森林旅游可持续发展提供新动能。

5）旅游设施水平对旅游综合效率影响的时空变异特征

如图 6-6 所示，旅游设施水平与国家森林公园旅游综合效率呈较强的正相关，旅游设施水平的提升对国家森林公园旅游综合效率提高起到正向的促进作用。从回归系数的均值来看，2008—2017 年回归系数均值总体上呈现波动的增长状态，其中 2011 年回归系数均值最大，旅游设施水平的影响作用最强。从回归系数的空间分布来看，高值区主要集中分布在西北部和东北部地区，低值区主要分布在东南沿海经济较为发达的地区。具体从回归系数的空间演化来看，2008 年回归系数高值区主要分布在西北及西南地区的甘肃、青海、宁夏、陕西、西藏、四川和云南等省份，低值区主要分布在东北部及东南沿海省份，这表明西北及西南地区经济发展相对落后，其国家森林公园旅游设施水平也相对较低，旅游设施水平已经成为其国家森林公园旅游发展的较大瓶颈，因此旅游设施水平的提升将会大大促进这些区域国家森林公园旅游的发展，而东北部及东南沿海省份国家森林公园旅游发展较早，旅游设施水平总体上较高，继续提高旅游设施水平对国家森林公园旅游发展的促进作用相对有限。2011 年回归系数的空间分布与 2008 年类似，高值区总体上往西北方向迁移，新疆进入高值区，而低值区仍然分布在黑龙江、吉林及东南沿海等地区。2014 年回归系数高值区减少，仅剩青海、甘肃和宁夏 3 个省份，呈现出总体向东北方向移动的态势，低值区向南部地区的海南迁移。2017 年回归系数高值区继续向东北方向移动，已经演化至东北部、京津冀和内蒙古等地区，这些区域开始注重国家森林公园的旅游设施建设，把它作为发展国家森林公园的重要基础工作，尤其是京津冀地区，近年来对国家森林公园旅游发展较为重视，努力把国家森林公园打造成市民游客游憩的重要场所，大力改善接待环境和条件，配备完善的服务设施，为国家森林公园旅游综合效率的提高打下了良好基础。回归系数低值区主要分布在广东、广西和海南 3 个省份，虽然该地区旅游业发展较好，但其国家森林公园旅游仍有较大的发展空间，该区域应该继续加大国家森林公园旅游设施的建设力度，以全域旅游为指引对国家森林公园旅游产业进行协同化发展。

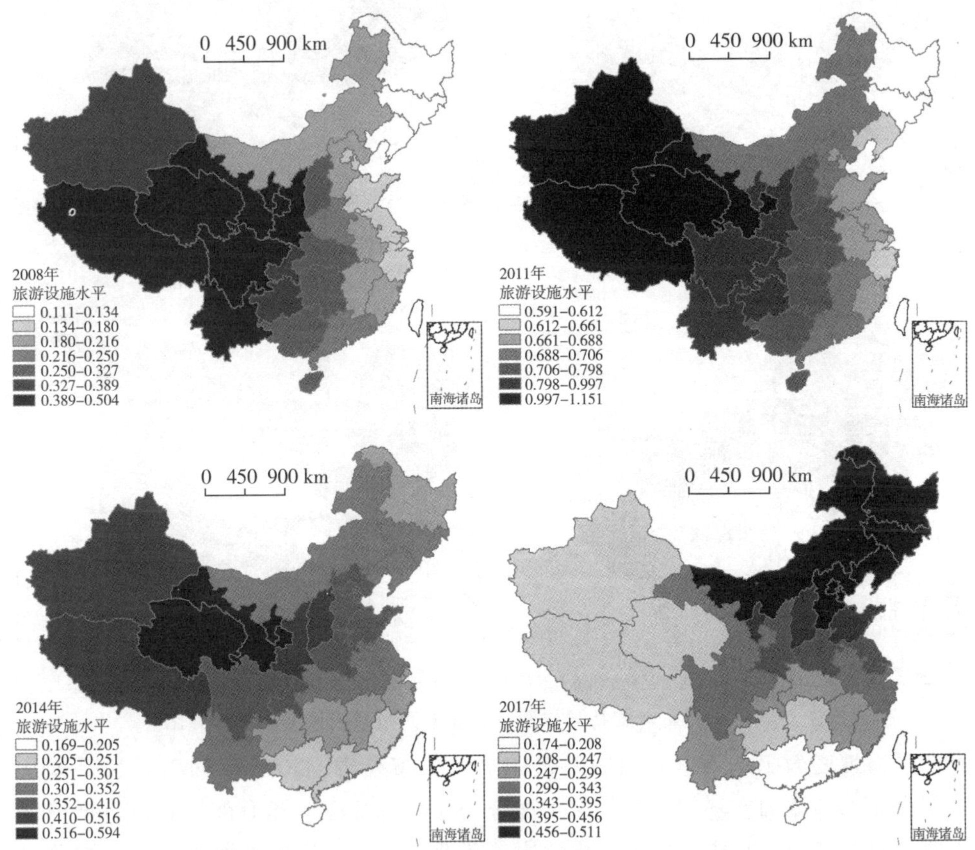

该图基于国家测绘地理信息局标准地图服务网站下载的审图号为 GS（2016）2888 号的标准地图制作，底图无修改。

图 6-6　旅游设施水平与旅游综合效率回归系数 4 个年份的对比

6）人力资源支持对旅游综合效率影响的时空变异特征

如图 6-7 所示，人力资源支持和国家森林公园旅游综合效率呈正相关和负相关并存的状态，其中，除 2008 年部分省域的回归系数为负外，2011—2017 年回归系数均为正，表明在大部分省域人力资源支持对国家森林公园旅游综合效率起到正向的促进作用。从回归系数的历年均值来看，其呈现稳步增长态势，到 2017 年回归系数均值达到 1.57，表明人力资源支持每提高 1%，国家森林公园旅游综合效率会提升 1.57%，显然人力资源支持已经成为国家森林公园旅游效率

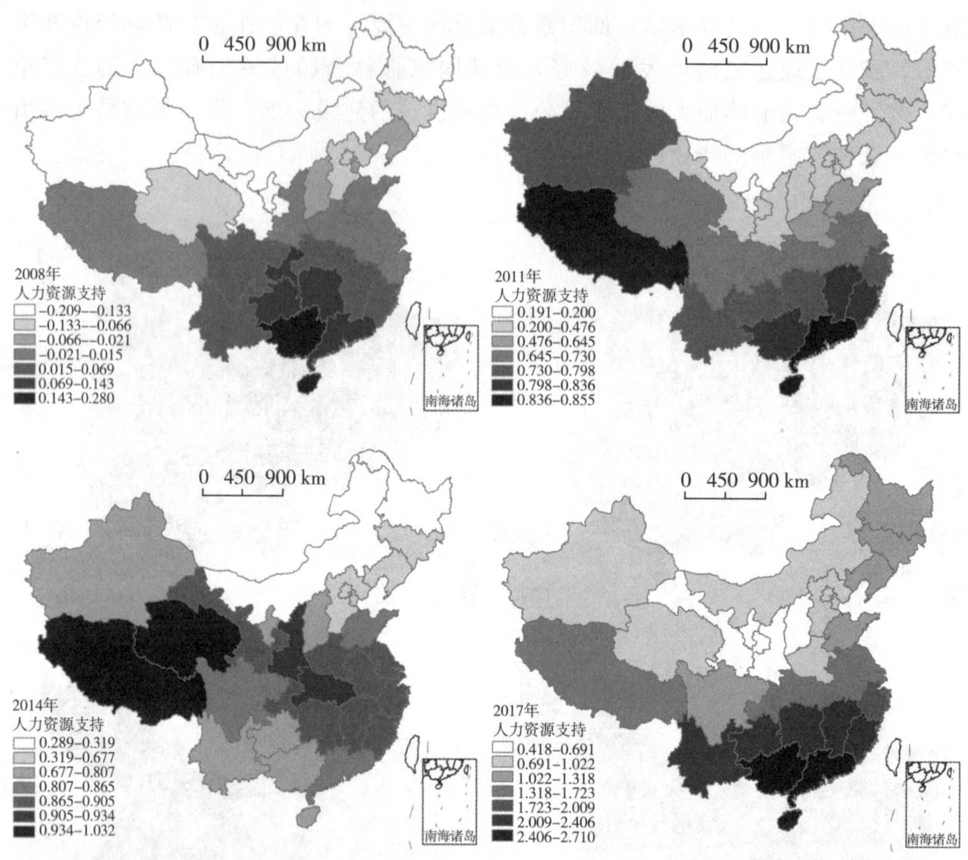

该图基于国家测绘地理信息局标准地图服务网站下载的审图号为 GS（2016）2888 号的标准地图制作，底图无修改。

图 6-7　人力资源支持与旅游综合效率回归系数 4 个年份的对比

提升最为重要的驱动力。从回归系数的空间分布来看，2008 年回归系数呈现从南部往北部递减的态势，其高值区主要分布在南部的广西和海南等省份，低值区主要分布在新疆、甘肃、宁夏和内蒙古等西北部省份，回归系数为负的主要分布在以云南、四川、湖北、江西和福建为分界线的北部省份，这一方面表明西北部省域国家森林公园旅游发展的人才驱动战略没有起到应有的作用，另一方面表明这些区域国家森林公园旅游发展的人才资源较为匮乏，高端技术人才流失严重，留下和招聘到的人力资源能力和水平有限，对国家森林公园旅游发展所起到的作用有限，甚至会造成人员的冗余，对国家森林公园旅游发展造成一定的负担，未来应该加大力度吸引一流人才，实施“人才兴旅”战略。2011 年回归系数在整个空间上均为正值，空间上表现为“两头高、中间低”的分异特征，高值区主要分布在东南部的广东和海南，以及西北部的西藏，低值区主要分布在内蒙古及中部地区，表明中部地区国家森林公园的人力资源支持对其旅游业发展作用较弱，未来应该加强人力资源培训力度，提升人才的技能水平、运营管理水平，增强国家森林公园旅游发展的软实力。2014 年回归系数仍旧呈现"两头高、中间低"的分布格局，其中高值区主要分布在青海和西藏等省份，东部沿海地区回归系数次之，低值区主要分布在内蒙古和黑龙江等省份，这和东部沿海地区近年来经济不景气有关，人才流失严重，造成人力资源支持对国家森林公园旅游发展的促进作用减弱。2017 年回归系数达到顶峰，各省份均表现出人力资源支持对国家森林公园旅游发展的强大驱动力，高值区演化为西南部省份，其中广东、广西和海南最高，低值区主要分布在甘肃、宁夏、陕西和山西一带，虽是低值区，但其回归系数也较高，都在 0.418 以上，由此可知，未来国家森林公园旅游发展应该紧抓人才驱动这个关键要素，全面提升国家森林公园旅游发展的软实力，为国家森林公园转型升级，走内涵式发展道路提供智力支持。

6.3.2.2　基于 GWR 模型的旅游纯技术效率影响因素分析

(1) 不同影响因素对旅游纯技术效率影响的空间分异特征

根据 Tobit 模型中对旅游纯技术效率的影响因素分析可知，经济发展水平、市场化程度、旅游设施水平及人力资源支持 4 个因素通过了检验，表明其对国家森林公园旅游纯技术效率有一定影响，因此本节内容主要以这个 4 个因素为研究对象，采用 GWR 模型探究各影响因素的均值对旅游纯技术效率均值影响的省际差异。研究发现，4 个驱动因子与旅游纯技术效率均值的回归系数在空间上呈现出明显的差异，并表现出一定的分异规律，如图 6 - 8 所示。

1) 经济发展水平与国家森林公园旅游纯技术效率呈正相关，经济发展水平的提高对旅游纯技术效率的提升具有正向的驱动作用。从回归系数的空间分布来看，其呈现出从东部到中部再到西部递减的分异规律，其中，高值区主要分布在长三角及山东半岛一带，山东、江苏、上海、浙江、安徽、河南等省份系数最高，而低值区主要分布在西北部的新疆、西藏和青海等省份。

2) 市场化程度和国家森林公园旅游纯技术效率呈正相关和负相关并存的态势，其中正相关的省域范围大于负相关。从回归系数的空间分布来看，其呈现出从东南部和西南部往北部递减的态势，其中高值区主要分布在南部的广东和海南等省份，这主要是因为这些地区的市场化程度较高，为国家森林公园旅游纯技术效率的提高创造了良好条件；低值区主要分布在甘肃、青海、陕西、山西和内蒙古等省份，这些省份市场化程度的提升并没有对旅游纯技术效率的提高起到正向驱动作用，这可能与这些区域的国家森林公园旅游发展相对比较封闭，与外界的交流互动不够有关，市场化程度的提高并未提升国家森林公园资源要素的配置和利用水平。

3) 旅游设施水平与国家森林公园旅游纯技术效率呈正相关，表明旅游设施水平的提高对旅游纯技术效率的提升具有正向的驱动作用。从回归系数的空间分布来看，其呈现出从东南向西北逐渐递减的态势，其中高值区主要分布在东南部的福建、广东等省份，而低值区主要分布在西北部的新疆、青海、甘肃和西藏等省份，这些省域回归系数较低，表明旅游设施水平对旅游纯技术效率的促进作用有待提升，因此低值区应该进一步加大对旅游设施的投入力度，提高其整体水平，提升国家森林公园的旅游舒适度，从而提升国家森林公园要素资源的配置能力。

4）人力资源支持与国家森林公园旅游纯技术效率呈明显的正相关，各省域回归系数的均值最大，表明人力资源支持对旅游纯技术效率的提升起到了明显正向驱动作用。从回归系数的空间分布来看，其呈现出从南部向西北部递减的态势，具体来看高值区主要分布在广东、广西和海南等省份，低值区主要分布在西藏和青海等省份，低值区应该加大人力资源招聘和培养力度，把人才战略作为国家森林公园旅游发展的驱动力，以人才引领国家森林公园旅游业的发展，全面提升国家森林公园旅游发展的软实力。

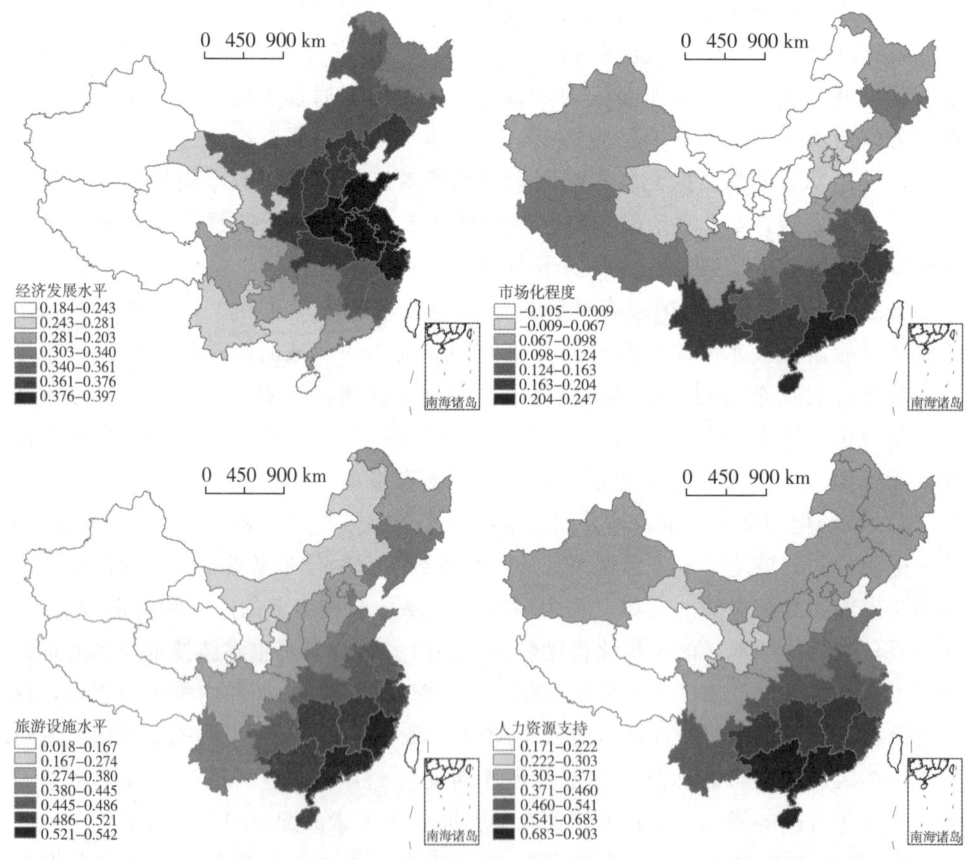

该图基于国家测绘地理信息局标准地图服务网站下载的审图号为 GS（2016）2888 号的标准地图制作，底图无修改。

图 6-8 不同影响因子均值与旅游纯技术效率均值的回归系数空间分异

（2）不同影响因素对旅游纯技术效率影响的时空演化特征

为了探究不同时间截面上经济发展水平、市场化程度、旅游设施水平和人力资源支持4个因子对国家森林公园旅游纯技术效率驱动的空间演化特征，本节选用2008年、2011年、2014年、2017年的4个因子和对应年份的旅游纯技术效率值进行地理加权回归分析，得到相应的对比图，如图6-9、图6-10、图6-11和图6-12所示。

1）经济发展水平对旅游纯技术效率影响的时空变异特征

如图6-9所示，经济发展水平与国家森林公园旅游纯技术效率呈较强的正相关，经济发展水平的提升对国家森林公园旅游纯技术效率提高起到正向的促进作用。从回归系数的均值来看，2008—2017年回归系数均值总体上呈现波动的增长状态，其中2017年回归系数均值最大，经济发展水平的影响作用

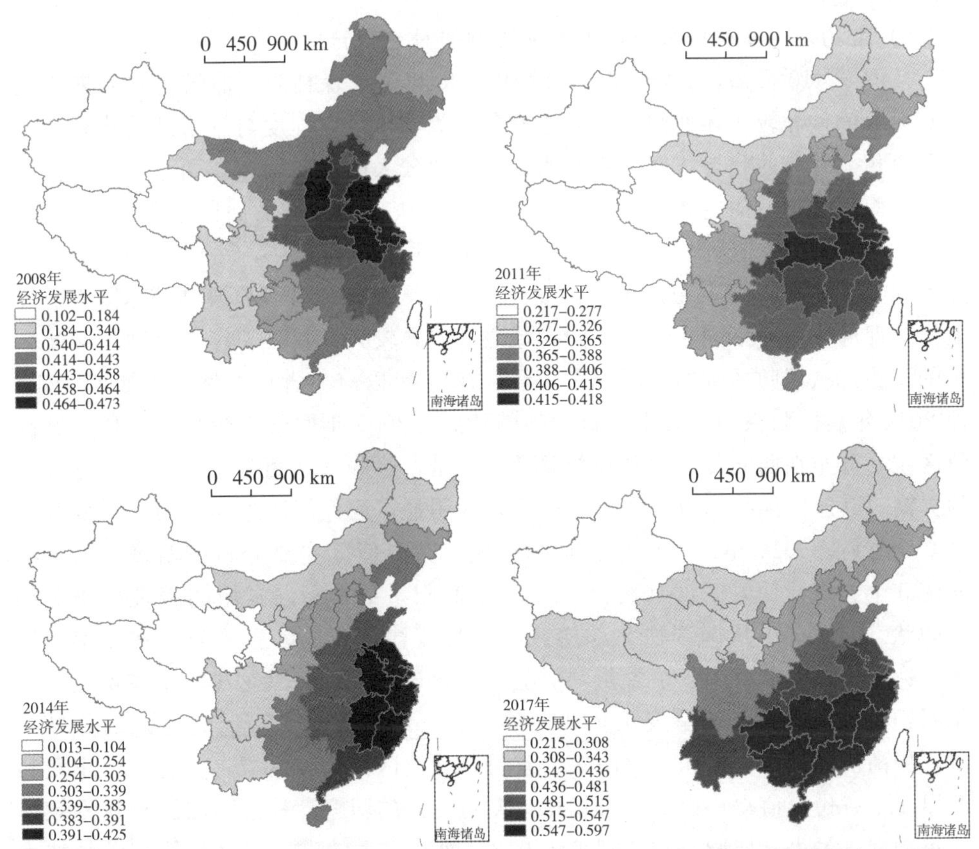

该图基于国家测绘地理信息局标准地图服务网站下载的审图号为GS（2016）2888号的标准地图制作，底图无修改。

图6-9　经济发展水平与旅游纯技术效率回归系数4个年份的对比

最强。从回归系数的空间分布来看，高值区主要集中分布在东南沿海省份，低值区主要分布在西北部省份。具体从回归系数的空间演化来看，高值区逐渐增多，并呈现出向东南沿海迁移的态势，低值区在减少，空间分布较为稳定。2008年回归系数高值区主要分布在山东、江苏、安徽和山西等省份，低值区主要分布在西部地区的青海、新疆和西藏3个省份。2011年回归系数高值区往东南部移动，江苏、浙江、安徽、湖北进入高值区，低值区仍然保持不变。2014年回归系数高值区继续往东南部移动且省份增多，低值区在2011年的基础上增加了甘肃1个省份。2017年回归系数高值区呈现出明显的南北递减的分异规律，其中高值区明显增加到8个省份，低值区也减少为新疆1个省份，表明经济发展水平对国家森林公园旅游纯技术效率的正向影响更强，省域经济发展水平为国家森林公园旅游的技术革新、产品创新及信息化建设等奠定了坚实的物质基础。

2）市场化程度对旅游纯技术效率影响的时空变异特征

从图6-10可知，4个年份的市场化程度与国家森林公园旅游纯技术效率的回归系数值差异较大，回归系数有正有负，表明市场化程度与旅游纯技术效率呈现正负相关并存的状态，回归系数为正且数值较大的主要分布在西北部和东南部省份，而系数为负的主要分布在东北部省份。从4个年份的回归系数均值来看，从2008年的0.303下降至2011年的0.217，再下降到2014年的0.184，最后下降到2017年的0.077，由此可知市场化程度对国家森林公园旅游纯技术效率总体上呈现促进作用，不同年份及不同省域之间差异较大，其驱动作用呈现出逐年减小的态势。从回归系数的空间分布来看，2011年以前各省份的回归系数都为正，而2011年后回归系数呈现出正负相间的状态，2008年回归系数均为正值，其高值区主要分布在西北部的西藏和新疆2个省份，这些区域相对封闭，市场化程度的提高对其旅游纯技术效率的提升作用较为明显，而低值区主要分布在陕西和宁夏2个省份。2011年回归系数也均为正值，其高值区主要分布在西藏、云南和海南3个省份，低值区没有变化。2014年回归系数在不同省域间表现出正负相间的状态，呈现出从南部往北部递减的分异规律，高值区主要分布在云南、贵州、广东、广西和海南5个省份，低值区演化至内蒙古和黑龙江2个省份。2017年回归系数在空间上仍呈现正负相间的状态，继续保持由南向北递减的分异规律，但高值区减少为广东和海南2个省份，低值区扩大为内蒙古、甘肃、宁夏和四川4个省份，值得一提的是市场化程度对广东的国家森林公园旅游纯技术效率的正向促进最大，回归系数达到了1.012，而对宁夏的国家森林公园旅游纯技术效率的产生的抑制作用最强，达到−0.779，由此可知市场化程度对旅游纯技术效率的影响呈现明显的两极分化现象。

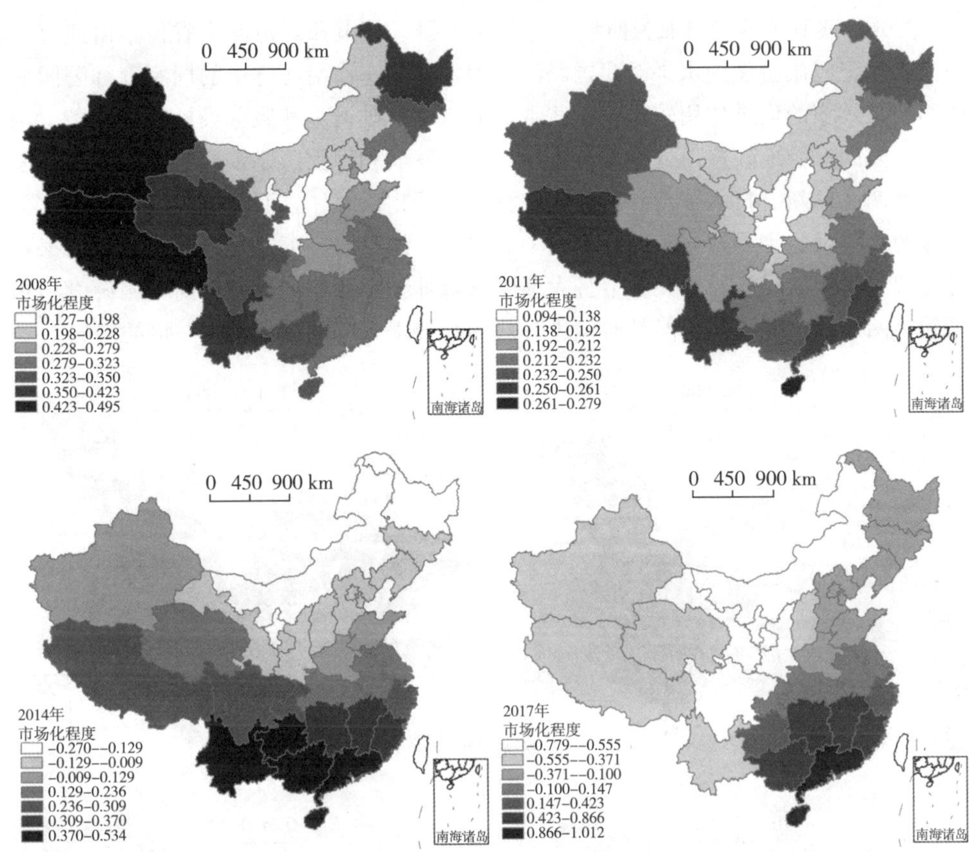

该图基于国家测绘地理信息局标准地图服务网站下载的审图号为 GS（2016）2888 号的标准地图制作，底图无修改。

图 6 - 10　市场化程度与旅游纯技术效率回归系数 4 个年份的对比

3）旅游设施水平对旅游纯技术效率影响的时空变异特征

如图 6 - 11 所示，旅游设施水平与国家森林公园旅游纯技术效率呈较强的正相关，表明旅游设施水平的提升对国家森林公园旅游纯技术效率提高起到正向的促进作用。从回归系数的均值来看，2008—2017 年回归系数均值总体上呈现波动的增长状态，其中 2017 年回归系数均值最大，旅游设施水平的影响作用最强。从回归系数的空间分布来看，其总体上呈现出从东南部往西北部逐渐递减的态势，高值区主要分布在东南沿海省份，低值区主要分布在西北部省份。具体来看，2008 年回归系数高值区主要分布在东南沿海的广东和海南 2 个省份，低值区主要分布在西北部的西藏、青海、新疆和甘肃 4 个省份。2011 年回归系数高值区增加为广东、广西和海南 3 个省份，而低值区演化减少为西藏和内蒙古 2 个省份。2014 年回归系数高值区有向中部地区迁移的态势，高值区增加为海南、广东、福建和江西 4 个省份，低值区为西藏、青海和新疆 3 个省份。2017 年回归系数高值区为广东、广西、海南

3个省份，低值区继续增加为西藏、青海、新疆、甘肃和四川5个省份。由此可知国家森林公园旅游设施水平对我国经济较为发达的东南沿海省份的国家森林公园旅游纯技术效率的促进作用较强，这些省份的旅游基础设施和服务设施较为完备，国家森林公园旅游地较多地处于旅游生命周期的发展和稳固阶段，这些为国家森林公园旅游产品创新、技术革新和智慧化旅游提供了物质载体，而经济欠发达的西北部区域的旅游设施水平对旅游纯技术效率的促进作用稍弱，可能是因为该区域国家森林公园本身旅游设施较不完善，且大多国家森林公园面积广袤，提高其旅游设施水平较为困难，这些现实情况都对促进其旅游纯技术效率的提高产生一定的影响。

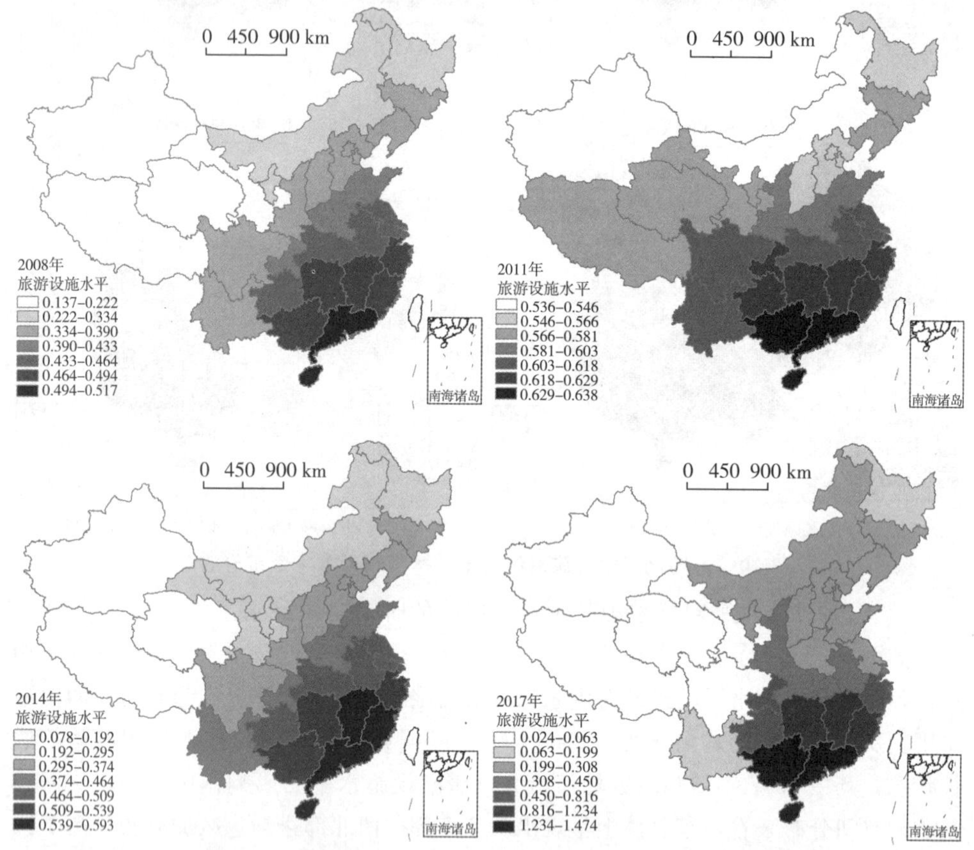

该图基于国家测绘地理信息局标准地图服务网站下载的审图号为GS（2016）2888号的标准地图制作，底图无修改。

图6-11 旅游设施水平与旅游纯技术效率回归系数4个年份的对比

4）人力资源支持对旅游纯技术效率影响的时空变异特征

如图6-12所示，人力资源支持和国家森林公园旅游纯技术效率呈明显的正相关，表明其对旅游纯技术效率起到正向促进作用。从回归系数的历年均值来看，2011年后呈现稳步增长态势，且在旅游纯技术效率4个影响因子中回归系

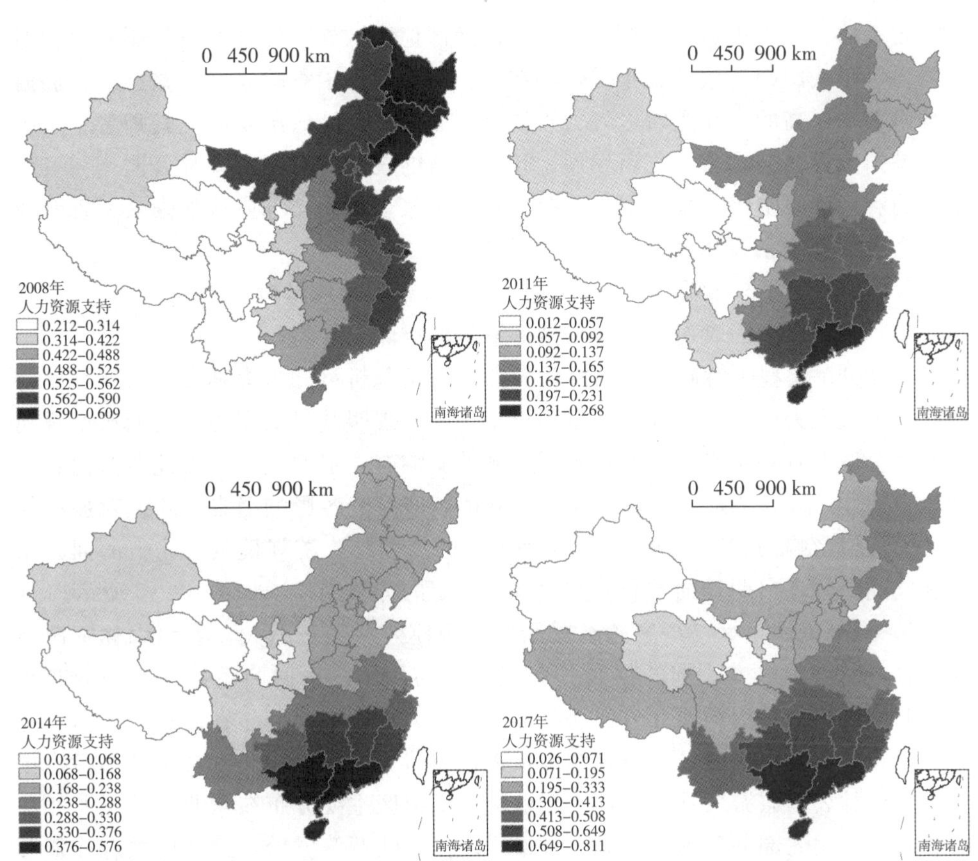

该图基于国家测绘地理信息局标准地图服务网站下载的审图号为 GS（2016）2888 号的标准地图制作，底图无修改。

图 6－12　人力资源支持与旅游纯技术效率回归系数 4 个年份的对比

数最大，说明人力资源支持对旅游纯技术效率的驱动能力最强，是促进国家森林公园旅游纯技术效率提高的最主要因素。从回归系数的空间分布来看，2008 年回归系数呈现出从东北部和东南部向西南部递减的态势，高值区主要分布在东北部的黑龙江、吉林和辽宁 3 个省份，低值区主要分布在甘肃、青海、西藏、四川和云南 5 个省份。2011 年回归系数高值区向东南部演化，其中高值区主要分布在海南和广东 2 个省份，低值区基本保持稳定，主要分布在甘肃、青海、西藏、四川 4 个省份。2014 年回归系数高值区仍然为东南沿海地区的广东、广西和海南 3 个省份，低值区减少为甘肃、青海、西藏 3 个省份。2017 年回归系数和 2014 年基本一致，高值区没有变化，低值区再次减少，仅剩下西藏和甘肃 2 个省份。由上述分析可知，在不同时间节点上人力资源支持对省域单元旅游纯技术效率的影响程度存在不同的空间分异状态，高值区从东北部向东南部演化，低值区相对稳定但有所减少，表明人力资源支持对东南部地区的国家森林公园旅游纯技术效率的驱动力更强，而对西北部及西南部地区的旅游纯技术效率驱动力相对较弱。但是从回归系数的大小看，其在4个驱动因子中影响最大，这也符合旅游纯技术效率提高的内在逻辑，人力资源是国家森林公园旅游发展的管理者和组织者，是国家森林公园旅游创新发展、技术革新的核心，对国家森林公园一切资源要素的利用都要围绕人来开展，因此各省域国家森林公园都应该加强人力资源建设，全面提升国家森林公园旅游纯技术效率。

6.3.2.3 基于GWR模型的旅游规模效率影响因素分析

（1）不同影响因素对旅游规模效率影响的空间分异特征

由Tobit模型中对旅游规模效率的影响因素分析可知，森林资源禀赋、旅游设施水平及人力资源支持3个因素通过了检验，表明其对国家森林公园旅游规模效率在全域上有一定影响，但对不同省域的影响有一定的差异。因此本节内容主要以上述3个因素为研究对象，采用GWR模型探究各影响因素的均值对旅游规模效率均值影响的省际差异。3个驱动因子的均值与旅游规模效率均值的回归系数在空间上呈现出明显的差异，并表现出一定的分异规律，如图6-13所示。

1）森林资源禀赋与国家森林公园旅游规模效率呈正相关，表明森林资源禀赋的提升对旅游规模效率的提高具有正向驱动作用。从回归系数的空间分布来看，其呈现出从东南向西北方向递减的态势，高值区主要分布在广东、广西和海南3个省份，表明这些区域应该继续扩大植树造林面积，提高森林资源禀赋，提升国家森林公园旅游发展的规模集聚效应；低值区主要分布在东北部的黑龙江和吉林，以及西北部的新疆、青海、甘肃、宁夏和陕西等省份，这些区域森林资源禀赋对旅游规模效率的正向驱动作用不强，有待进一步提升其资源的配置能力，全面提升国家森林公园旅游的规模集聚效应。

2）旅游设施水平与国家森林公园旅游规模效率呈正相关，且回归系数数值在3个因子中最大，表明旅游设施水平的提升对旅游规模效率提高的正向驱动作用最强。从回归系数的空间分布来看，其呈现出从西北部向东南部递减的态势，高值区主要分布在西北部的西藏、新疆、青海、甘肃，以及云南，低值区主要分布在黑龙江、吉林和广东等省份，由此可知，提升旅游设施水平是西部地区国家森林公园旅游实现规模化经营的重要手段，应不断提升其设施水平，提高扩大再生产能力。

3）人力资源支持与国家森林公园旅游规模效率呈正相关，表明人力资源支持力度的增加将会促进省域国家森林公园旅游规模效率的提升。从回归系数的空间分布来看，其呈现从东南向西北方向递减的态势，其中，高值区主要分布在福建、广东和海南等省份，低值区主要分布在甘肃、青海和四川等省份，低值区应着力提升人力资源的素质和质量，防止人员冗余而产生投入过多，避免旅游规模效率下降不良状态的出现。

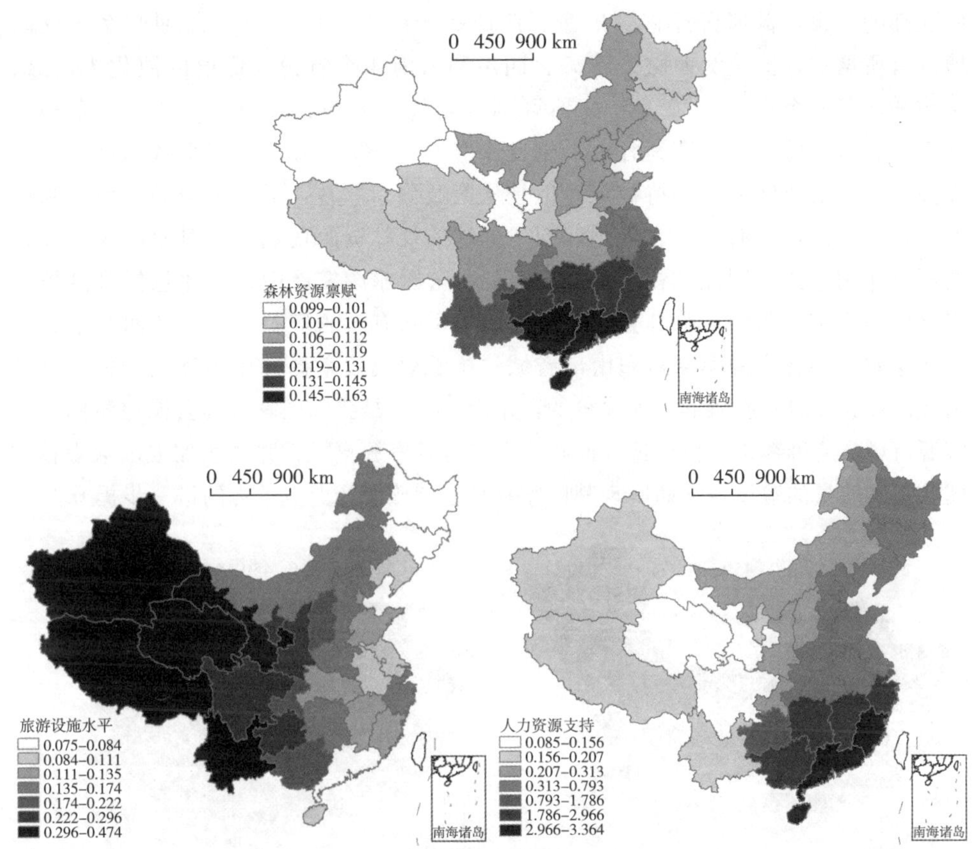

该图基于国家测绘地理信息局标准地图服务网站下载的审图号为 GS（2016）2888 号的标准地图制作，底图无修改。

图 6 - 13　不同影响因子均值与旅游规模效率均值的回归系数空间分异

（2）不同影响因素对旅游规模效率影响的时空演化特征

为了探究不同时间截面上森林资源禀赋、旅游设施水平和人力资源支持 3 个因子对国家森林公园旅游规模效率驱动的空间演化特征，本节选用 2008 年、2011 年、2014 年、2017 年的 4 个因子和对应年份的旅游规模效率值进行地理加权回归分析，得到相应的对比图，如图 6 - 14、图 6 - 15、图 6 - 16 所示。

1）森林资源禀赋对旅游规模效率影响的时空变异特征

如图 6 - 14 所示，森林资源禀赋和国家森林公园旅游规模效率呈正相关。从回归系数的均值来看，其呈现微弱的减小态势，表明森林资源禀赋对国家森林公园旅游规模效率的正向作用逐渐减弱。从回归系数空间分布的演化来看，其总体呈现高值区由西北往西南再往东南迁移、低值区由西南往东南再往西北迁移的态势。具体来看，2008 年回归系数的高值区主要分布在西北部的新疆，低值区主要分布在西南部的四川、重庆、贵州和云南 4 个省份；到 2011 年高值区演变至西北部的甘肃，低值区迁移到广东、广西和云南等省份；2014 年回归系数的高值区有所增加，演化为西藏、青海、四川和云南 4 个省份，低值区演化为西藏、山东和江苏 3 个省份；2017 年高值区继续增加为云南、贵州、广西、广东和海南 5 个省份，低值区转变为甘肃、宁夏。由上述分析可知，回归系数的高值区在逐渐增多，低值区基本保持稳定，但是从区域分布上看，不同年份的高值区和低值区较不稳定，只有云南、贵州和四川等地的森林资源禀赋一直对旅游规模效率的影响作用较强。因此，在未来的国家森林公园旅游发展中，应注意提升区域的森林资源禀赋，为国家森林公园旅游发展提供强有力的资源支撑。从回归系数的变化来看，森林资源禀赋对东南部省域的旅游规模效率提升作用逐年增强，这是由经济社会发展和旅游的需求决定的，东南部省域是我国国家森林公园旅游的主要客源市场，应继续扩大植树造林面积，提高森林资源禀赋，并继续加强国家森林公园数量和质量的建设，从而实现其国家森林公园旅游产业竞争力的进一步提升。

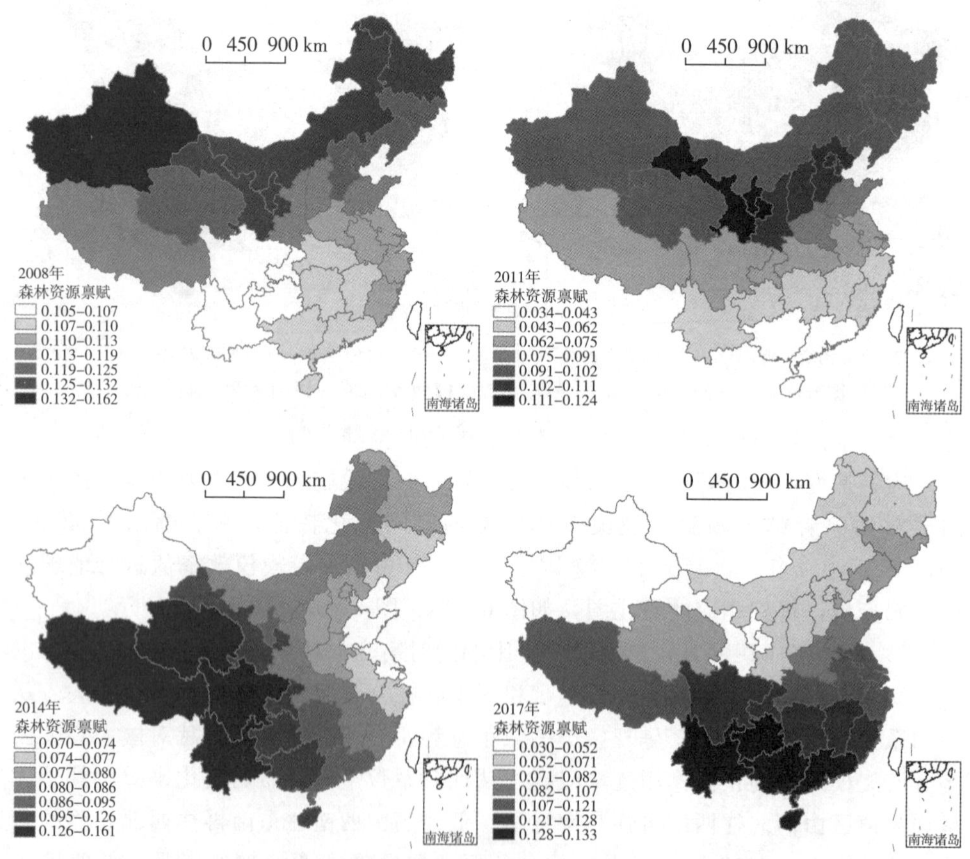

该图基于国家测绘地理信息局标准地图服务网站下载的审图号为 GS（2016）2888 号的标准地图制作，底图无修改。

图 6-14　森林资源禀赋与旅游规模效率回归系数 4 个年份的对比

2）旅游设施水平对旅游规模效率影响的时空变异特征

如图 6－15 所示，旅游设施水平与国家森林公园旅游规模效率呈较强的正相关，表明旅游设施水平的提升对国家森林公园旅游规模效率提高起到正向的促进作用。从回归系数的均值来看，2008—2017 年回归系数均值总体上呈现出先增大后减小再增大的波动的“N”型增长状态。从回归系数的空间演化来看，其总体表现较为稳定，高值区基本上都分布在西北部的西藏、新疆、青海等省份，低值区主要分布在东南沿海的广东、福建等发达省份，回归系数基本上呈现出从西北部往东南部递减的分布态势。具体来看，2008 年回归系数的高值区主要分布在西部的西藏和四川，低值区主要为江苏、山东和湖南等省份；2011 年回归系数的高值区往西北部迁移，新疆、甘肃和宁夏进入高值区，低值区演化至南部的广东、广西、福建和海南；2014 年回归系数分布和 2011 年较为类似，高值区主要分布在西北部的新疆，低值区演化为广东、广西和海南；2017 年回归系数的

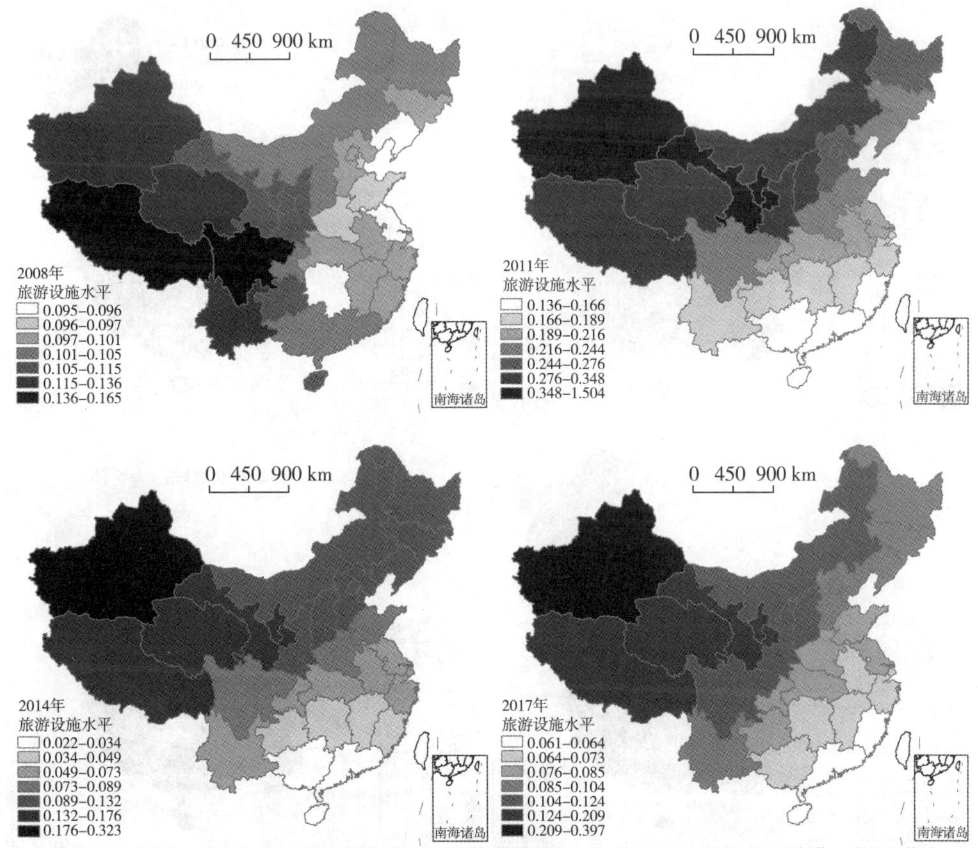

该图基于国家测绘地理信息局标准地图服务网站下载的审图号为 GS（2016）2888 号的标准地图制作，底图无修改。

图 6－15　旅游设施水平与旅游规模效率回归系数 4 个年份的对比

空间分布和 2014 年基本上保持一致，除了福建代替海南进入低值区外，高值区仍旧在新疆地区。由此可知，国家森林公园旅游设施水平对我国经济欠发达地区的国家森林公园旅游规模效率的促进作用较强，旅游基础设施和服务设施是国家森林公园旅游得以顺利开展的前提和保证，西部地区国家森林公园旅游发展相对落后，旅游基础设施和服务设施是其发展短板，未来应该进一步提升基础设施水平，助推国家森林公园旅游全面发展。旅游设施水平虽然对东部地区旅游规模效率的作用一般，但是也起到了促进作用，未来应进一步完善基础设施和服务设施的功能，对提升其国家森林公园旅游的服务水平和质量依然意义重大。

3）人力资源支持对旅游规模效率影响的时空变异特征

如图 6-16 所示，人力资源支持和国家森林公园旅游规模效率呈明显的正相关，表明其对规模效率起到正向作用。从回归系数的均值变化来看，其呈现出一定的下降态势，说明人力资源支持对旅游规模效率的正向促进作用有所下降。从

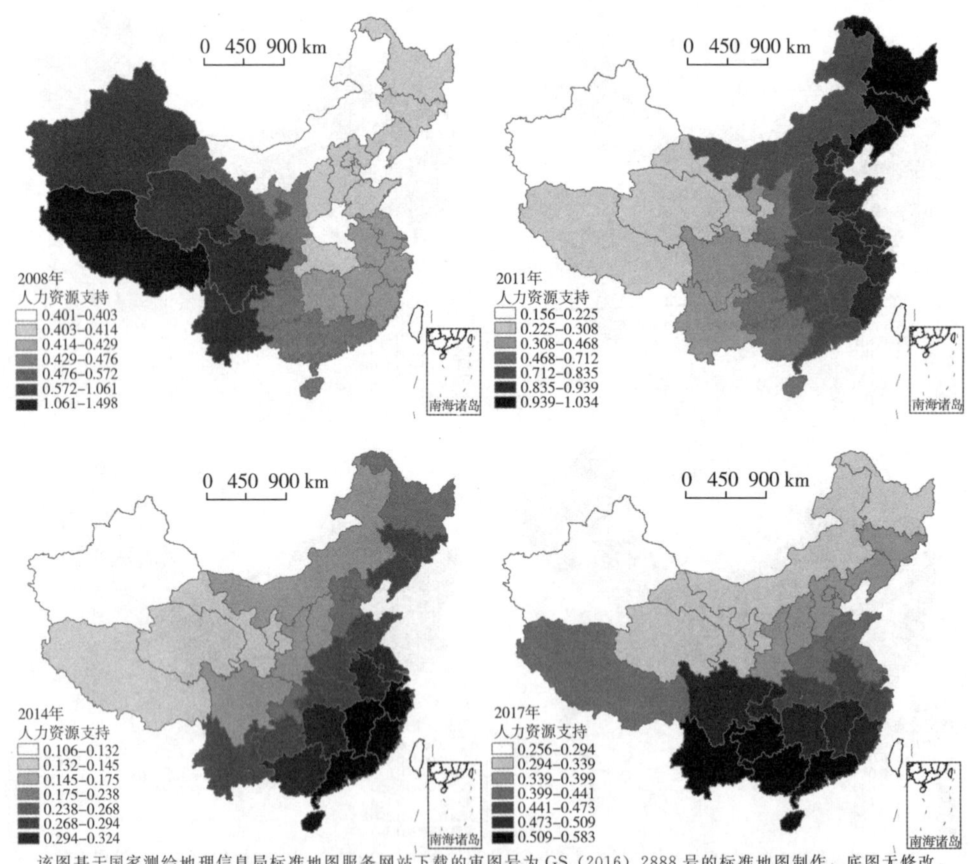

该图基于国家测绘地理信息局标准地图服务网站下载的审图号为 GS（2016）2888 号的标准地图制作，底图无修改。

图 6-16 人力资源支持与旅游规模效率回归系数 4 个年份的对比

回归系数的空间演化来看，回归系数高值区呈现出从西北部向东南部演化的态势，低值区呈现出从华北地区向西北地区迁移的态势。具体来看，2008 年回归系数的高值区主要分布在西部的西藏，低值区主要分布在内蒙古和河南 2 个省份；2011 年回归系数的高值区演变至东北部的吉林、辽宁和黑龙江 3 个省份，低值区转变为西北部的新疆；2014 年回归系数的高值区演变至东南部的浙江、福建、广东、海南和江西 4 个省份，低值区和 2011 年保持一致，仍然为新疆；2017 年高值区往西南方向演变，广东、广西、海南、贵州、云南 5 个省份进入高值区，而新疆继续保持低值水平。综上可知，人力资源支持对国家森林公园旅游规模效率影响最大，提高人力资源支持水平可以明显地提升国家森林公园旅游规模效率。另外，人力资源支持的回归系数在空间上差异较为明显，且高值区较不稳定，但高值省域总体上呈现明显增加态势，而低值区相对较为稳定，主要分布在新疆地区，因此，各省域应该加强人力资源建设，加大资金投入和人员招聘力度，树立人才是第一生产力的理念，同时通过提高职工的专业技术水平和管理水平，为实现国家森林公园旅游发展规模效益提供智力支持。

6.4　旅游效率影响机理分析

省域单元国家森林公园旅游效率的时空演化轨迹，不仅与国家森林公园自身旅游发展的条件、程度和水平有关，还受到要素资源投入的变化、配置、利用水平，以及区域外部环境的影响。从前文分析可知，国家森林公园旅游效率演化是由地区经济发展水平、市场化程度、交通可达性、森林资源禀赋、旅游设施水平、人力资源支持等多种因素共同影响和驱动的结果。从各影响因素的作用机制来看，经济发展水平、市场化程度和交通可达性是国家森林公园旅游效率演化的外因，其中，区域经济发展水平是效率演化的保障，市场化程度是效率演化的动力，交通可达性是效率演化的前提；森林资源禀赋、旅游设施水平、人力资源支持是国家森林公园旅游效率演化的内因，其中，森林资源禀赋是效率演化的基础，旅游设施水平是效率演化的助推器，人力资源支持是效率演化的催化剂。在经济发展水平和人力资源支持的影响下，国家森林公园的管理水平将大幅度提升，这对旅游纯技术效率提升大有裨益，而国家森林公园旅游效率主要受纯技术效率驱动，因此对国家森林公园旅游效率的提升能起到关键作用。另外，各项因素所表现的驱动力大小也有差异，以及作用在不同的时间节点和空间范围，其影响程度大小也不同。当然，除了上述因素外，由于整个国家森林公园旅游发展的复杂性和系统性，国家森林公园旅游效率可能还与政府的政策支持、技术创新驱动、生产方式变革、管理制度优化、市场机制渗透和供给需求推动等作用机制息息相关，在多种要素和驱动力的联合作用下形成了国家森林公园旅游效率空间动态演化的综合驱动模式，如图 6-17 所示。

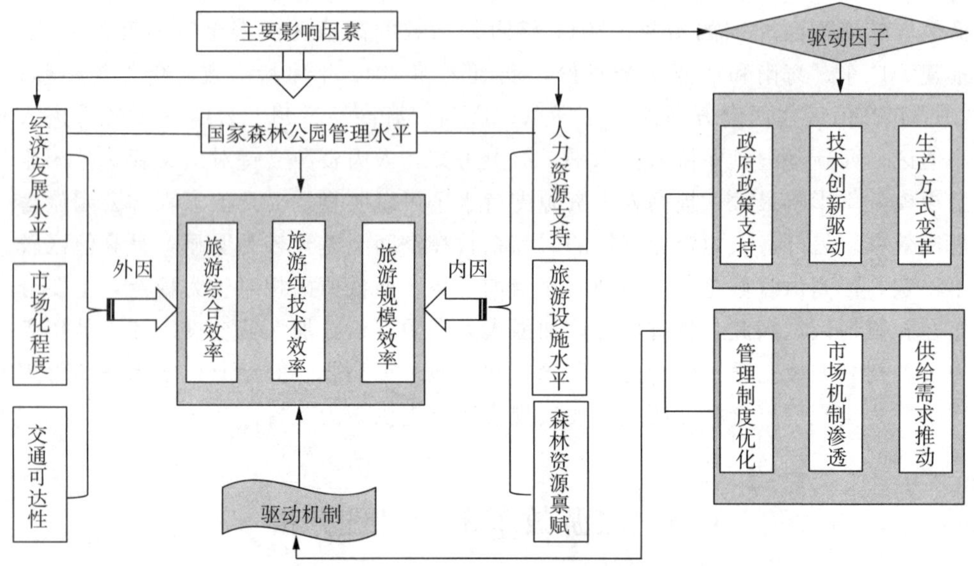

图 6-17　国家森林公园旅游效率的演化机理图

6.5　本章小结

根据对旅游效率影响因素相关文献的梳理，结合我国国家森林公园旅游发展实际，并通过对国家森林公园管理部门工作人员的访谈和专家咨询，本章主要从地区经济发展水平、市场化程度、交通可达性、森林资源禀赋、旅游设施水平、人力资源支持 6 个方面对国家森林公园旅游各项效率影响因素进行识别与分析，综合运用 Tobit 模型和地理加权回归 GWR 模型对上述 6 个因子进行定量分析，旨在全面把握国家森林公园旅游效率的影响机制和机理。研究发现，在 6 个主要影响因子中，人力资源支持和旅游设施水平对旅游各项效率影响最大，不同因子对旅游各项效率的驱动存在一定的时空差异效应。

（1）各因子对旅游综合效率的影响：从全域空间效应看，6 个因子对旅游综合效率均起到显著的正向的促进作用，且影响强度呈现出人力资源支持>旅游设施水平>交通可达性>市场化程度>经济发展水平>森林资源禀赋的排列顺序；从局部空间效应看，各因子对旅游综合效率的影响强度呈现一定的空间分异规律，其中，经济发展水平的正向影响强度呈现出从西北部到西南部递减的态势，交通可达性和森林资源禀赋的正向影响强度呈现出从东南沿海向西北部递减的规律，旅游设施水平的正向影响强度呈现出从西南区域向东西方向逐渐减弱的态势，市场化程度的正向影响强度呈现以四川和云南两省为中心向东西两个方向递减的态势，人力资源支持的正向影响强度呈现"东西高、中部低"的分异规律；从时间效应看，经济发展水平、森林资源禀赋、旅游设施水平、人力资源支持对旅游综合效率的正向促进作用逐渐增强，而市场化程度和交通可达性对旅游综合效率的正向促进作用有所减弱。

（2）各因子对旅游纯技术效率的影响：从全域空间效应看，人力资源支持、旅游设施水平、经济发展水平和市场化程度 4 个因子对旅游纯技术效率都起到正向促进作用，影响强度呈现依次递减态势；从局部空间效应看，各因子对旅游纯技术效率的影响强度呈现一定的空间分异规律，经济发展水平的正向影响强度呈现出从东部到中部再到西部递减的分异规律，市场化程度和旅游纯技术效率呈正相关和负相关并存的态势，其中正相关的省域数量大于负相关的，影响强度呈现出从东南部和西南部往北部递减的态势，旅游设施水平的正向影响强度呈现出从东南部向西北部逐渐递减的态势，人力资源支持的正向影响强度呈现出从南部向西北部递减的态势；从时间效应看，经济发展水平、旅游设施水平、人力资源支持对旅游纯技术效率的正向促进作用有所增强。

（3）各因子对旅游规模效率的影响：从全域空间效应看，人力资源支持、旅游设施水平、森林资源禀赋 3 个因子对旅游规模效率都起到正向促进作用，影响强度呈现依次递减态势；从局部空间效应看，各因子对旅游规模效率的影响强度呈现一定的空间分异规律，森林资源禀赋和人力资源支持的正向影响强度呈现出从东南向西北方向递减的态势，而旅游设施水平的正向影响强度呈现出从西北部向东南部递减的态势；从时间效应看，森林资源禀赋和人力资源支持对旅游规模效率的正向促进作用有所下降，而旅游设施水平对旅游规模效率的正向促进作用有所增强。

（4）从各影响因素的作用机制看：经济发展水平、市场化程度和交通可达性是国家森林公园旅游效率演化的外因，其中，区域经济发展水平是旅游效率演化的保障，市场化程度是旅游效率演化的动力，交通可达性是旅游效率演化的前提；森林资源禀赋、旅游设施水平、人力资源支持是国家森林公园旅游效率演化的内因，其中，森林资源禀赋是旅游效率演化的基础，旅游设施水平是旅游效率演化的助推器，人力资源支持是旅游效率演化的催化剂。当然，除了上述因素外，由于整个国家森林公园旅游发展的复杂性和系统性，国家森林公园旅游效率可能还与政府的政策支持、技术创新驱动、生产方式变革、管理制度优化、市场机制渗透和供给需求推动等作用机制息息相关。

第7章 国家森林公园旅游效率的提升对策

通过对2008—2017年国家森林公园旅游效率进行系统研究发现，我国国家森林公园旅游效率虽总体上呈现波动上升的态势，但整体水平还不高，且空间差异较为明显，各地区提升空间较大，本章将立足省域单元国家森林公园旅游效率类型划分和空间差异特征、空间集聚和关联特征、旅游纯技术效率的重要驱动特征、旅游效率的影响因素等研究结果，并始终结合国家森林公园旅游发展的实际，提出国家森林公园旅游效率的提升对策，以期为国家森林公园旅游效率的提升及旅游可持续发展提供一定的参考和借鉴。

7.1 加大政府政策支持力度

国家和地区对旅游产业的政策支持和调控是加快旅游业发展的重要工具，显然政府政策支持对国家森林公园旅游业的发展影响较大，实施政府主导型发展战略是提升国家森林公园旅游竞争力的必然。从影响国家森林公园旅游效率的关键因素来看，经济发展水平、交通可达性、市场化程度均与政府支持密切相关。加大政府在这些方面的支持力度，有助于国家森林公园旅游业的发展，进而提升国家森林公园旅游效率水平。

第一，政府制定切实可行的经济发展战略，加快区域经济社会发展。研究表明，区域经济发展水平对国家森林公园旅游效率影响较大且驱动作用逐渐增强，因此，各省域都应大力提升经济发展水平，为区域国家森林公园旅游发展提供最基本的物质保障，尤其是经济发展水平对西部地区旅游效率的正向促进作用最强，促进西部地区的经济发展是提升该区域国家森林公园旅游效率的重要手段。近年来，在国家“西部大开发战略”引领下，西部地区经济发展已经取得了较大进步，但是和东部地区的差距依然较大，因此，西部省份要千方百计制定有利于提高当地经济发展水平的相关战略，缩小与发达地区的经济差距，为本省域国家森林公园旅游发展创造良好的条件。

第二，加大政府资金投入力度，提升区域交通可达性水平。研究表明，区域交通可达性水平对国家森林公园旅游效率起到正向的促进作用，因此各省域应该加大对高速路网、高铁路网建设的资金支持力度，提升本省域的交通可达性水平，实现旅游交通的立体化发展格局，为游客进入国家森林公园旅游创造条件，并最终实现国家森林公园旅游可持续发展。

第三，营造包容开放的市场氛围，提高区域市场化程度。研究表明，区域市场化程度对国家森林公园旅游效率也起到正向的促进作用，各省域应该积极出台对外交流的鼓励性文件，创造出对外开放、自由灵活的市场氛围，为实现国家森林公园资源要素的流动创造条件，促进区内竞争优势的集聚和产业规模效率的提升。充分发挥市场对资源要素配置的调节作用，促使优良的生产要素流向高品质的国家森林公园集群，诱发产业结构的转型升级，实现资源的集约化和高效化利用，进而促进国家森林公园旅游效率的全面提升。

第四，积极发挥政府管理协调职能，推进区域国家森林公园旅游协同发展。研究表明，我国省域国家森林公园旅游效率空间关联性较强，空间上呈现明显的马太效应，因此省域间应进一步加强合作。但我国国家森林公园旅游资源具有跨地域性的特点，其旅游发展存在各级政府各自为政、圈地经营的现象，为了实现国家森林公园的协同发展，政府应发挥管理协调职能，促使各地区国家森林公园在旅游资源开发与管理、旅游产品创新、品牌打造、对外宣传等方面实现共享共荣，走区域协同发展及彼此和谐共生、互利共赢的道路，促进彼此国家森林公园旅游效率的提升，从而缩小各省域间国家森林公园旅游效率差异。

第五，完善国家森林公园的制度供给。理顺国家森林公园的管理体制，建立健全的现代化企业经营制度，实现所有权、经营权和管理权分离，发挥好社会和政府对国家森林公园发展的监督。积极鼓励私人、企业及社会团体参与国家森林公园旅游景区的开发建设，实现发展利益的共享，提高国家森林公园的利用效率。通过 PPT、BOT 等先进的项目融资方式，扩大对发展潜力较大的国家森林公园的资本投入规模，提高资金的利用效果，实现旅游发展的规模效应。提高国家森林公园的准入门槛，建立国家森林公园的动态管理机制，将国家森林公园规模维持在一个合理的水平，实现国家森林公园旅游的高质量发展。

7.2　加强专业人才队伍建设

由前文的影响因素分析可知，人力资源支持对国家森林公园旅游效率起到较强的正向作用，其中对西北部的新疆、甘肃和青海等省份的国家森林公园旅游综合效率的影响最强，对东南沿海的广东、福建、海南等省份的国家森林公园旅游纯技术效率和规模效率的影响最强。

第一，注重对国家森林公园从业人员的技能培训，加强国家森林公园人才队伍的培训工作。目前我国国家森林公园在职的从业人员素质参差不齐，为了更好地保障国家森林公园旅游的更好、更快发展，应该制定常态化的国家森林公园旅游人才培训内容和计划，尤其要对国家森林公园的解说、导游员和景区运营管理人员进行有针对性的分类分级培训，通过培训教育，提高从业人员掌握专业知识和背景性广度知识的水平，提升员工队伍素质。同时也要加强地区间的人才互动交流，取长补短，相互学习，尤其是中西部发展较落后省域应积极借鉴东部国家森林公园旅游发展较好省域的先进管理经验，提升自身的管理水平，通过加强“企、学、研”联合，开展生态旅游科学研究，从而不断提升国家森林公园旅游管理水平。

第二，加大人才引进力度，各地区都要树立人才是第一生产力的科学理念，尤其是西北部地区要针对目前国家森林公园旅游从业人员匮乏的现象，积极开展国家森林公园旅游人才的引进工作，招聘一批具有森林旅游专业素养的人才，扩充到国家森林公园人才队伍中去。随着国家森林公园旅游形式的不断变化，对新型指导咨询型人才的需求不断增加（如森林自然教育指导师、养生指导师等），因此应增加对不同类型人才的引进，丰富国家森林公园旅游的多样性和科学性。强化国际化人才培养，努力培养一批国际一流的科技拔尖人才和领军人物，建设一支结构合理、业务素质高、爱岗敬业的国家森林公园旅游科技创新队伍，同时要建立健全科学的人才选拔机制和薪资待遇体系，实现专业人才引得进、留得住。

第三，加快培养国家森林公园旅游后备人才。鼓励各省域国家森林公园与各地林业和旅游院校合作，建立联合培养人才机制，加快培养适合我国国家森林公园旅游发展的应用型、技能型森林旅游人才。同时，建立规范化的人力资源管理机制，营造市场化人力资源创新机制，进一步对国家森林公园旅游人才的需求进行科学预测，建立人才信息库对各类人才进行动态管理，在此基础上对人才的能力、专长进行科学评价并及时发布人才的供需信息。培育、建立统一开放的森林旅游人力资源市场，从而为国家森林公园旅游持续健康发展提供后续的智力支持和人才保障。

7.3 提高旅游发展创新能力

由前文的分析可知，国家森林公园旅游的综合效率主要受纯技术效率驱动，表明国家森林公园旅游发展的创新能力对国家森林公园旅游效率的提升意义重大。国家森林公园旅游发展的创新能力主要包括国家森林公园旅游的产品、项目和线路的设计和创新能力，以及国家森林公园在应用和创新技术方面的能力。

第一，在旅游产品的创新上，国家森林公园应该根据市场需求，在传统观光旅游产品的基础上，大力开发休闲度假旅游产品，并利用国家森林公园自身的资源优势和特点，打造森林养生游、山地森林生态游、城郊森林休闲健身游、森林温泉游、森林冰雪游、森林文化风情游等旅游产品。同时要做好国家森林公园旅游产品的差异化战略，充分挖掘国家森林公园旅游资源特色，突破传统旅游产品约束，开发紧贴游客心理需求，符合大众品味，使人耳目一新的新型国家森林公园旅游产品，如森林浴、森林医院、森林博物馆、鸟语林、森林体育场等特色产品，从而吸引不同年龄层、不同需求的用户群体。通过创新性体验式的旅游产品的开发，吸引更多游客逗留更多时间，为游客提供更加多元化的选择。

第二，在旅游项目的设计上，在严格保护国家森林公园生态环境的基础上，开展游客乐于参与的体验项目和活动，如攀岩、山地自行车、蹦极、滑雪、探险、露营、垂钓、森林狩猎等，尽量让游客感受到自然的神奇和森林的魅力。增加具有纪念意义的旅游活动项目，如开辟开阔区域供游客参与植物种植，营造游客纪念场所如青年林、爱情记忆林、语话堂等，增加游客的参与感和留恋之情。推出节庆赛事，提高国家森林公园的知名度，如森林摄影大赛、山地自行车邀请赛、名人书画展、山歌赛等。

第三，在旅游线路的创新上，应利用我国多种类型的国家森林公园，按照产品的差异化和区域的协同化发展等原则，制定精品的旅游线路，可以将全国的精品自驾游、山水游等线路串联到国家森林公园旅游线路中。另外，新技术的应用和创新有助于提升资源要素的使用效率，节约成本。国家森林公园应该紧跟时代步伐，将大数据、信息技术、智慧旅游系统、电商平台等技术和理念运用到国家森林公园旅游的开发和经营中，实现国家森林公园旅游服务、旅游管理、旅游营销、旅游体验、景区流量调控的智能化。

第四，提升国家森林公园自身技术创新能力，构建产学研相结合的创新体系，进一步加强对知识产权的保护力度，完善自主创新的激励政策，加大对科研方面的投入力度，在改善自主创新环境的基础上，全面提高国家森林公园旅游发展的创新能力，实现旅游发展新业态、新模式、新动能。加强旅创结合，将创新元素融入森林文化，开发新颖、别致的森林文创产品或森林特产，增加国家森林公园旅游的产业附加值，带动当地其他产业创新升级，增加就业机会，同时也能为游客提供具有纪念价值和实用价值的特色产品。

7.4 提升公园旅游设施水平

国家森林公园旅游设施水平对国家森林公园旅游发展起到至关重要的作用，由前文的研究可知，旅游设施水平对国家森林公园旅游的各项效率都起到了正向的促进作用，尤其对西南地区的国家森林公园旅游效率影响最强，因此，各省域国家森林公园应该从提升旅游基础设施、旅游服务设施和改善国家森林公园接待服务条件 3 个方面发力。

第一，提升国家森林公园旅游基础设施。对国家森林公园中的水、电、气及通信设施进行全面的建设和升级，为国家森林旅游发展提供最基本的基础设施保障。加强国家森林公园内部的游步道建设，实施国家森林公园的“旅游厕所革命”，将打造干净、卫生、舒适的厕所作为提升国家森林公园旅游服务质量的重要举措。

第二，完善国家森林公园旅游服务设施。加强对资源环境保护设施、科普教育设施、旅游标识系统、旅游解说系统、旅游环卫设施、游客服务中心、观景台、休憩区设施、无障碍设施、智慧旅游设施的建设，如在游客服务中心加大对国家森林公园旅游产品、旅游线路、交通、安全、医疗急救等方面的介绍和服务。在智慧旅游设施的建设上，加大对国家森林公园整体的旅游网络化的建设力度，实现重要区域无线网络的覆盖，并对客流量进行动态监测，控制环境容量，保护国家森林公园的环境。

第三，改善景区接待服务条件。在进一步增加车船数量、床位数量、餐位数量的基础上，创新、完善国家森林公园旅游服务体系，对区域的停车场实现自动管理和调度，使停车场得到充分利用，满足景区游客接待要求，大力提高国家森林公园旅游接待服务质量。加强国家森林公园旅游安全保障，完善缆车、公共交通、高危处围栏等安全设施，加强对餐饮、住宿、自然灾害等的安全监察，落实安全责任，消除安全隐患，提升国家森林公园游客的安全感和舒适感。

7.5 注重森林公园环境保护

国家森林公园的环境保护是国家森林公园旅游发展的前提，也是国家森林公园旅游可持续发展的内在要求，国家森林公园旅游发展和环境保护息息相关，两者相互依存、互相促进，这就要求国家森林公园树立“绿水青山就是金山银山”

的发展理念，做到科学发展，不能以损害国家森林公园环境为代价来谋求发展，因此本研究在构建国家森林公园旅游效率评价指标体系时，选择了植树造林面积和改造林相面积作为国家森林公园生态效应的指标，就是为了体现国家森林公园旅游效率关注的不仅仅是经济效应，也包括保护国家森林公园环境的生态效应，旅游效率是国家森林公园投入产出的综合体现，因此从这一角度对国家森林公园环境进行保护，对其效率的提升较为重要。

本研究在分析国家森林公园旅游效率的影响因素时，选择了森林资源禀赋即森林覆盖率作为其中一个影响因素，经过测算发现，2008—2017 年森林资源禀赋对国家森林公园旅游效率起到正向促进作用，且随着时间的推移，正向驱动作用呈现增强态势，因此，各省域国家森林公园应该不断扩大植树造林面积，提升国家森林公园旅游的环境质量，全面实现国家森林公园的经济效益和环境效益。

根据国家森林公园环境容量确定合理的游客接待数量，以防游客人数过多对公园景观、生态环境造成损害，应对公园内不同景区进行分批次的适时休园或整修，保持国家森林公园生态环境的稳定。要加强森林等自然资源保护和利用的基础性调查和研究，启动森林等相关自然资源的普查工作，建立科学的分类、调查与评价体系，清楚掌握资源的基本情况和分布特征，明确保护对象和范围，研究制定有利于提高国家森林公园保护性利用的政策和技术措施。加强对国家森林公园旅游景区资源保护工作的指导，加强保护能力建设，对珍贵的动植物资源要建立档案保护制度，实现一对一动态监管。

7.6　因地制宜提升旅游效率

根据前文中对省域单元国家森林公园旅游效率类型的划分可知，北京、山西、上海、江苏、浙江、福建、江西、山东、重庆、贵州、青海 11 个省份是国家森林公园旅游发展的“黄金”区域，总体效率均值较高，且效率一直保持增长态势。这些区域是整个国家森林公园旅游发展的标杆，引领着我国国家森林公园旅游的发展方向，未来应该继续加大国家森林公园旅游的科技创新力度，开发具有竞争力的森林旅游产品，在国家森林公园的管理和经营体制方面，应加大改革力度，学习国外先进国家公园的管理制度、管理方法和管理经验，探索出一条适合我国的国家森林公园旅游发展的管理体制、管理经验和管理模式，不断提高国家森林公园资源要素的利用能力。

辽宁、黑龙江、安徽、湖北、湖南、广东、广西、海南、四川、云南、西藏、陕西、甘肃、新疆、内蒙古 15 个省份是我国国家森林公园旅游发展的“潜力”区域，这些区域国家森林公园旅游发展潜力较大，国家森林公园旅游可持续发展未来可期。其中，广西、四川、云南、西藏、陕西、甘肃、新疆、内蒙古 8 个省份应该借助“西部大开发战略”，利用后发优势，加快国家森林公园的旅游发展速度，加大对先进地区国家森林公园旅游发展的资本、人才、技术和管理经验的引入力度，从引资和引智两个方面提升国家森林公园旅游的发展水平；广东和海南的旅游业整体发展较好，是我国的旅游大省，旅游业发展的优势明显，国家森林公园旅游发展应该趁势而为，将本省域最先进的旅游发展思路和理念运用到国家森林公园旅游发展中，创新出更具吸引力的旅游产品，并将国家森林公园旅游产品和城市旅游产品、滨海旅游产品等融合串联，提升国家森林公园在整个省域发展中的地位；安徽、湖南和湖北 3 个省份的国家森林公园旅游发展潜力较大，虽然现在旅游效率总体不高，但呈现明显增长态势，国家森林公园旅游的潜力有待进一步挖掘，这 3 个省份国家森林公园数量较多，发展历史也较长，区域内分布着较多具有世界级影响力的国家森林公园，如黄山、神农架和张家界等，这些国家森林公园本身发展较好，但区域内其他国家森林公园旅游发展不尽如人意，未来应该借助中部崛起战略，加强对国家森林公园旅游发展的关注，向邻近的东部省份学习，尤其是在旅游产品开发上，应在产品设计上体现出当地的景观和文化特色，在发展定位上做到科学、准确，实行差异化发展战略；辽宁、黑龙江应借助东北老工业基地振兴战略中对区域产业发展转型的要求，大力发展国家森林公园旅游业，拓宽东北地区生态经济、绿色经济发展方向。

由于吉林和宁夏 2 个省份的国家森林公园旅游发展处于全国的“低洼”区域，未来要扭转这种不利局面，应立足自身国家森林公园旅游发展实际，步步为营，吉林的森林资源禀赋较好，国家森林公园较多，但目前国家森林公园旅游发展处于规模效益递减阶段，资源要素的投入不少，但产出能力有限，究其原因主要是其国家森林公园旅游产品和辽宁、黑龙江 2 个省份的较为雷同，不具有特色，旅游竞争力相对较弱，因此创新驱动是其国家森林公园旅游发展的主要路径，而宁夏的国家森林公园数量较少，应该注重打造国家森林公园旅游精品工程。

天津、河北和河南 3 个省份是国家森林公园旅游发展的“夕阳”区域，未来应加大新技术在国家森林公园旅游发展的应用，将智慧旅游、大数据、电子商务应用到国家森林公园旅游发展中，天津、河北 2 个省份要积极融入京津冀经济圈，实现协同发展，主动承接北京各种利好资源要素的转移，不断提升国家森林公园的资源配置和利用水平，提高国家森林公园旅游效率，而河南应以中原文化为载体和灵魂，打造独具文化特色的国家森林公园旅游产品。

第 8 章　研究结论与展望

8.1　研究结论

国家森林公园是我国重要的旅游目的地，是森林旅游发展的主阵地。近年来，我国国家森林公园旅游发展较为迅猛，但资源有效利用程度不够、经营模式较为粗放等问题较为突出，国家森林公园旅游发展面临转型，其旅游效率的提升是国家森林公园旅游实现可持续发展和转型升级的关键，然而目前学界尚未对国家森林公园旅游效率研究引起足够重视，有关省域单元国家森林公园旅游效率的系统研究更鲜有涉及。本研究在合理构建国家森林公园旅游效率评价体系的基础上，采用数据包络分析法（DEA）对 2008—2017 年 31 个省域单元（不包括港澳台）国家森林公园旅游效率进行综合测度，并利用 GIS、Eviews、SPSS 和 Geoda 软件，综合运用空间探索性分析方法、空间加权回归法及计量经济学中的相关模型和方法对旅游各项效率的时空格局演化特征、收敛性特征和影响机理进行系统研究，最后提出国家森林公园旅游效率的提升对策，主要得到如下结论：

（1）国家森林公园旅游效率总体处于中等偏上水平，且旅游效率在波动中取得了一定程度的提升，同时国家森林公园旅游发展已经呈现转型升级态势，内涵式发展阶段即将来临。2008—2017 年省域单元国家森林公园旅游综合效率、纯技术效率和规模效率的均值分别为 0.757、0.817 和 0.923，总体来看国家森林公园旅游效率处于中等偏上水平，旅游效率仍有一定的提升空间。整个研究期内效率达到最优状态的省域较少，仅上海和浙江一直保持旅游各项效率最优状态。从时序变化来看：①旅游各项效率均在波动中取得了一定程度的提升，其中纯技术效率提升最为明显，规模效率提升最少。②从旅游各项效率分布形态的时序变化来看，其呈现出一定的增长态势，集中程度也更加明显，综合效率值和纯技术效率值基本上呈现“双峰”分布态势，存在两极分化现象，规模效率值呈现“单峰”分布态势，存在一头独大现象。③国家森林公园旅游综合效率主要受纯技术效率驱动。

（2）国家森林公园旅游效率呈现出一定的空间演化规律，其中旅游纯技术效率和旅游综合效率的空间演化特征较为类似，而旅游规模效率与之不同，表现出自身特点。具体如下：①从空间分异特征来看，旅游纯技术效率和旅游综合效率高水平区在空间上逐渐形成了以东南部和西北部为轴线的“人字形”分布格局，旅游规模效率高水平区在空间上逐渐形成了一个连续的环状分布格局，四大区域间旅游各项效率总体均呈现出东部＞中部＞西部＞东北部的空间分异特征。②从空间集聚特征来看，旅游各项效率在空间上均表现出显著的空间集聚特征，其中，纯技术效率和综合效率的空间集聚效应逐渐增强，空间上高高集聚的省域不断增多，形成了以长三角、环渤海和京津冀等经济发达地区为主的高高集聚区，空间上正向集聚的马太效应较为显著；规模效率的空间集聚效应有所降低，空间上高高集聚的省域有所减少，空间关联性有所降低，空间异质性增强。③从方向分布特征来看，2008—2017 年国家森林公园旅游各项效率总体表现出东北—西南方向的空间分布格局。④从重心迁移特征来看，旅游各项效率的重心移动方向有所不同，其中综合效率和纯技术效率的重心移动方向类似，总体上都是向西北方向迁移，轨迹呈 W 型演化态势，而规模效率重心向东南方向移动，轨迹呈现 P 型演化态势，进一步印证了综合效率主要受纯技术效率驱动。⑤从各省域效率类型识别来看，根据各省域国家森林公园旅游效率的均值和变化情况将 31 个省域划分为 4 种类型，其中，处于第一象限 H/I“黄金”类型的省域的有北京、山西、上海、江苏、浙江、福建、江西、山东、重庆、贵州、青海 11 个省份，处于第二象限 L/I“潜力”类型的省域有辽宁、黑龙江、安徽、湖北、湖南、广东、广西、海南、四川、云南、西藏、陕西、甘肃、新疆、内蒙古 15 个省份，处于第三象限 L/D“低洼”类型的省域仅有吉林和宁夏 2 个省份，处于第四象限 H/D“夕阳”类型的省域有天津、河北和河南 3 个省份。

（3）各省域国家森林公园旅游效率呈现普遍趋同态势，均存在旅游效率低水平省份追赶高水平省份的现象，旅游效率的区域差异有所减小，但短时间内这种差异不会彻底消除。各省域旅游综合效率和旅游纯技术效率呈现高水平、中水平、低水平三大俱乐部收敛，旅游规模效率呈现“高水平类型一枝独秀、中水平类型紧随其后”的两大俱乐部收敛，各省域旅游效率的转移方向和概率存在一定差异。具体如下：①通过 δ 收敛分析，发现除东北部以外其他区域的综合效率均表现收敛态势，各区域纯技术效率均表现收敛态势，除中部以外其他区域的规模效率均表现收敛态势。②各地区旅游各项效率均存在绝对 β 收敛，表明各区域内存在旅游效率低水平省份追赶高水平省份的现象；各地区旅游各项效率均存在条件 β 收敛，即不同发展基础和特点省域的旅游效率会逐渐收敛于各自稳态，表明旅游效率低的省域和效率高的省域之间的差距将会缩小，但是在短时间内各省域旅游效率的差距不会完全消除。③通过俱乐部收敛分析，发现各省域旅游综合效率呈现出高水平、中水平、低水平三大俱乐部收敛态势，且各种类型的转移均发生在相邻状态之间，跨越式发展较难实现；各省域旅游纯技术效率呈现出高水平、中水平、低水平三大俱乐部收敛，各类型之间既可以在相邻之间转移，又可以实现跨越式转移，且跨越式发展可能性较大；规模效率呈现出“高水平类型一枝独秀、中水平类型紧随其后”的两大俱乐部收敛态势，各类型既可实现相邻之间转移，又可以实现跨越式转移，其中向上转移的概率较大。由此可知，各省域国家森林公园旅游综合效率的提高必须循序渐进；纯技术效率的提升可以依靠后发优势，实现跨越式发展；部分省域旅游规模效率仍然继续向上转移，表明部分省域国家森林公园旅游发展方式仍然呈现粗放式发展特征。

(4) 本研究归纳总结出经济发展水平、市场化程度、交通可达性、森林资源禀赋、旅游设施水平、人力资源支持 6 个影响国家森林公园旅游效率的主要因子，其中人力资源支持和旅游设施水平对旅游各项效率影响最大，不同因子对旅游各项效率的驱动存在一定的时空差异效应。①各因子对旅游综合效率的影响：从全域空间效应看，6 个因子对旅游综合效率均起到显著的正向的促进作用，且影响强度呈现出人力资源支持＞旅游设施水平＞交通可达性＞市场化程度＞经济发展水平＞森林资源禀赋的排列顺序；从局部空间效应看，经济发展水平的正向影响强度呈现出从西北部到西南部递减的态势，交通可达性和森林资源禀赋的正向影响强度均呈现出从东南沿海向西北部递减的态势，旅游设施水平的正向影响强度呈现出从西南区域向东西方向逐渐减弱的态势，市场化程度的正向影响强度呈现以四川和云南两省为中心向东西两个方向递减的态势，人力资源支持的正向影响强度呈现“东西高、中部低”的分异规律；从时间效应看，经济发展水平、森林资源禀赋、旅游设施水平、人力资源支持对旅游综合效率的正向促进作用逐渐增强，而市场化程度和交通可达性对旅游综合效率的正向促进作用有所减弱。②各因子对旅游纯技术效率的影响：从全域空间效应看，人力资源支持、旅游设施水平、经济发展水平和市场化程度 4 个因子对旅游纯技术效率都起到正向促进作用，影响强度呈现依次递减态势；从局部空间效应看，经济发展水平的正向影响强度呈现出从东部到中部再到西部递减的分异规律，市场化程度和旅游纯技术效率呈正相关和负相关并存的态势，其中正相关的省域数量大于负相关的，影响强度呈现出从东南部和西南部往北部递减的态势，旅游设施水平的正向影响强度呈现出从东南部向西北部逐渐递减的态势，人力资源支持的正向影响强度呈现出从南部向西北部递减的态势；从时间效应看，经济发展水平、旅游设施水平、人力资源支持对旅游纯技术效率的正向促进作用有所增强。③各因子对旅游规模效率的影响：从全域空间效应看，人力资源支持、旅游设施水平、森林资源禀赋 3 个因子对旅游规模效率都起到正向促进作用，影响强度呈现依次递减态势；从局部空间效应看，森林资源禀赋和人力资源支持的正向影响强度呈现出从东南向西北方向递减的态势，而旅游设施水平的正向影响强度呈现出从西北部向东南部递减的态势；从时间效应看，森林资源禀赋和人力资源支持对旅游规模效率的正向促进作用有所下降，而旅游设施水平对旅游规模效率的正向促进作用有所增强。

（5）从国家森林公园旅游效率影响因素的作用机理来看，经济发展水平、市场化程度和交通可达性是国家森林公园旅游效率演化的外因，其中，区域经济发展水平是旅游效率演化的保障，市场化程度是旅游效率演化的动力，交通可达性是旅游效率演化的前提；森林资源禀赋、旅游设施水平、人力资源支持是国家森林公园旅游效率演化的内因，其中，森林资源禀赋是旅游效率演化的基础，旅游设施水平是旅游效率演化的助推器，人力资源支持是旅游效率演化的催化剂。

（6）在对国家森林公园旅游效率进行系统研究的基础上，立足国家森林公园旅游效率的区域差异特征、空间集聚特征、旅游纯技术效率的重要驱动特征、旅游效率的影响因素及各省域旅游效率类型划分等研究结果，并始终结合国家森林公园旅游发展的实际，从政府政策支持、人才队伍建设、创新能力提高、旅游设施提升、注重环境保护、因地制宜发展等 6 个方面提出国家森林公园旅游效率的提升对策。

8.2 特色及创新点

（1）本研究进一步拓展了旅游效率的研究主题。目前，国内外学者对森林公园旅游效率研究较少，尤其缺乏对国家森林公园旅游效率的系统研究，本研究选择国家森林公园旅游效率作为研究对象，是对旅游效率研究主题和研究方向上的进一步拓展和延伸，有一定的创新性。

（2）本研究系统深化了国家森林公园旅游效率的研究内容。以往的国家森林公园旅游效率研究内容大多较为零散，系统性不强，对国家森林公园旅游效率的时空演化、差异趋势和影响因素的系统研究不足，本研究试图从国家森林公园旅游各项效率的测度入手，系统分析旅游效率的时空演化格局、空间差异收敛性及影响因素，并提出国家森林公园旅游效率的提升对策，从而系统深化了国家森林公园旅游效率的研究内容。

（3）本研究将地理学的学科理论、研究方法和研究范式引入到旅游效率的研究中，并注重多学科研究方法的集成创新。以往对旅游效率的研究主要基于经济学、管理学和社会学等单一学科理论和方法，缺少多学科的交叉研究，尤其缺少地理学的学科支撑和研究范式在研究中的应用，本研究综合运用旅游学、经济学和地理学的研究理论及方法，并将地理学相关理论和方法引入到旅游效率的研究中，探究国家森林公园旅游效率的时空演化规律，并借助经济学相关理论和方法探究其收敛性和影响因素，将多种方法进行有机的统一和组合，使整个研究更加系统和饱满。

8.3　不足及展望

本研究对国家森林公园旅游效率进行了系统研究，达到了预期研究目标，但仍存在一定的不足之处，有待进一步完善。

（1）国家森林公园旅游效率影响因素有待进一步挖掘。由于国家森林公园旅游发展的关联性较强，国家森林公园旅游效率的影响因素较多，本研究在梳理大量文献并与国家森林公园工作人员和行业主管部门工作人员进行多次交流的基础上选择关键影响因子，试图对其主要的影响因子加以表征，但认知水平不足及相关指标数据难以获得或者无法定量表达，导致影响因素的选取和研究有一定的局限性，因此，建立更加全面的影响因素评价体系、探究更多因素对国家森林公园旅游效率的影响机理是未来研究的方向。

（2）研究时间跨度有待进一步延展。国家森林公园旅游发展历史较为悠久，但由于我国国家森林公园旅游发展的相关统计数据缺失，所以较难获取跨度更长的相关数据，因而本研究主要是对 2008—2017 年 10 年间 31 个省域单元国家森林公园旅游效率进行系统测度，系统分析其时空演化特征。10 年间的效率演化能否代表我国国家森林公园旅游效率的总体演化特征及规律，有待进一步论证，因此未来继续研究时间跨度更长的国家森林公园旅游效率，进行历时性对比分析和研究将更有意义。

（3）研究尺度有待进一步细化。本研究选择了省域尺度对国家森林公园旅游效率的时空演化特征、空间差异的收敛性和影响因素进行了系统研究，得出了一些有益的结论，但选择的研究尺度较为单一，缺乏不同空间尺度的对比分析和研究。因此，在以后的研究中，可以选择省域、县域等不同空间尺度对国家森林公园旅游效率进行对比分析，以便得到更加符合实际的规律，为提出更加科学的国家森林公园旅游发展建议提供参考和依据。

参考文献

[1] Michael B, Michael R. New perspectives on productivity in hotels: some advances and new directions [J]. International Journal of Hospitality Management, 1994, 13 (4): 297-311.

[2] Morey C R, Dittman A D. Evaluating a hotel GM's performance A case study in benchmarking [J]. The Cornell Hotel and Restaurant Administration quarterly, 2003, 44 (5-6): 53-59.

[3] Anderson I R, Fish M, Xia Y, et al. Measuring efficiency in the hotel industry: a stochastic frontier approach [J]. International Journal of Hospitality Management, 1999, 18 (1): 45-57.

[4] Michael J E. Tourism Micro-Clusters [J]. Tourism Economics, 2003, 9 (2): 133-145.

[5] White C. The relationship between cultural values and individual work values in the hospitality industry [J]. International Journal of Tourism Research, 2005, 7 (4-5): 221-229.

[6] Barros P C. Evaluating the efficiency of a small hotel chain with a Malmquist productivity index [J]. International Journal of Tourism Research, 2005, 7 (3): 173-184.

[7] Barros P C. Measuring efficiency in the hotel sector [J]. Annals of Tourism Research, 2004, 32 (2): 456-477.

[8] Barros P C. Analysing the rate of technical change in the Portuguese hotel industry [J]. Tourism Economics, 2006, 12 (3): 325-346.

[9] Sigala M. The information and communication technologies productivity impact on the UK hotel sector [J]. International Journal of Operations & Production Management, 2003, 23 (10): 1224-1245.

[10] Sharma-Wagner S, Chokkalingam A P, Malker H S, et al. Occupation and prostate cancer risk in Sweden [J]. Joumal of Occupational and Environmental Medicine, 2000, 42 (5): 517-525.

[11] Fuentes R. Efficiency of travel agencies: A case study of Alicante,

Spain [J] . Tourism Management, 2009, 32 (1): 75 - 87.

[12] Ki C L, Yoel S H. Estimating the use and preservation values of national parks's tourism resources using a contingent valuation method [J] . Tourism Management, 2002, 23 (5): 531 - 540.

[13] Kytzia S, Walz A, Wegmann M. How can tourism use land more efficiently? A model-based approach to land-use efficiency for tourist destinations [J] . Tourism Management, 2011, 32 (3): 629 - 640.

[14] Ted W P P. Improving the efficiency of sporting venues through capacity management: the case of the Sydney (Australia) cricket ground trust [J] . Event Management, 2003, 8 (2): 83 - 89.

[15] Bosetti V, Locatelli G. A Data envelopment analysis approach to the assessment of natural parks' economic efficiency and sustainability. The case of Italian economic natural parks [J] . Sustainable Development, 2006, 14 (4): 277 - 286.

[16] Emanuela M, Raffaele P. They arrive with new information. Tourism flows and production efficiency in the European regions [J] . Tourism Management, 2010, 32 (4): 750 - 758.

[17] Blake A. Tourism and income distribution in East Africa [J] . Interactional Journal of Tourism Research, 2008, 10 (6): 511 - 524.

[18] Husain N, Abdullah M, Idris F, et al. The Malaysian total performance excellence model: a conceptual framework [J] . Total Quality Management, 2001, 12 (7 - 8): 926 - 931.

[19] Fernandes E, Pacheco R. Efficient use of airport capacity [J] . Transportation Research Part A, 2002, 36 (3): 225 - 238.

[20] Zhu Q, Sarkis J. Relationships between operational practices and performance among early adopters of green supply chain management practices in Chinese manufacturing enterprises [J] . Journal of Operations Management, 2004, 22 (3): 265 - 289.

[21] Assaf A G. Benchmarking the Asia Pacific tourism industry: a Bayesian combination of DEA and stochastic frontier [J] . Tourism Management, 2011, 33 (5): 1122 - 1127.

[22] Seweryn K, Skocki K, Banaszkiewicz M, et al. Determining the geotechnical properties of planetary regolith using Low Velocity Penetrometers [J] . Planetary and Space Science, 2014 (99): 70 - 83.

[23] Tsaur S. The operating efficiency of international tourist hotels in Taiwan [J]. Asia Pacific Journal of Tourism Research，2001，6（1）：73-81.

[24] Chiang W. A DEA evaluation of Taipei hotels [J]. Annals of Tourism Research，2004，31（3）：712-715.

[25] Chiang W E. A hotel performance evaluation of Taipei international tourist hotels-using data envelopment analysis [J]. Asia Pacific Journal of Tourism Research，2006，11（1）：29-42.

[26] 彭建军，陈浩．基于DEA的星级酒店效率研究——以北京、上海、广东相对效率分析为例 [J]．旅游学刊，2004（2）：59-62.

[27] 刘家宏．基于DEA法的中低星级酒店经济效率评价——以我国25个省市三星级酒店为例 [J]．湖南财经高等专科学校学报，2010，26（3）：46-48.

[28] 方叶林，黄震方，王坤，等．中国星级酒店相对效率集聚的空间分析及提升策略 [J]．人文地理，2013，28（1）：121-127.

[29] 谢春山，王恩旭，朱易兰．基于超效率DEA模型的中国五星级酒店效率评价研究 [J]．旅游科学，2012，26（1）：60-71.

[30] 张琰飞．基于DEA-Malmquist模型的中国星级饭店经营效率时空演化研究 [J]．地理科学，2017，37（3）：406-415.

[31] 韩国圣，李辉，Alan Lew. 成长型旅游目的地星级饭店经营效率空间分布特征及影响因素——基于DEA与Tobit模型的实证分析 [J]．旅游科学，2015，29（5）：51-64.

[32] 朱述美，王朝辉．星级饭店经营效率及其与城市旅游效率的关系研究——以皖南国际文化旅游示范区为例 [J]．安徽农业大学学报（社会科学版），2018，27（2）：66-73.

[33] 孙景荣，张捷，章锦河，等．中国城市酒店业效率的空间特征及优化对策 [J]．经济地理，2012，32（8）：155-159.

[34] 简玉峰，刘长生．随机前沿函数、酒店管理效率及其影响因素研究——基于张家界市旅游酒店的实证分析 [J]．旅游论坛，2009，2（4）：540-544.

[35] 何玉荣，张鑫，王兰兰．基于DEA的旅游型城市星级酒店经营效率空间差异分析——以安徽省黄山市为例 [J]．合肥工业大学学报（社会科学版），2013，27（4）：1-6.

[36] 张一博．中外上市酒店效率比较研究——基于13家中外上市酒店数据 [J]．旅游论坛，2016，9（6）：51-58.

[37] 程占红，徐娇．五台山景区酒店碳排放效率的典范对应分析 [J]．地理研究，2018，37 (3)：577－592.

[38] 姚延波．我国旅行社分类制度及其效率研究 [J]．旅游学刊，2000 (2)：31－37.

[39] 田喜洲，王渤．旅游市场效率及其博弈分析——以旅行社产品为例 [J]．旅游学刊，2003 (6)：57－60.

[40] 卢明强，徐舒，王秀梅，等．基于数据包络分析 (DEA) 的我国旅行社行业经营效率研究 [J]．旅游论坛，2010，3 (6)：734－738.

[41] 武瑞杰．论中国旅行社省际相对效率及省际规模经济特征——基于2001—2010年省际面板数据的DEA分析 [J]．东疆学刊，2013，30 (3)：97－101.

[42] 孙景荣，张捷，章锦河，等．中国区域旅行社业效率的空间分异研究 [J]．地理科学，2014，34 (4)：430－437.

[43] 胡志毅．基于DEA-Malmquist模型的中国旅行社业发展效率特征分析 [J]．旅游学刊，2015，30 (5)：23－30.

[44] 胡宇娜，梅林，魏建国．中国区域旅行社业效率的时空分异及驱动机制 [J]．地理与地理信息科学，2017，33 (3)：91－97.

[45] 胡宇娜，梅林，魏建国．基于GWR模型的中国区域旅行社业效率空间分异及动力机制分析 [J]．地理科学，2018，38 (1)：107－113.

[46] 朱顺林．区域旅游产业的技术效率比较分析 [J]．经济体制改革，2005 (2)：116－119.

[47] 左冰，保继刚．1992—2005年中国旅游业全要素生产率及省际差异 [J]．地理学报，2008 (4)：417－427.

[48] 朱承亮，岳宏志，严汉平，等．基于随机前沿生产函数的我国区域旅游产业效率研究 [J]．旅游学刊，2009，24 (12)：18－22.

[49] 陶卓民，薛献伟，管晶晶．基于数据包络分析的中国旅游业发展效率特征 [J]．地理学报，2010，65 (8)：1004－1012.

[50] 刘佳，陆菊，刘宁．基于DEA-Malmquist模型的中国沿海地区旅游产业效率时空演化、影响因素与形成机理 [J]．资源科学，2015，37 (12)：2381－2393.

[51] 方叶林，黄震方，李东和，等．中国省域旅游业发展效率测度及其时空演化 [J]．经济地理，2015，35 (8)：189－195.

[52] 方叶林，黄震方，王芳，等．中国大陆省际旅游效率时空演化及其俱乐部趋同研究 [J]．地理科学进展，2018，37 (10)：1392－1404.

[53] 赵磊．中国旅游全要素生产率差异与收敛实证研究 [J]．旅游学刊，2013，28 (11)：12-23.

[54] 张广海，冯英梅．我国旅游产业效率测度及区域差异分析 [J]．商业研究，2013 (5)：101-107.

[55] 魏丽，卜伟，王梓利．高速铁路开通促进旅游产业效率提升了吗？——基于中国省级层面的实证分析 [J]．经济管理，2018，40 (7)：72-90.

[56] 姜晓东．区域旅游经济效率及其影响因素研究 [J]．鄂州大学学报，2018，25 (1)：47-49.

[57] 马晓龙，保继刚．基于数据包络分析的中国主要城市旅游效率评价 [J]．资源科学，2010，32 (1)：88-97.

[58] 王恩旭，武春友．基于 DEA 模型的城市旅游经营效率评价研究——以中国 15 个副省级城市为例 [J]．旅游论坛，2010，3 (2)：208-215.

[59] 梁明珠，易婷婷．广东省城市旅游效率评价与区域差异研究 [J]．经济地理，2012，32 (10)：158-164.

[60] 梁明珠，易婷婷，Bin Li. 基于 DEA-MI 模型的城市旅游效率演进模式研究 [J]．旅游学刊，2013，28 (5)：53-62.

[61] 魏俊，胡静，朱磊，等．鄂皖两省旅游发展效率时空演化及影响机理 [J]．经济地理，2018，38 (8)：187-195.

[62] 曹芳东，黄震方，吴江，等．城市旅游发展效率的时空格局演化特征及其驱动机制——以泛长江三角洲地区为例 [J]．地理研究，2012，31 (8)：1431-1444.

[63] 王坤，黄震方，陶玉国，等．区域城市旅游效率的空间特征及溢出效应分析——以长三角为例 [J]．经济地理，2013，33 (4)：161-167.

[64] 邓洪波，陆林．都市圈旅游效率的空间格局及演化——以长三角与珠三角都市圈为例 [J]．安徽师范大学学报（自然科学版），2018，41 (1)：62-67.

[65] 李瑞，郭谦，贺跻，等．环渤海地区城市旅游业发展效率时空特征及其演化阶段——以三大城市群为例 [J]．地理科学进展，2014，33 (6)：773-785.

[66] 马晓龙，保继刚．基于 DEA 的中国国家级风景名胜区使用效率评价 [J]．地理研究，2009，28 (3)：838-848.

[67] 曹芳东，黄震方，余凤龙，等．国家级风景名胜区旅游效率空间格局动态演化及其驱动机制 [J]．地理研究，2014，33 (6)：1151-1166.

[68] 曹芳东，黄震方，吴江，等．国家级风景名胜区旅游效率测度与区位可达性分析［J］．地理学报，2012，67（12）：1686－1697.

[69] 曹芳东，黄震方，徐敏，等．风景名胜区旅游效率及其分解效率的时空格局与影响因素——基于 Bootstrap-DEA 模型的分析方法［J］．地理研究，2015，34（12）：2395－2408.

[70] 虞虎，陆林，李亚娟．湖泊型国家级风景名胜区的旅游效率特征、类型划分及其提升路径［J］．地理科学，2015，35（10）：1247－1255.

[71] 徐波，刘丽华．基于 DEA 分析中国省域地区旅游景区效率［J］．国土与自然资源研究，2012（5）：59－60.

[72] 查建平，王挺之．环境约束条件下景区旅游效率与旅游生产率评估［J］．中国人口·资源与环境，2015，25（5）：92－99.

[73] 李鑫，杨新军，孙丕苓．不同类型景区生态效率比较研究——以华山风景区与大唐芙蓉园为例［J］．生态经济（学术版），2013（2）：290－295.

[74] 王淑新，何红，王忠锋．秦巴典型景区旅游生态效率及影响因素测度［J］．西南大学学报（自然科学版），2016，38（10）：97－103.

[75] 方世敏，王海艳．张家界景区旅游生态效率测度研究［J］．邵阳学院学报（社会科学版），2017，16（6）：53－58.

[76] 黄秀娟，黄福才．中国省域森林公园技术效率测算与分析［J］．旅游学刊，2011，26（3）：25－30.

[77] 丁振民，赖启福，黄秀娟，等．中国森林公园旅游效率的空间差异与收敛性研究［J］．林业经济，2016，38（11）：41－48.

[78] 刘振滨，林丽梅，郑逸芳．中国森林公园经营效率及其资源投入冗余分析［J］．干旱区资源与环境，2017，31（2）：74－78.

[79] 朱磊，胡静，周葆华，等．中国省域森林公园旅游发展效率测度及其时空格局演化［J］．长江流域资源与环境，2017，26（12）：2003—2011.

[80] 刘东霞．基于 Malmquist 指数法的中国省域森林公园运营效率动态实证分析［J］．林业经济问题，2014，34（3）：229－235.

[81] 李平，王维薇，张俊飚．我国林业旅游资源开发效率动态演进与区域差异的实证研究——基于省际森林公园的面板数据［J］．华中农业大学学报（社会科学版），2016（4）：41－46＋128－129.

[82] 李兰冰．生产效率视角下我国国际机场的绩效评价［J］．统计与决策，2008（23）：55－58.

[83] 韩平，方明．基于 DEA 的中国机场生产效率评价研究［J］．财政监督，2010（20）：59－60.

[84] 张蕾，陈雯，薛俊菲．基于参数法的国内上市机场规模效率评估 [J]．地理研究，2012，31 (4)：701－710.

[85] 马骏伟．基于 DEA 的我国主要枢纽机场运营效率评价 [J]．统计与管理，2017 (3)：80－82.

[86] 吴威，王聪，曹有挥，等．长江三角洲地区机场体系基础设施效率的时空演化 [J]．长江流域资源与环境，2018，27 (1)：22－31.

[87] 李兰冰．中国铁路运营效率实证研究：基于双活动——双阶段效率评估模型 [J]．南开经济研究，2010 (5)：95－110.

[88] 刘斌全，吴威，苏勤，等．中国铁路运输效率时空演化特征及机理研究 [J]．地理研究，2018，37 (3)：512－526.

[89] 段新，岑晏青，路敖青．基于 DEA 模型的 31 省份公路运输效率分析 [J]．交通运输系统工程与信息，2011，11 (6)：25－29.

[90] 顾瑾，陶绪林，周体光．基于 DEA 模型的江苏省道路交通运输效率评价与分析 [J]．现代交通技术，2008 (1)：69－72＋80.

[91] 许陈生．我国旅游上市公司的股权结构与技术效率 [J]．旅游学刊，2007 (10)：34－39.

[92] 郭岚，张勇，李志娟．基于因子分析与 DEA 方法的旅游上市公司效率评价 [J]．管理学报，2008 (2)：258－262.

[93] 周文娟，张红．基于 DEA 模型的旅游上市公司投资效率评价研究 [J]．旅游论坛，2013，6 (2)：57－62.

[94] 任毅，刘婉琪，赵珂，等．中国旅游上市公司经营效率的测度与评价——基于混合 DEA 模型的实证分析 [J]．旅游学刊，2017，32 (7)：27－36.

[95] 魏伟，颜醒华．基于多元回归分析的中国旅游上市公司投资效率研究 [J]．重庆师范大学学报（自然科学版），2013，30 (5)：128－133.

[96] 徐曼，张红，张春晖．中国旅游上市公司成长性与投资效率研究 [J]．河南科学，2017，35 (8)：1364－1371.

[97] 何勋，李如友，辜应康，等．我国旅游企业效率的时空特征及收敛性研究——基于 1999—2010 年的经验数据 [J]．云南财经大学学报（社会科学版），2012，27 (6)：93－98.

[98] 李如友，黄常州．我国旅游企业效率区域差异及其变动特征 [J]．旅游论坛，2104，7 (2)：41－49.

[99] 肖练练，钟林生，周睿，等．近 30 年来国外国家公园研究进展与启示 [J]．地理科学进展，2017，36 (2)：244－255.

[100] White P，Lovett J. Public preferences and willingness-to-pay for

nature conservation in the North York Moors National Park, UK [J] . Journal of Environmental Management, 1999, 55 (1): 1-13.

[101] Pergams R O, Zaradic A P. Is love of nature in the US becoming love of electronic media? 16-year downtrend in national park visits explained by watching movies, playing video games, internet use, and oil prices [J] . Journal of Environmental Management, 2006, 80 (4): 387-393.

[102] Slocum L S, Curtis R K. Assessing sustainable food behaviours of national park visitors: domestic/on vocation linkages, and their implications for park policies [J] . Journal of Sustainable Tourism, 2016, 24 (1): 153-167.

[103] Xu F, Fox D. Modelling attitudes to nature, tourism and sustainable development in national parks: a survey of visitors in China and the UK [J] . Tourism Management, 2014 (45): 142-158.

[104] Zvi S, Chun L L. The impact of fees on visitation of national parks [J] . Tourism Management, 2005, 27 (6): 1386-1396.

[105] Suckall N, Fraser D E, Cooper T, et al. Visitor perceptions of rural landscapes: a case study in the Peak District National Park, England [J] . Journal of Environmental Management, 2008, 90 (2): 1195-1203.

[106] Austin R, Thompson N, Garrod G. Understanding the factors underlying partnership working: a case study of Northumberland National Park, England [J] . Land Use Policy, 2016 (50): 115-124.

[107] Swain D. Joint protected area management: a proposal for the management of sanctuaries and national parks in India [J] . International Journal of Sustainable Development & World Ecology, 2001, 8 (3): 257-265.

[108] Walpole J M, Goodwin J H. Local economic impacts of dragon tourism in Indonesia [J] . Annals of Tourism Research, 2000, 27 (3): 559-576.

[109] Hjerpe E E, Kim Y. Regional economic impacts of Grand Canyon river runners [J] . Journal of Environmental Management, 2006, 85 (1): 137-149.

[110] Faasen H, Watts S. Local community reaction to the 'no-take' policy on fishing in the Tsitsikamma National Park, South Africa [J] . Ecological Economics, 2007, 64 (1): 36-46.

[111] Bachert S. Acceptance of national parks and participationof local people in decision-making processes [J] . Landscape and Urban Planning, 1991, 20

(1 -3)：239 - 244.

[112] Sanders M J. A comparative study of the planning and management of Monument Valley Tribal Park and Canyon de Chelly National Monument [J] . Landscape and Urban Planning, 1996, 36 (2): 171 - 182.

[113] Barker A, Stockdale A. Out of the wilderness? Achieving sustainable development within Scottish national parks [J] . Journal of Environmental Management, 2008, 88 (1): 181 - 193.

[114] Douglas A, Mills J E. Staying afloat in the tropics: applying a structural equation model approach to evaluating national tourism organization websites in the Caribbean [J] . Journal of Travel Tourism Marketing, 2004, 17 (2 - 3): 269 - 293 .

[115] Papageorgiou K, Kassioumis K. The national park policy context in Greece: park users' perspectives of issues in park administration [J] . Journal for Nature Conservation, 2005, 13 (4): 231 - 246.

[116] Buultjens J. Ratnayake I, Gnanapala A, et al. Tourism and its implications for management in Ruhuna National Park (Yala), Sri Lanka [J] . Tourism Management, 2004, 26 (5): 733 - 742.

[117] Lawson R S, Manning E R, Valliere A W, et al. Proactive monitoring and adaptive management of social carrying capacity in Arches National Park: an application of computer simulation modeling [J] . Journal of Environmental Management, 2003, 68 (3): 305 - 313.

[118] Stamieszkin K, Wielgus J, Gerber R L. Management of a marine protected area for sustainability and conflict resolution: lessons from Loreto Bay National Park (Baja California Sur, Mexico) [J] . Ocean and Coastal Management, 2009, 52 (9): 449 - 458.

[119] Lupp G, Konold W, Bastian O. Landscape management and landscape changes towards more naturalness and wilderness: effects on scenic qualities—The case of the Muritz National Park in Germany [J] . Journal for Nature Conservation, 2013, 21 (1): 21 - 110.

[120] Kim S S, Lee C K, Klenosky D B. The influence of push and pull factors at Korean National Parks [J] . Tourism Management, 2002, 24 (2): 169 - 180.

[121] Lisa H. Toward sustainable management of national parks in Japan: securing local community and stakeholder participation [J] . Environmental

Management，2005，35（6）：753－764.

［122］Wilson E，Nielsen N，Buultjens J. From lessees to partners：exploring tourism public-private partnerships within the New South Wales national parks and wildlife service［J］. Journal of Sustainable Tourism，2009，17（2）：269－285.

［123］Zhou L，Seethal C. Tourism policy，biodiversity conservation and management：a case of the Kruger National Park，South Africa［J］. International Journal of Sustainable Development & World Ecology，2011，18（5）：393－403.

［124］古德．国家公园游憩设计［M］．吴承照，译．北京：中国建筑工业出版社，2003.

［125］Prato T. Modeling carrying capacity for national parks［J］. Ecological Economies，2001，39（3）：321－331.

［126］Thapa S，Chapman S D. Impacts of resource extraction on forest structure and diversity in Bardia National Park，Nepal［J］. Forest Ecology and Management，2010，259（3）：641－649.

［127］许大为，叶振启，李继伍，等．森林公园概念的探讨［J］．东北林业大学学报，1996（6）：91－94.

［128］胡涌，张启翔．森林公园一些基本理论问题的探讨——兼谈自然保护区、风景名胜区及森林公园的关系［J］．北京林业大学学报，1998（3）：52－66.

［129］俞晖．我国森林公园发展中若干问题的探讨［J］．林业资源管理，2001（4）：40－42.

［130］冯书成，冯新兴，武永照．我国森林公园分类探讨［J］．陕西林业科技，1999（3）：39－41.

［131］黄远水，陈钢华．我国森林公园与自然保护区旅游开发比较研究［J］．林业经济问题，2007（2）：145－150.

［132］陈戈，夏正楷，俞晖．森林公园的概念、类型与功能［J］．林业资源管理，2001（3）：41－45.

［133］陆林．山岳风景区旅游者空间行为研究——兼论黄山与美国黄石公园之比较［J］．地理学报，1996（4）：315－321.

［134］聂献忠，张捷，吕菽匪，等．九寨沟国内旅游者行为特征初步研究及其意义［J］．自然资源学报，1998（3）：57－63.

［135］周旗，卫旭东．太白山客源市场结构与游客行为模式研究［J］．人文

地理，2003（5）：89－93.

[136] 唐承财，覃浩庭，范志佳，等．基于实验学的国家森林公园低碳旅游行为及产品设计模式［J］．旅游学刊，2018，33（11）：98－109.

[137] 周璐，汤澍．基于休闲效益视角的城市森林公园游憩需求研究——以南京为例［J］．江苏科技信息，2013（21）：68－72.

[138] 石莎．森林公园游客环境责任行为研究［D］．长沙：中南林业科技大学，2015.

[139] 张茜，杨东旭，李文明．森林公园游客亲环境行为的驱动因素——以张家界国家森林公园为例［J］．地域研究与开发，2018，37（3）：101－106＋125.

[140] 黎宏君，甘萌雨，潘浩．游憩体验与游憩者环境责任行为的相关关系研究——以福州国家森林公园为例［J］．重庆科技学院学报（社会科学版），2018（2）：55－60.

[141] 张春晖，白凯．基于Tetra-class模型的游客目的地满意度属性要素分类研究——以陕西太白山国家森林公园为例［J］．经济管理，2018，40（5）：123－140.

[142] 杨围围，乌恩．亲子家庭城市公园游憩机会满意度影响因素研究——以北京奥林匹克森林公园为例［J］．人文地理，2015，30（1）：154－160.

[143] 薛岩，王浩．森林公园导识系统使用特征与满意度研究——以张家界国家森林公园为例［J］．中国园林，2017，33（7）：93－96.

[144] 陆林．山岳风景区客流研究——以安徽黄山为例［J］．地理学报，1994（3）：236－246.

[145] 张洪明，王玲．森林公园客流量预测方法探讨［J］．云南林业调查规划设计，1997（3）：20－25.

[146] 刘柱胜，卿芳雅，戈鹏，等．九寨沟风景区日游客量预测研究［J］．旅游科学，2012，26（2）：59－66.

[147] 廖治学，戈鹏，任佩瑜，等．基于AB@G集成模型的九寨沟景区游客量预测研究［J］．旅游学刊，2013，28（4）：88－93.

[148] 罗明春，钟永德．张家界国家森林公园客流日分布规律初探［J］．桂林旅游高等专科学校学报，2004（4）：58－63.

[149] 刘慧悦．旅游者网络信息需求与景区游客量的关联性研究——以四川九寨沟为例［J］．情报科学，2017，35（7）：39－43＋69.

[150] 李姮莹．游客流量时间变化与对策研究——以瑶湖郊野森林公园为例［J］．旅游纵览（下半月），2018（12）：66－67.

[151] 王娜，钟永德，黎森．基于AHP的森林公园科普旅游资源评价体系

构建［J］．中南林业科技大学学报，2015，35（9）：139－143.

［152］董天，郑华，肖燚，等．旅游资源使用价值评估的ZTCM和TCIA方法比较——以北京奥林匹克森林公园为例［J］．应用生态学报，2017，28（8）：2605－2610.

［153］吴臻霓，徐澧．王寿山国家森林公园森林旅游资源评价研究［J］．福建师大福清分校学报，2012（4）：63－69.

［154］谢继全，程弘，陶雪松，等．甘肃省森林公园旅游资源价值综合定量评价研究［J］．甘肃林业科技，2004（3）：12－17.

［155］严贤春，刘晓琴，陈瑶，等．瓦屋山国家森林公园生态旅游资源评价［J］．安徽农业科学，2011，39（20）：12375－12378.

［156］王然，张丽云，徐宁，等．木兰围场国家森林公园生态旅游规划［J］．湖北农业科学，2013，52（11）：2687－2691.

［157］唐建兵．“反规划”理论视域下的森林公园旅游规划探讨——以自贡市飞龙峡森林公园旅游规划为例［J］．林业资源管理，2014（2）：26－30＋34.

［158］杨财根，郭剑英，李致磊．城郊森林公园休闲旅游规划研究——以南京牛首山森林公园为例［J］．西北林学院学报，2013，28（2）：233－237.

［159］杨敏，杨延风，张谦，等．森林公园管理体制与组织机构探析［J］．林业经济问题，2006（1）：9－12＋17.

［160］盛海，王治中，王占勤，等．太岳山国家森林公园石膏山景区合作开发经营模式研究［J］．山西林业科技，2002（4）：44－48.

［161］张志，李江风．我国森林旅游业管理体制创新研究——以大别山国家森林公园为例［J］．福建林业科技，2006（1）：168－170＋187.

［162］黄秀娟．中国入世与森林公园发展方向探讨［J］．林业经济问题，2002（1）：50－53.

［163］胡晓晶，李江风，刁思勉．森林公园管理体制改革探讨——以武汉市为例［J］．林业资源管理，2005（3）：15－18.

［164］修新田，陈秋华，游桂．森林公园旅游竞争力提升研究［J］．林业经济问题，2008，28（6）：501－506.

［165］黄杰龙，陈秋华，幸绣程，等．中国省域森林公园旅游产业竞争力的时空演化特征及影响因素［J］．长江流域资源与环境，2018，27（10）：2305－2315.

［166］邹惠冰，黄安胜，林群．基于熵权模糊物元模型的我国各省份森林公园旅游竞争力测度及发展路径分析［J］．世界林业研究，2019，32（1）：91－95.

[167] 童玲，李洪波．基于 ISM 模型的森林公园旅游竞争力影响要素研究——以福州国家森林公园为例 [J]．福建农林大学学报（哲学社会科学版），2014，17（4）：85－89.

[168] 于曦颖．云蒙山国家森林公园内部旅游解说系统的改善 [J]．资源开发与市场，2005（6）：76－78.

[169] 赵建昌．宝鸡金台森林公园旅游解说系统的构建 [J]．江西农业学报，2011，23（4）：186－188.

[170] 王屏，栗丽，郭晓敏．基于中西比较的森林公园旅游解说系统文本研究 [J]．中国园林，2016，32（9）：103－107.

[171] 但新球，周光辉．对森林旅游及其特点的认识 [J]．中南林业调查规划，1994（2）：57－60.

[172] 谢莉，李梅．城市森林公园概念的界定 [J]．四川林勘设计，2010（2）：48－54.

[173] 高翅．森林公园刍议 [J]．中国园林，1997（6）：7－8.

[174] 李春生．我国山岳型森林公园的资源类型、特征与开发—以广东省为例 [J]．生态经济（学术版），2008（1）：436－439.

[175] 兰思仁．国家森林公园理论与实践 [M]．北京：中国林业出版社，2004.

[176] Debreu G. The coefficient of resource utilization [J]．Econometrical，1951，19（3）：273－292.

[177] Farrell M J. The measurement of productive efficiency [J]．Journal of The Royal Statistical Society. Series A（General），1957，120（3）：253－290.

[178] 方叶林．中国省域旅游业效率及演化机理研究 [D]．南京：南京师范大学，2014.

[179] 曹芳东．风景名胜区旅游效率的多尺度波动及其响应机制 [M]．北京：科学出版社，2016.

[180] Poter M E. The Competitive Advantage of Nations [M]．New York：The Free Press，1990.

[181] Crouch I G，Ritchie J. Tourism，Competitiveness，and Societal Prosperity [J]．Journal of Business Research，1999，44（3）：137－152.

[182] Gooroochurn N，Sugiyarto G. Competitiveness Indicators in the Travel and Tourism Industry [J]．Tourism Economics，2005，11（1）：25－46.

[183] Valentinas N，Asta M. The Possibilities for the Identification and Evaluation of Tourism Sector Competitiveness Factors [J]．Inzinerine Ekonomika-

Engineering Economics，2009（1）：37－44.

[184] 胡静．中国旅游业发展报告［M］．北京：中国旅游出版社，2012.

[185] 傅云新，胡兵，王烨．中国31省市旅游竞争力时空演变分析［J］．经济地理，2012，32（6）：144－149.

[186] 王丽．基于AHP的城市旅游竞争力评价指标体系的构建及应用研究［J］．地域研究与开发，2014，33（4）：105－108.

[187] 黄松，李燕林，戴平娟．智慧旅游城市旅游竞争力评价［J］．地理学报，2017，72（2）：242－255.

[188] 催功豪，魏清泉，刘科伟．区域规划与区域分析（第二版）［M］．北京：高等教育出版社，2006.

[189] Murphy E P，Andressen B. Tourism development on Vancouver Island：an assessment of the core-periphery model［J］．The Professional Geographer，1988，40（1）：32－42.

[190] Masson S，Petiot R. Can the high speed rail reinforce tourism attractiveness? The case of the high speed rail between Perpignan（France）and Barcelona（Spain）［J］．Technovation，2009，29（9）：611－617.

[191] 汪宇明．核心-边缘理论在区域旅游规划中的运用［J］．经济地理，2002（3）：372－375.

[192] 张河清，成红波．"核心-边缘"理论在南岳衡山区域旅游产品开发中的运用［J］．地域研究与开发，2005（3）：68－71＋89.

[193] 史春云，张捷，尤海梅，等．四川省旅游区域核心-边缘空间格局演变［J］．地理学报，2007（6）：631－639.

[194] 吴信值，黄翔，胡召芹．基于核心-边缘理论的武汉城市旅游圈构建研究［J］．北京第二外国语学院学报，2008（1）：55－58.

[195] 梁美玉，史春云．长三角旅游城市核心-边缘空间结构的演变［J］．旅游论坛，2009，2（2）：229－233.

[196] 庞闻，马耀峰．关中天水经济区核心-边缘旅游空间结构解析［J］．人文地理，2012，27（1）：152－155＋160.

[197] 陆大道．区域发展及其空间结构［M］．北京：科学出版社，1995.

[198] 陆大道．关于"点-轴"空间结构系统的形成机理分析［J］．地理科学，2002（1）：1－6.

[199] 石培基，李国柱．点-轴系统理论在我国西北地区旅游开发中的运用［J］．地理与地理信息科学，2003（5）：91－95.

[200] 张爱儒．青藏铁路沿线旅游资源"点-轴"开发模式研究［J］．经济

地理，2009，29 (4)：698－702.

[201] 喻发美，陈俊华，孔莉，等．基于点-轴理论的中-伊铁路沿线旅游资源开发研究 [J]．地理与地理信息科学，2016，32 (5)：115－120.

[202] 沈惊宏，陆玉麒，韩立钦，等．基于“点-轴”理论的皖江城市带旅游空间布局整合 [J]．经济地理，2012，32 (7)：43－49.

[203] 高楠，马耀峰，李天顺，等．基于点-轴理论的陕西旅游空间结构研究 [J]．干旱区资源与环境，2012，26 (3)：177－182.

[204] 程晓丽，祝亚雯．基于点-轴理论的皖南国际旅游文化示范区旅游空间结构研究 [J]．地理科学，2013，33 (9)：1082－1088.

[205] Charles S. Atlantic City and the resort cycle background to the legalization of gambling [J]. Annals of Tourism Research，1978 ，5 (2)：238 -251.

[206] Priestley G. The post-stagnation phase of the resort cycle [J]. Annals of Tourism Research，1998，25 (1)：85－111.

[207] Hovinen R G. Revisiting the destination lifecycle model [J]. Annals of Tourism Research，2001，29 (1)：209－230.

[208] Haywood K M. Can the tourism-area life cycle be made operational? [J]. Tourism Management，1986，7 (3)：154－167.

[209] 保继刚，楚义芳．旅游地理学（修订版）[M]．北京：高等教育出版社，1999.

[210] 保继刚，彭华．旅游地拓展开发研究——以丹霞山阳元石景区为例 [J]．地理科学，1995 (1)：63－70＋100.

[211] 陆林．山岳型旅游地生命周期研究——安徽黄山、九华山实证分析 [J]．地理科学，1997 (1)：64－70.

[212] 杨效忠，陆林等．旅游地生命周期与旅游产品结构演变关系初步研究——以普陀山为例 [J]．地理科学，2004 (4)：500－505.

[213] 陈烈，王华，丁焕峰，等．海滨沙滩旅游地兴衰探源及其重构研究——以茂名水东湾旅游度假区为例 [J]．经济地理，2004 (5)：696－699.

[214] 谢彦君．旅游地生命周期的控制与调整 [J]．旅游学刊，1995 (2)：41－44＋60.

[215] 鲁敏．旅游地可持续发展评价模式 [D]．武汉：华中师范大学，2001.

[216] 魏权龄，卢刚．DEA 方法与模型的应用——数据包络分析（三）[J]．系统工程理论与实践，1989 (3)：67－75.

[217] 武鹏，金相郁，马丽．数值分布、空间分布视角下的中国区域经济发展差距（1952—2008）[J]．经济科学，2010（5）：46－58.

[218] 胡永宏，路芳．数据无量纲化和指标相关性对DEA评价结果的影响研究 [J]．经济统计学（季刊），2017（2）：56－72.

[219] Wang F，Hung W，Shang J. Measuring pure managerial efficiency of international tourist hotels in Taiwan [J]．The Service Industries Journal，2006，26（1）：59－71.

[220] Reynolds D. Hospitality-productivity assessment using data-envelopment analysis [J]．The Cornell Hotel and Restaurant Administration Quarterly，2003，44（2）：130－137.

[221] 邓洪波，陆林．基于DEA模型的安徽省城市旅游效率研究 [J]．自然资源学报，2014，29（2）：313－323.

[222] 丁振民，黄秀娟，朱佳佳．对外开放、产业结构与中国森林公园旅游效率 [J]．林业经济问题，2016，36（5）：439－444.

[223] 胡宇娜，梅林，陈妍．中国省域景区业效率的时空格局演变 [J]．东北师大学报（自然科学版），2017，49（1）：125－133.

[224] 关伟，许淑婷．中国能源生态效率的空间格局与空间效应 [J]．地理学报，2015，70（6）：980－992.

[225] 郑德凤，郝帅，孙才志．基于DEA-ESDA的农业生态效率评价及时空分异研究 [J]．地理科学，2018，38（3）：419－427.

[226] 王晓岭．环境约束下的能源效率追赶研究 [D]．大连：大连理工大学，2015.

[227] 覃成林，唐永．河南区域经济增长俱乐部趋同研究 [J]．地理研究，2007（3）：548－556.

[228] 王恩旭．区域旅游产业效率评价研究 [D]．大连：大连理工大学，2011.

[229] 胡宇娜．中国旅游产业效率时空演变特征与驱动机制研究 [D]．长春：东北师范大学，2016.

[230] 朱磊，胡静，周葆华，等．区域旅游景点空间分布格局及可达性评价——以皖南国际文化旅游示范区为例 [J]．经济地理，2018，38（7）：190－198+216.

[231] 彭红松，章锦河，韩娅，等．旅游地生态效率测度的SBM-DEA模型及实证分析 [J]．生态学报，2017，37（2）：628－638.

[232] 黄秀娟，林秀治．我国森林公园旅游效率及其影响因素 [J]．林业科

学，2015，51（2）：137－146.

［233］王雅楠，赵涛．基于GWR模型中国碳排放空间差异研究［J］．中国人口·资源与环境，2016，26（2）：27－34.

［234］张雅杰，金海，谷兴，等．基于ESDA-GWR多变量影响的经济空间格局演化——以长江中游城市群为例［J］．经济地理，2015，35（3）：28－35.

［235］王丽琼，陈峰．基于GWR的中国居民生活能源消费驱动因素时空演变研究［J］．生态环境学报，2018，27（2）：313－321.

［236］王志东．中国地方政府促进旅游业发展政策支持实证研究［J］．东岳论丛，2005（5）：69－76.

后　记

光阴似箭，时光如梭，转眼间我离开母校、离开桂子山已有四年。四年间我经常想起在桂子山学习的点点滴滴，十分怀念那段纯粹、充实、充满希望的时光。每当回想起那些日夜守在电脑旁为自己梦想打拼的场景，我依然心潮澎湃并肃然起敬。

本书的完成首先要感谢我的恩师胡静先生，恩师对我格外偏爱，她将她的学术理念和人生哲学全都毫无保留地教授给我，让我全面发展，快速提升。她的教诲经常在我耳边回荡，真真切切，难以忘怀！她豁达、乐观、严谨、与人为善的生活态度也深深地影响着我。回来工作后，我事务繁忙，但科研初心、恩师教诲依然不敢忘记，一直要求自己努力提升、不断精进。

感谢母校华中师范大学城市与环境科学学院导师组对我学业的帮助和指导！感谢中国旅游研究院武汉分院的龚箭、冯娟、程绍文、王晓芳、李亚娟、张祥、乔花芳等老师在我学习、研究方面给予的帮助、指导和支持。还要感谢母校安徽大学的张洪、李东和、李经龙、蒋海萍、刘法建、方叶林等老师，母校的老师们就像一盏盏明灯，照亮我的人生征程，让我更加坚定和从容。

在原国家旅游局学习和工作的一年，让我收益良多，不仅结识了很多新朋友，还让我对整个旅游产业发展思路、旅游研究视角有了新的感悟。感谢原国家林业局森林公园管理办公室的各位领导对我的信任，给本书研究提供了大量的数据支持，为我顺利完成本书奠定了基础。还要感谢来自五湖四海到国家旅游局挂职的好朋友们，我们在一起见证了我国旅游发展的重要的历史时刻——“诗和远方”走到了一起，让我们每个人愈加坚定成为旅游人的信念和信心，更让我们为能够处在这样一个新时代而感到无比的幸福。

感谢我的工作单位安庆师范大学资源环境学院的领导和老师们一直以来对我的关心和帮助，特别要感谢旅游管理教研室的同事们对我的帮助和理解，未来我们一起努力，共同书写“安庆师大旅游人”的精彩篇章。

最后我要感谢我的家人，特别是我的爱人一直以来的支持和鼓励，使得我有更多的精力投入到日常的工作中。家人一直是我努力奋斗、勇敢追梦、砥砺前行的不竭动力！

由于作者水平有限，本书肯定存在诸多不足，恳请同行及读者批评指正！

朱　磊

2023 年 10 月于双龙湖畔